# 工程热力学基础

关颖　崔洪江　毕菲菲　徐震　编著

GONGCHENG
RELIXUE
JICHU

吉林大学出版社

·长春·

图书在版编目（CIP）数据

工程热力学基础 / 关颖等编著. -- 长春：吉林大学出版社, 2023.5
ISBN 978-7-5768-2438-4

Ⅰ.①工… Ⅱ.①关… Ⅲ.①工程热力学—高等学校—教材 Ⅳ.①TK123

中国国家版本馆CIP数据核字(2023)第204328号


书　　名：工程热力学基础
　　　　　GONGCHENG RELIXUE JICHU

作　　者：关　颖　崔洪江　毕菲菲　徐　震
策划编辑：张文涛
责任编辑：刘守秀
责任校对：樊俊恒
装帧设计：好沁传媒
出版发行：吉林大学出版社
社　　址：长春市人民大街4059号
邮政编码：130021
发行电话：0431-89580036/58
网　　址：http://www.jlup.com.cn
电子邮箱：jldxcbs@sina.com
印　　刷：长春市中海彩印厂
开　　本：787mm×1092mm　1/16
印　　张：15.75
字　　数：240千字
版　　次：2023年5月　第1版
印　　次：2023年5月　第1次
书　　号：ISBN 978-7-5768-2438-4
定　　价：68.00元

# 内容简介

本书为工程热力学基础理论教材，主要内容为工程热力学的基本概念、基本定律、常用工质物理性质、基本热力过程、基本热力循环分析及循环效率的提高途径。

目前，国家非常重视对工科专业学生工程素质的培养，其中工程热力学基础知识是重要的组成部分。

本书将工程热力学与现代科学技术结合起来，精选了工程热力学基础理论知识，同时与工程实际相结合，编写了例题、思考题和习题，可以提高学生分析和解决实际工程问题的能力，使学生将理论知识与工程实际问题综合起来培养工程意识。

本书可作为普通高等学校非能源动力类专业 32～48 学时教材或参考书。

# 前　言

　　能源是人类赖以生存和发展所必需的燃料和动力来源，是人类社会发展生产和提高生活水平不可缺少的重要物质基础，人类开发利用能源的广度和深度也与人类社会的发展史密切相连。能源是指用来产生各种有效能量的物质资源。工业发达国家能源消费量的增加与国民生产总值的增加呈正比关系，能源消费水平在一定程度上能够反映社会生产力的发展水平。

　　人类在探索自然中发现了可被利用的能源主要有煤、石油、天然气等矿物燃料的化学能，这样的能源被称为非再生能源；风能、水能、太阳能、地热能等为可再生能源。其中风能和水能是自然界以机械能形式提供的能量，而其他主要是以热能的形式或者转换为热能的形式供人们利用。能量的利用过程实质上是能量的传递和转换过程。据统计，全世界经热能形式而被利用的能源平均超过 85%，我国则超过 90%，因此热能的开发及其利用对人类社会的发展有着十分重要的意义。

　　热能的利用主要包括两种基本形式：一种是热能直接利用，如在冶金、化工、造纸等工业和食品加工等生活上的应用；另一种是热能的间接利用，把热能转化成机械能，转化的机械能也可再转化为电能。18世纪中叶以后，蒸汽机的发明使得热能可以成规模地转换成机械能，对推动科学技术的发展和工业生产以及人们的生活起到重大作用。

　　目前，利用得最多的能源是燃料所储存的化学能。燃料通过燃烧将化学能转换成热能，再将热能转换成机械能，机械能又可转换成电能，电能可供人们直接使用。然而热能的间接利用存在着热能转换为机械能或电能过程中的有效程度的问题。如在热力发电厂中最简单热能动力装置的热能有效利用率只有 25% 左右，即使是当代最先进的大型蒸汽动力装置的热效率也只稍超过 40%。目前正在研究的大型热能动力装置如能按照理想工况进行运转，有可能使热能的有效利用率提高到 55% 左右。使用汽油机、柴油机的汽车、火车（蒸汽机车或内燃机车）、飞机和轮船，热能的有效利用率更低。这些热能动力装置排放到大气的废气不但含有大量的废热，而且还带有大量的有害物质，对人类赖以生存的环境造成了很大的污染。因此，如何在热能动力装置中提高热能的有效利用率并消除污染是研究热能与动能之间相互转换的重要任务。

能源的开发利用一方面可为人类社会的发展提供必需的能量，但另一方面也造成自然环境被破坏和被污染。如粉尘、温室效应、酸雨、核废料辐射等对地球的生态系统造成了严重威胁。因此开发可再生能源以及高效节能环保热动力装置在满足人类社会能量需求的同时而又不破坏或少破坏自然环境，实现地球可持续发展，为子孙后代留下良好的生存空间是一个世界性的学术问题。

热力学是一门研究物质的热力性质、能量与能量之间传递和转换以及能量与物质性质之间普遍关系的科学。本书主要内容为工程热力学的基本概念、基本定律、常用工质物理性质、基本热力过程及基本热力循环分析和循环效率的提高途径。目前，国家非常重视对工科专业学生工程素质的培养，其中工程热力学基础知识是重要的组成部分。本书将工程热力学与现代科学技术结合起来，精选了工程热力学基础理论知识，同时与工程实际相结合，编写了例题、思考题和习题，可以提高学生分析和解决实际工程问题的能力，使学生将理论知识与工程实际问题综合起来培养工程意识。

本教材是以基础知识、基本理论以及基本工程应用为主线，内容包括：绪论；第 1 章基本概念；第 2 章热力学第一定律；第 3 章工质；第 4 章理想气体的热力过程；第 5 章热力学第二定律；第 6 章压气机的热力过程；第 7 章蒸汽动力循环；第 8 章气体动力循环；第 9 章制冷循环；第 10 章气体与蒸汽的可逆流动；第 11 章化学热力学基础。

本教材附录来源于所采用的参考书目。书中的名词术语、单位均符合国家标准。

本教材的编写分工：绪论、第 1 章、第 4～5 章、第 7～8 章由关颖老师编写，第 2～3 章由毕菲菲老师编写，第 6 章由徐震老师编写，第 9～11 章由崔洪江老师编写，全书由关颖老师统稿。

由于编者教学经验和学术水平有限，难免有不妥之处，恳请兄弟院校使用本教材的师生批评指正。

编者

2023 年 2 月

# 目　录

# 绪　论

## 0.1　热力学发展简要历史

热现象是人类最早广泛接触到的自然现象之一。传说中远古时代的钻木取火就是机械能转换为热能，木头经摩擦温度升高而发生燃烧的事例。人类对于热的利用和认识经历了漫长的岁月，从取暖－烧饭－冶金到制造一些金属工具和兵器。历史上劳动人民有过许多发明创造。由于历代王朝的封建统治阻碍了生产力的发展，因此劳动人民的发明创造很少用来促进生产力的发展和改善人民生活，更不可能由此发展成为系统的理论来促进技术向前迈进。

直到 18 世纪初的欧洲，由于煤矿开采、航海、纺织等产业部门的发展，产生了对热机的巨大需求才促使热学的发展得到积极的推动。1766 年俄罗斯人波尔宗诺夫发明了最早出现于煤矿的原始蒸汽机，用以带动水泵从煤井中抽水，1784 年英国人瓦特对当时的原始蒸汽机做了重大改进，且研制成功了应用高于大气压的蒸汽和配有独立凝汽器的单缸蒸汽机以提高蒸汽机的热效率。此后蒸汽机为纺织、冶金、交通等部门广泛采用，使生产力有了很大的提高。蒸汽机的发明、改进及其应用在一定程度上刺激和推动了热学的理论研究，促成了热力学的建立与发展。1824 年法国人卡诺提出了卡诺定理和卡诺循环，指出热机必须工作于不同温度的热源之间，并提出了热机最高效率的概念，这在本质上已阐明了热力学第二定律的基本内容。1850－1851 年间克劳修斯和开尔文先后独立地从热量传递和热转变成功的角度提出了热力学第二定律，指明了热过程的方向性。

在热质说流行的年代一些研究者用实验事实驳斥了其错误,但由于没有找到热功转换的数量关系,他们的工作没有受到重视。1842年迈耶提出了能量守恒原理,认为热是能量的一种形式,可以与机械能相互转换。1850年焦耳在他的关于热功相当实验的总结论文中以各种精确的实验结果使能量守恒与转换定律,即热力学第一定律得到了充分的证实。能量守恒与转换定律是19世纪物理学的最重要发现。1851年,汤姆逊把能量这一概念引入热力学。

热力学第一定律的建立正式宣告第一类永动机是不可能实现的。热力学第二定律使制造第二类永动机的梦想破灭。这两个定律奠定了热力学的理论基础。

热力学理论促进了热动力装置的不断改进与发展,而人类生产实践又不断为热力学理论发展提供新的驱动力。1912年能斯特从低温下化学反应的大量实验归纳出热力学第三定律(即绝对零度不能达到原理),这使经典热力学理论更趋完善。1942年,凯南在热力学基础上提出有效能的概念,使人类对能源利用和节能的认识又上了一个台阶。近代能量转换新技术,如等离子发电、燃料电池等及1974年人们确定了作为常用制冷剂的氯氟烃物质CFCs和含氢氯氟烃物质HCFCs与南极臭氧层空洞的联系等,向热力学提出了新的课题。热力学理论将在不断解决新课题中发展。

## 0.2   工程热力学的主要内容及研究方法

工程热力学的研究内容主要是能量转换,特别是热能转化成机械能的规律和方法,以及提高转化效率的途径,以此来提高能源利用的经济性。

热能和机械能之间的相互转换是通过工质在热工设备中的循环状态变化过程来实现的,所以热能与机械能转换所必须遵循的基本规律——热力学第一定律和热力学第二定律是工程热力学的理论基础;工质的热力性质、热力过程和热力循环、热机与制冷装置的工作原理以及提高能量转换经济性的途径和技术措施，是工程热力学的主要研究内容。随着工业生产和科学技术的发展，工程热力学的研究范围逐步延伸到燃烧化学、溶液、低温超导、高能激光、海水淡化、气象以及生物等各个领域。

工程热力学采用经典热力学的宏观研究方法，它以热力学第一定律、第二定律作为分析和推理的基础，对宏观的热力过程进行研究，不涉及物质的微观结构和物质分子、原子的微观行为，因此分析推理的结果具有可靠性和普遍性。此外，工程热力学还普遍采用抽象、概括、理想化和简化处理方法，突出实际现象的本质和主要矛盾，忽略次要因素，建立合理简化的物理模型，集中反映热力过程的本质。

通过本书工程热力学的学习，能使读者掌握工程热力学的基本概念、基本定律、基本热力过程和循环的分析计算方法、常用工质的热物理性质以及常用热力设备（动力装置、制冷装置等）的工作原理，树立节约能源、合理用能的观念，还能使读者了解工程热力学的辩证唯物主义的研究方法，有助于培养、树立辩证唯物主义的世界观和方法论。

# 第1章 基本概念

## 1.1 热力系统定义和分类

### 1.1.1 热力系统

工程热力学中把研究对象从周围物质中分割出来，研究它与周围物质之间的能量和质量的传递，这种被人为分割出来作为热力学分析对象的有限物质体系叫作热力系统，周围物质统称为外界。热力系统和外界之间的分界面叫作边界。如图 1-1 所示，气缸壁和活塞内表面构成边界，该边界内部为热力系统。

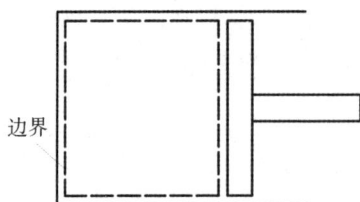

图 1-1　闭口系统示意图　　　　图 1-2　开口系统示意图

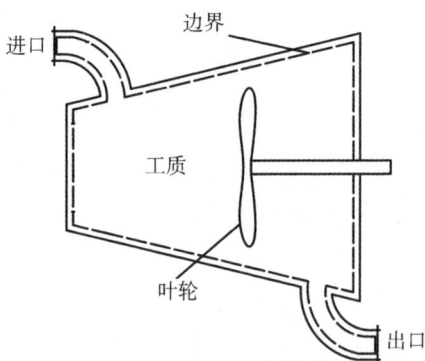

热力系统和外界之间的边界可以是固定不动的，也可以有位移和变形。如图 1-1 所示，该边界随着活塞的移动而发生位移。由于热力系统划分具有人为性，当边界不存在时可以虚拟出边界对热力系统进行划

分，如图 1-2 所示汽轮机的进口与出口为虚拟边界。

根据热力系统和外界之间能量和质量交换的不同情况，可将热力系统分为不同的类型。

1. 闭口系统

与外界之间无质量交换的热力系统称为闭口系统。由于闭口系统内的质量保持恒定不变，所以闭口系统又叫作控制质量系统。闭口系统与外界可以有能量交换，但不能有质量交换。

2. 开口系统

与外界之间有质量交换的热力系统称为开口系统。开口系统中的能量和质量都可以变化。开口系统通常是在某一划定的空间范围内进行的，所以开口系统又被称为控制容积系统。如图 1-2 所示，工作中的汽轮机通过进口和出口不断有蒸汽流入和流出，以图示虚线为边界可划分成开口系统。

3. 绝热系统

与外界之间无热量交换的热力系统被称为绝热系统。绝热系统可以与外界无质量交换，也可以有质量交换，即绝热系统可以是闭口系统，也可以是开口系统，但该热力系统与外界没有热量交换。

4. 孤立系统

与外界之间既无能量交换也无质量交换的热力系统被称为孤立系统。孤立系统的一切相互作用都发生在系统内部，在热力学研究中"无能量交换"主要指没有热量及机械能的交换。

## 1.1.2  热机与工质

凡是能将热能转换为机械能的机器统称为热能动力装置（简称热机）。像内燃机（包括汽油机、柴油机等）、喷气发动机、燃气轮机、蒸汽机、蒸汽轮机等都是热机。

实现热能和机械能之间相互转换的媒介物质称为工质，工质在热能动力装置进行一系列状态变化来实现其相互转换。为实现热能和机械能之间相互转换通常要求工质具有膨胀性、流动性、热容量、稳定性、安全性、对环境友善、价廉易大量获取等特点，物质三态中气态最适宜，常用的工质有空气、燃气、水蒸气等。

工质在热机中实现热能和机械能的相互转换时，需要不断地吸收热量和放出热量，工质从其吸收热量的物质体系称为高温热源（简称为热源）；工质向其放出热量的物质体系称为低温热源（简称冷源）。

## 1.2　热力系统状态及状态参数

### 1.2.1　平衡状态

为了采用状态参数描述热力系统状态的特性，热力系统必须处于平衡状态，否则热力系统各部分状态不同就无法确定状态参数值。如果热力系统的各部分之间没有热量的传递，即没有温差，则认为该热力系统就处于热平衡；如果各部分之间没有相对位移，即没有压力差，则系统就处于力平衡。一个热力系统在不受环境影响（重力场除外）的条件下，其状态参数不随时间变化，同时热力系统内外建立了热平衡和力平衡，则该热力系统处于热和力的平衡状态，简称平衡状态。处于不平衡状态的系统，由于各部分之间的传热和工质位移，其状态将随时间而改变，改变的结果一定使传热和位移逐渐减弱，直至完全停止。因此，不平衡状态的热力系统在没有环境影响（重力场除外）下总会自发地趋于平衡状态。如果热力系统受到环境影响（重力场除外）则不能保持平衡状态，热力系统和环境之间相互作用的最终结果必然是热不平衡势和力不平衡势消失，热力系统和环境共同建立一个新的平衡状态。工程热力学通常只研究平衡状态。

### 1.2.2　基本状态参数

在工程热力学中，常用的状态参数有温度、压力、比体积、热力学能、焓、熵等，其中温度、压力、比体积称为基本状态参数。

1. 温度

温度是描述平衡热力系统冷热程度的物理量。为了给温度确定数值而建立温标，即温度数值标定。常用的温标包括摄氏温标、热力学温标、华氏温标等。摄氏温标规定在一个标准大气压下纯水的冰点是 0 ℃，沸点是 100 ℃。国际上规定热力学温标作为测量温度的最基本温标，它是根据热力学第二定律的基本原理制定的，与测温物质的特性无关，可以成为度量温度的标准。热力学温标的温度单位是开尔文，单位符号为 K。把水的三相点的温度，即水的固相、液相、气相平衡共存状态的温度作为单一基准点，并规定为 273.16 K。

1960 年，国际计量大会通过决议规定摄氏温度由热力学温度来获得，即

$$t = T - 273.15 \text{ K} \tag{1-1}$$

式中：$t$ 为摄氏温度，℃；$T$ 为热力学温度，K。

摄氏温标与热力学温标仅起点不同。摄氏温度 0 ℃ 相当于热力学温度 273.15 K。可见，水的三相点温度为 0.01 ℃。

2. 压力

气体压力指垂直作用于容器壁面单位面积上的力，也称为压强。分子运动学说把理想气体的压力看作大量气体分子撞击器壁的平均结果。

当采用弹簧管式压力表或 U 形管压力计（图 1-3）测量工质的压力时，由于压力表本身处在某种环境（通常是大气环境，也可以是某一特定使用环境）中，压力表的读数是被测工质的压力与所处环境压力之间的差值，并非工质的真实压力。

工质的真实压力称为绝对压力，用 $p$ 表示。当绝对压力高于压力表所处环境压力（背压 $p_b$）时，压力表指示的数值称为表压力，用 $p_e$ 表示，如图 1-3（a）所示。

$$p = p_b + p_e \tag{1-2}$$

当工质的绝对压力低于背压 $p_b$ 时，如图 1-3(b)所示，此时测压仪表读数称为真空度($p_v$)，满足下式：

$$p = p_b - p_v \tag{1-3}$$

绝对压力 $p$、表压力 $p_e$、真空度 $p_v$ 和背压 $p_b$ 之间的关系如图 1-4 所示。

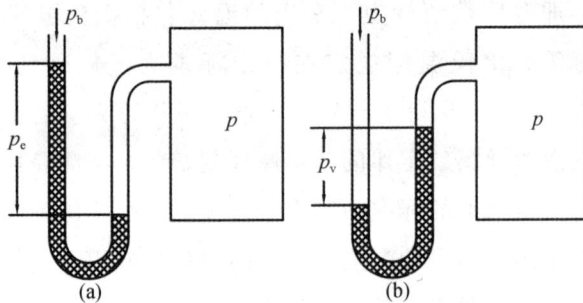

图 1-3　表压力与真空度

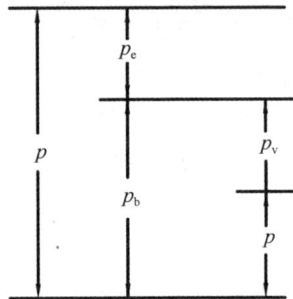

图 1-4　表压力、真空度与背压关系

工程上因帕斯卡的单位太小，常采用兆帕（1 MPa ＝ $10^6$ Pa）、标准大气压（atm）、巴（bar）、工程大气压（at）、毫米汞柱（mmHg）和毫米水柱（mmH₂O）。压力各单位之间换算关系如下所示。

$$1 \text{ bar（巴）} = 10^5 \text{ Pa} \tag{1-4}$$

$$1 \text{ atm（标准大气压）} = 1.013 \times 10^5 \text{ Pa} \tag{1-5}$$

$$1 \text{ at（工程大气压）} = 0.981 \times 10^5 \text{ Pa} \tag{1-6}$$

$$1 \text{ mmH}_2\text{O（毫米水柱）} = 9.81 \text{ Pa} \tag{1-7}$$

$$1 \text{ mmHg（毫米汞柱）} = 133.3 \text{ Pa} \tag{1-8}$$

3. 比体积

单位质量物质所占的体积称为比体积：

$$v = \frac{V}{m} \tag{1-9}$$

式中：$v$ 为比体积，m³/kg；$m$ 为物质的质量，kg；$V$ 为物质的体积，m³。

单位体积物质的质量称为密度，单位为 kg/m³。密度用符号 $\rho$ 表示，即

$$\rho = \frac{m}{V} \tag{1-10}$$

可见比体积与密度互成倒数关系，因此它们不是互相独立的参数，可以任意选用其中之一，工程热力学中通常用比体积 $v$ 作为独立状态参数。

**例** 1-1 热电厂新蒸汽的表压力为 15 MPa，冷凝器的真空度为 80000 Pa，送风机表压力为 150 mmHg，当时气压计读数为 750 mmHg。如果以 Pa 为单位，那么这些装置的绝对压力是多少？

**解** 大气压力 $p_0$ = 750×133.3 = 99975（Pa）

新蒸汽的绝对压力 = 99975+15 × 10⁶ = 15099975（Pa）

冷凝器的绝对压力 = 99975−80000 = 19975（Pa）

送风机的绝对压力 = （750+150）×133.3 = 119970（Pa）

# 1.3 热力过程

如果热力系统的状态始终保持不变，则无法实现能量的传递和转换。如汽油机在做功前要经历进气、压缩、燃烧等过程，热力系统内工质的状态在不断地变化。热力系统从某一热力状态到达另一热力状态所经历的全部状态变化被称为热力过程，简称过程。实际热力过程是在势差（温度差、压力差）推动下进行的，并存在摩擦阻力（耗散效应）等影响，过程复杂，使热力系统的计算具有一定困难性，所以引入热力过程理想化为准静态过程和可逆过程。

## 1.3.1 准平衡过程

热力系统处于平衡状态时可用状态参数，如压力、温度、比体积等来描述，但平衡状态是不可能有能量交换的。为了实现热能和机械能之间的相互转换，需要打破热力系统的平衡状态。打破平衡状态需要不平

衡势（压力差、温度差），这时不平衡势会促使热力系统向新的状态变化，实际的变化过程是相当复杂的，由于存在不平衡势，其变化过程无法用确切的状态参数来描述。若热力过程进行得相对缓慢，使热力系统平衡被破坏后自动恢复平衡所需的时间（弛豫时间）与平衡被破坏的时间相比很短，热力系统有足够的时间来恢复平衡，那么这样的热力过程被称为准平衡过程或准静态过程。

恢复平衡所需时间（弛豫时间）≪破坏平衡所需时间（外部作用时间）

对于准平衡过程，在热力系统状态变化的每一瞬间，热力系统都可以视为处于不同的平衡状态。此时热力系统内部的压力和温度随时都是均匀一致的，即随时都可以处于内部平衡状态。所以准静态过程既是平衡的，又是变化的，既可以用状态参数描述，又可以进行热功转换。一般地，工程上的热力过程都可认为是准静态过程。

### 1.3.2 可逆过程

当完成了某一过程后，工质有可能沿相同的路径逆行而回复到原来的状态，并使相互作用中所涉及的外界也回复到原来状态，而不留下任何改变，这样的过程称为可逆过程，否则是不可逆过程。

在图 1-5 所示曲柄连杆机构中，选取气缸与活塞形成的热力系统作为研究对象。当活塞处于上止点时热力系统处于平衡状态 1。当热力系统从热源吸热，其体积开始膨胀同时推动活塞而做功，固定在曲柄上的飞轮开始转动。热力系统由上止点 1 经过一个准平衡过程变化到下止点 2。如果该机构是一个不存在摩擦损失理想的机器，那么系统所做的膨胀功会以动能的形式储存在飞轮中。当活塞到达下止点 2 后，飞轮的动能将释放，反过来推动活塞向上止点运行，此时热力系统被压缩，沿着之前相同的路径逆向到达上止点 1，即回到了初始状态。压缩热力系统所需要的功等于膨胀过程系统所做的功。在此过程中热力系统向热源放热，该放热量应与之前膨胀做功时的吸热量相等。从而热力系统回到了原来的状态点 1，热源和曲柄连杆机构都回到了原来的状态。根据可逆过程的定义，热力系统和外界全部恢复到原来的状态，没有留下任何变化，该过程是可逆过程。

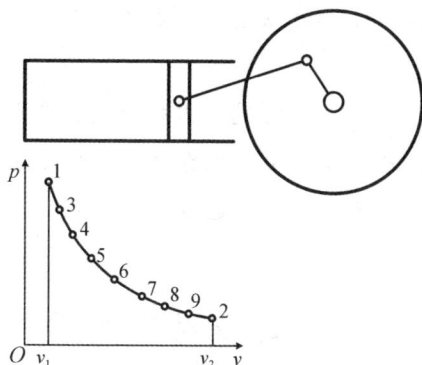

图 1-5　可逆过程示例

如果该机构存在摩擦，不论正向过程还是逆向过程都将有一部分能量变成热散失掉了，而总能量是来自于热源的，那么为了使热力系统回到初态，同时在逆过程向热源的放热量等于正向过程的吸热量，则外界必须提供一定的机械能，帮助系统回到初始状态。如果这样，工质虽然回到了初态，但外界也发生了变化，这样的过程为不可逆过程。

对于无化学反应的热力系统，实现可逆过程的一个条件是该过程为准平衡过程，即在过程变化中，工质有足够的时间建立新的平衡状态，同时过程中不能有任何耗散效应，所以可逆过程一定是准平衡过程，准平衡过程只是可逆过程的必要条件。

可逆过程是一切热力设备追求接近的理想过程。可逆过程的实质是过程中能量亏损为零。如果这样，理论上由热变功应为最大；而在需要机械能（功）过程中，输入的机械能为最小。相反，不可逆因素总是降低工程的效率。所以，将实际过程近似简化为可逆过程进行研究，对指导工程实践具有重要的理论意义。

准静态过程是一种理想化的过程，那么实际过程是如何处理呢？看下面这个例子。

**例 1-2**　已知活塞式内燃机飞轮转速为 1800 r/min，曲柄为 2 冲程/r，冲程为 0.2 m，请分析内燃机缸内是否为可逆过程？

**解**　选取内燃机缸内为热力系统

活塞运动速度为 $1800 \times 2 \times 0.2 \div 60 = 12$ m/s

内燃机缸内气体以压力波恢复平衡状态，压力波的速度接近声速，声速 $\approx 350$ m/s。

因为 12 m/s $\ll$ 350 m/s，可见热力系统被破坏后可以迅速地建立一个新的平衡状态，活塞式发动机在工作状况下可以视为准平衡过程，但不一定是可逆过程。如果存在摩擦这样的耗散效应，就不是可逆过程。

# 1.4 过程功和热量

## 1.4.1 过程功

力学中把力与力方向上位移的乘积定义为功。一物体在某一变化的力 $F$ 作用下由 1 点运动到 2 点，则微元功为

$$\delta W = F \, \mathrm{d}x \tag{1-11}$$

那么由 1 点到 2 点，力 $F$ 所做功为

$$W = \int_1^2 F \, \mathrm{d}x \tag{1-12}$$

热能和机械能相互转换通常是通过热力系统体积变化实现的，将热力系统通过体积变化所做的功称为体积变化功。如果热力系统膨胀，则系统对外做功称为膨胀功；如果热力系统被外界压缩，则外界对系统所做功称为压缩功。

设气缸内工质的质量为 $m$ kg，缸内压强为 $p$，活塞面积为 $A$，则工质作用在活塞上的力为 $pA$。如果活塞在工质压力的作用下向右移动了一微元距离 $\mathrm{d}x$，则工质膨胀了微元体积，$\mathrm{d}V = A\mathrm{d}x$；在这一微元过程中可认为缸内压力不变，为准平衡过程，则工质对活塞所做的功为

$$\delta W = pA \, \mathrm{d}x = p \, \mathrm{d}V \tag{1-13}$$

同上分析，活塞整个运动过程，即从 1 点移动到 2 点可认为是准平衡过程，工质所作的膨胀功为

$$W = \int_1^2 \delta W = \int_1^2 p \, \mathrm{d}V \tag{1-14}$$

对于单位质量的膨胀功称为比膨胀功，用 $w$ 表示，有

$$\delta w = \frac{1}{m} p \, \mathrm{d}V = p \, \mathrm{d}v \tag{1-15}$$

$$w = \int_1^2 p \, \mathrm{d}v \tag{1-16}$$

当热力系统膨胀对外做功时，体积增大，体积的微元变化 $\mathrm{d}v$ 也为正，所以膨胀功为正；同理，当热力系统被压缩，体积减小，体积的微元变化 $\mathrm{d}v$ 为负，则压缩功为负。可见，系统对外界做功（膨胀功）的值为正，外界对系统做功（压缩功）的值为负。国际单位制中，功的单位为焦耳（J）或千焦（kJ），比功的单位为 J/kg 或 kJ/kg。

在以压力 $p$ 为纵坐标、比体积 $v$ 为横坐标的 $p$-$v$ 图上，将上述工质膨胀做功的热力过程表示出来，如图 1-6 所示 1-2 过程。根据微积分原理，比膨胀功 $w = \int_1^2 p \, \mathrm{d}v$ 的数值为曲线起点 1 和终点 2 分别向横坐标作垂线，与横坐标所围成的面积 1-$a$-$b$-2-1 即为比膨胀功，所以 $p$-$v$ 图也称为示功图。可见由起点 1 到终点 2 有无数条过程线，不同的过程线与横坐标所围成的面积不等，即所做功不同，所以功量是过程量而不是状态量。

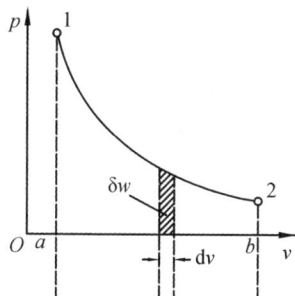

图 1-6　示功图

## 1.4.2　过程热量

热量的热力学定义为热力系统和外界之间由于存在温度差，以微观无序运动方式通过边界传递的能量，记为 $Q$。热量的单位与功相同，为焦耳（J）；工程上常用千焦（kJ）。工程热力学中约定热力系统吸热时热量为正；热力系统放热，热量为负。单位质量的工质在热力过程中与外界交换的热量称为比热量，用 $q$ 表示。

在热力学中，为了计算热量引入熵的概念，两个热力系统 A 和 B 相互接触，当 $T_A > T_B$ 时，此时热量将由 A 传递到 B，为不可逆传热过程；当 $T_A = T_B + dT$ 时，即系统 A 和系统 B 温度相差一个无穷小，这时由 A 传递到 B 的微元比热量为 $\delta q$。由于温差为无穷小，所以这个传热过程为可逆过程，设 $\delta q / T = ds$，$s$ 称为比熵，单位为 J/(kg·K)。

根据熵的定义，$\delta q$ 可以表示为

$$\delta q = T \cdot ds \tag{1-17}$$

对于质量为 $m$（kg）的热力系统

$$\delta Q = T \cdot dS \tag{1-18}$$

式中，$S$ 为质量为 $m$（kg）热力系统的熵，J/K。

对式（1-17）和式（1-18）积分可得

$$q = \int_1^2 T \cdot ds \tag{1-19}$$

$$Q = \int_1^2 T \cdot dS \tag{1-20}$$

$q$ 和 $Q$ 分别为从状态点 1 经过可逆过程到达状态点 2 时热力系统与外界交换的比热量和热量。

由式（1-19）可知，当熵增加时，$ds > 0$，则 $q > 0$，系统吸热；当熵减小时，$ds < 0$，则 $q < 0$，系统放热。若熵不变，则 $ds = 0$，有 $q = 0$，系统绝热，所以可逆绝热过程又称为定熵过程。可见，熵是热力系统与外界热量交换的标志，只有熵变化，热力系统才与外界有热量交换。

与示功图类似，以热力学温度 $T$ 为纵坐标、以比熵 $s$ 为横坐标的温熵图（$T$-$s$ 图），如图 1-7 所示用一条曲线 1-2 表示一个可逆过程。根据微积分原理，比热量 $q = \int_1^2 T \cdot ds$ 的大小为曲线起点 1 和终点 2 分别向横坐标作垂线，与横坐标所围成的面积 1-2-3-4-1 即为比热量，所以 $T$-$s$ 图也称为示热图。可见由相同起点 1 到相同终点 2 有无数条过程线，不同的过程线与横坐标所围成的面积不等，即过程热量不同，所以热量也是过程量而不是状态量。示热图与示功图一样，是分析热力过程的重要

工具。

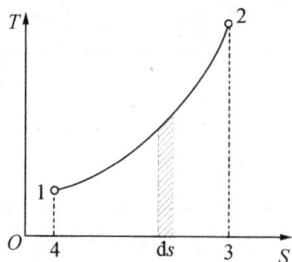

图 1-7　过程热量

**思考题**

　　1. 真空计读数越小，被测热力系统压力就越小，这种说法对吗？

　　2. 准平衡过程与可逆过程的关系。

　　3. 不可逆过程是无论如何都恢复不到初始状态的，这种说法对吗？

　　4. 如果某一热力系统的压力不变，那么测量该热力系统的压力表读数可能变化吗？

　　5. 对于 U 形玻璃管压力计，玻璃管的横截面积大小对压力读数有影响吗？

　　6. 热力系统中的气体吸热后温度是否一定升高？

　　7. 功和热量都是状态参数吗？

　　8. 功与热量的相同处与不同处。

**习题**

　　1-1　已知大气压力表读数为 760 mmHg，计算：（1）绝对压力为 0.22 bar 时热力系统的真空度；（2）当绝对压力为 5.2 bar 时的表压力；（3）真空表读数为 680 mmHg 时的真实压力；（4）当表压力读数为 20 MPa 时的绝对压力。

　　1-2　某地大气压力为 9.65 bar，有一容器被分成 A，B 两个部分，如图 1-8 所示，压力表 1 的读数为 0.8 bar；压力表 2 的读数为 1.66 bar，问：（1）压力表 3 的读数是多少？（2）A，B 两部分内气体的绝对压力是多少？

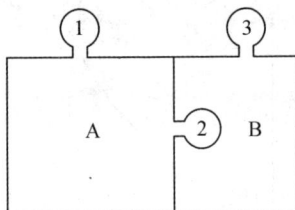

图 1-8  习题 1-2 附图

1-3  在表压力为 0.8 MPa 保持不变的条件下，一个热力系统由初始状态 0.2 m³ 膨胀到终止状态 0.6 m³，问这个过程热力系统所做的膨胀功是多少？

1-4  有一绝对真空的容器，当打开容器上的阀门时，在大气压力的作用下有 0.55 m³ 的空气被输入容器，问大气对输入容器的空气做功是多少？

# 第 2 章　热力学第一定律

能量守恒定律是自然界的基本定律之一，它指出：能量既不会凭空产生，也不会凭空消失，它只会从一种形式转化为另一种形式，或者从一个物体转移到其他物体，而能量的总量保持不变。热力学第一定律是能量守恒定律在热现象中的应用。本章重点阐述热力学第一定律的实质与数学描述，为热力过程计算奠定理论基础。

## 2.1　热力学第一定律的实质

热力过程中总是伴随着热能与其他形式能量之间的传递和转换。热力学第一定律的实质建立了各种形态能量数量上的守恒关系，是能量守恒定律在涉及热现象的能量转换过程中的应用。热力学第一定律可表述为：在热能与其他形式能量相互转换过程中，能量的总量保持不变。

热力学第一定律指出，要获得源源不断的动力，就必须提供相应的热量，因此不花费任何能量就可以产生动力的第一类永动机不可能制造成功。

热力学第一定律是人类在长时间中积累的经验总结，因此适用于一切热力系统和热力过程。对于任意系统，热力学第一定律的一般表示式为

进入系统的能量－离开系统的能量＝系统能量的增量

## 2.2 储存能和热力学能

储存于热力系统的总能量称为热力系统的储存能，它包含取决于系统热力状态的热力学能和与系统宏观运动和位置有关的机械能，前者属于内部储存能，后者属于外部储存能。

宏观静止的物体，其内部分子等微粒不停地做着无规则的热运动。对于气体，根据原子数的不同，气体分子做着平移、旋转和振动，这种热运动所具有的能量称为内动能，是温度的函数。此外，由于分子间作用力而具有的能量称为内位能，它取决于气体的比体积和温度。在工程热力学中，热力学能是指不涉及化学反应和原子核反应的分子热运动的内动能和分子间作用力的内位能的总和，即所谓的热能，用符号 $U$ 表示，单位是 J，单位质量物质的热力学能称为比热力学能，用符号 $u$ 表示，单位是 J/kg。

气体工质的比热力学能只取决于温度和比体积，即取决于气体的热力状态，是状态参数，可表示为 $u = f(T, v)$。由于气体的热力状态可由两个独立状态参数表示，所以比热力学能也可以表示为 $u = f(T, p)$ 及 $u = f(p, v)$。

热力系除了热力学能之外，还包含由于宏观运动速度具有的宏观动能及由于在重力场中所处的位置具有的宏观位能，分别用 $E_k$ 和 $E_p$ 表示，单位为 J 或 kJ。

若工质的质量为 $m$，速度为 $c_f$，在重力场中的高度为 $z$，则宏观的动能和位能分别为

$$E_k = \frac{1}{2} m c_f^2 \tag{2-1}$$

$$E_p = mgz \tag{2-2}$$

式中：$z$ 值取决于所选取的参考系中的基准点；$g$ 为重力加速度。

热力系统的总储能可表示为

$$E = U + E_k + E_p = U + \frac{1}{2} m c_f^2 + mgz \tag{2-3}$$

单位质量气体的总储能 $e$ ，可写为

$$e = u + \frac{1}{2} c_{\mathrm{f}}^2 + gz \qquad (2\text{-}4)$$

## 2.3　闭口系统能量方程式

在实际的热力过程中，许多热力系统属于闭口系统。外界通过气缸壁加热缸内气体，气体温度升高后，压力也随之升高，当气体压力大于大气压力后，气体推动活塞运动向外做功。在此过程中，热力系统从外界吸收的热量为 $Q$ ，对外做的膨胀功为 $W$ ，则根据热力学第一定律的一般表达式可表示为

$$Q - W = \Delta E \qquad (2\text{-}5)$$

由于过程中系统的宏观动能和位能均无变化，即 $\Delta E_{\mathrm{k}} = 0$ ， $\Delta E_{\mathrm{p}} = 0$ 。

闭口系统的能量方程式为

$$Q - W = \Delta U \qquad (2\text{-}6)$$

闭口系统，系统与外界无质量交换，则对单位质量的工质而言，有

$$q - w = u_2 - u_1 = \Delta u \qquad (2\text{-}7)$$

式中， $u_1$ 和 $u_2$ 分别为状态 1 和状态 2 下的热力学能。在热力过程中，经常需要计算热力学能的变化量，而非某个状态下的绝对值。因此，热力学能的基准点（零点）可以人为地选定，通常选取 0 ℃时气体的热力学能为零。

对于微元过程， $m$ kg 工质和 1 kg 工质的能量方程分别为

$$\delta Q = \delta W + \mathrm{d}U \qquad (2\text{-}8)$$

$$\delta q = \delta w + \mathrm{d}u \qquad (2\text{-}9)$$

对于可逆过程或准平衡过程，1 kg 工质微元过程能量方程可进一步写为

$$\delta q = p\,\mathrm{d}v + \mathrm{d}u \qquad (2\text{-}10)$$

在应用闭口系统能量方程式时，应注意热量、功量的正负号规定。

系统吸热则热量为正；系统放热则热量为负。系统对外做功则功量为正；反之外界对系统做功则功量为负。

# 2.4 开口系统能量方程式

## 2.4.1 稳定流动与流动功

为了实现热力循环，工质需要不断地流入和流出各种热力设备，从循环角度看，热力系统是一个开口系统（开口系），但从某个设备的不同热力过程，热力系统也可以是闭口系统。以四冲程内燃机为例，四个冲程分别对应进气、压缩、燃烧和排气过程，进气与排气时属于开口系统；若取压缩和燃烧过程为研究对象，则热力系统为闭口系统。

在开口系统中，若系统内部和边界上各点的热力参数和运动参数不随时间而变，这种流动称为稳定流动过程。工程上常用的热工设备除在启、停或变负荷的工况外，大部分时间都是稳定运行状态。

对于连续性周期工作的热工设备，如活塞式内燃机或压缩机，工质的进出是非连续的，但按照同样的循环过程重复着，整个工作过程仍可按稳定流动来处理。

对于开口系统，因工质在系统中流动而传递的功称为流动功，或推动功。如图 2-1 所示，设质量为 $dm$，状态参数为 $p$，$v$，$T$ 的工质进入气缸，作用在面积为 $A$ 的截面上的力为 $pA$，工质进入系统后向前移动了距离 $dx$，则所做的流动功为

$$\delta W_f = pA\,dx = p\,dV = pv\,dm$$

对于单位质量工质，流动功为

$$w_f = \frac{\delta W_f}{dm} = pv \tag{2-11}$$

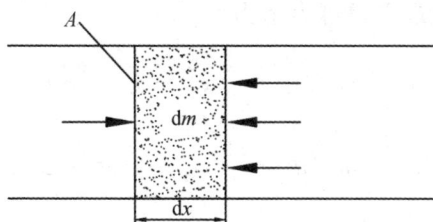

**图 2-1　流动功推导用图**

工质在传递流动功的过程中，自身的热力状态没有发生改变，传递的能量是由外部功源供给，而非消耗工质本身的热力学能。例如制冷循环中配套蒸发器中的载冷剂在换热管内的流动，其传递的流动功是由泵提供的，因此流动功可以看作由泵或风机加给被输送工质并随着工质的流动而向前传递的一种能量，而不是工质本身具有的能量。

### 2.4.2　开口系统能量方程

图 2-2 分别为开口系统示意图，取截面 1-1、2-2 分别为进、出口边界，距离所选基准面的高度分别为 $z_1$ 和 $z_2$。若在单位时间内，系统与外界交换的热量为 $Q$，对外通过轴输出的功为 $W_s$，质量为 $m_1$ 的工质以速度 $c_{f1}$ 流入系统，质量为 $m_2$ 的工质以速度 $c_{f2}$ 流出系统。根据热力学第一定律可得

$$Q - W_s = \Delta E + \Delta(pV) = (E_2 - E_1) + (p_2 V_2 - p_1 V_1) \quad (2\text{-}12)$$

式中，$E_1$ 和 $E_2$ 分别为工质带进和带出系统的总储能。$E_1$ 可表示为

$$E_1 = U_1 + E_{k1} + E_{p1} = m_1 u_1 + \frac{1}{2} m_1 c_{f1}^2 + m_1 g z_1$$

得

$$E_1 = m_1 \left( u_1 + \frac{1}{2} c_{f1}^2 + g z_1 \right)$$

同理，出口截面处带出系统的储存能 $E_2$ 可表示为

$$E_2 = m_2 \left( u_2 + \frac{1}{2} c_{f2}^2 + g z_2 \right)$$

$\Delta(pV)$ 为工质带进和带出系统的流动功之差：

$$\Delta(pV) = p_2 V_2 - p_1 V_1 = m_2 p_2 v_2 - m_1 p_1 v_1$$

则开口系统能量方程可表示为

$$Q - W_s = m_2(u_2 + \frac{1}{2}c_{f2}^2 + g z_2 + p_2 v_2) -$$

$$m_1(u_1 + \frac{1}{2}c_{f1}^2 + g z_1 + p_1 v_1)$$

对于稳定流动，$m_1 = m_2 = m$，则能量方程进一步改写为

$$Q - W_s = m(u_2 + \frac{1}{2}c_{f2}^2 + g z_2 + p_2 v_2) -$$

$$m(u_1 + \frac{1}{2}c_{f1}^2 + g z_1 + p_1 v_1)$$

为了简化公式和计算，取

$$H = U + pV \tag{2-13}$$

热力学能与流动功之和称为焓，单位为 J 或 kJ。1 kg 工质的焓称为比焓，用 $h$ 表示，即

$$h = u + pv \tag{2-14}$$

比焓单位是 J/kg。由于 $u$，$p$，$v$ 都是状态参数，所以 $h$ 也为状态参数。对于流动工质，比焓表示单位质量工质沿流动方向向前传递的总能量中取决于热力状态的部分。与热力学能一样，在热力过程中，通常需要计算过程中焓值的变化量，而不关心工质在某一状态的焓值大小，因此焓值的基准点可以人为选定。

上式可整理成

$$Q = m(h_2 + \frac{1}{2}c_{f2}^2 + g z_2) - m(h_1 + \frac{1}{2}c_{f1}^2 + g z_1) + W_s$$

或

$$Q = m\left(\Delta h + \frac{1}{2}\Delta c_f^2 + g \Delta z\right) + W_s \tag{2-15}$$

式（2-15）称为开口系统的稳定流动能量方程式。对于单位质量工质，稳定流动能量方程为

$$q = \Delta h + \frac{1}{2}\Delta c_f^2 + g \Delta z + w_s \tag{2-16}$$

对于微元过程，式（2-15）和式（2-16）可写成

$$\delta Q = \mathrm{d}H + \frac{1}{2}m\,\mathrm{d}\,c_\mathrm{f}^2 + mg\,\mathrm{d}z + \delta W_\mathrm{s}$$

$$\delta q = \mathrm{d}h + \frac{1}{2}\mathrm{d}\,c_\mathrm{f}^2 + g\,\mathrm{d}z + \delta w_\mathrm{s}$$

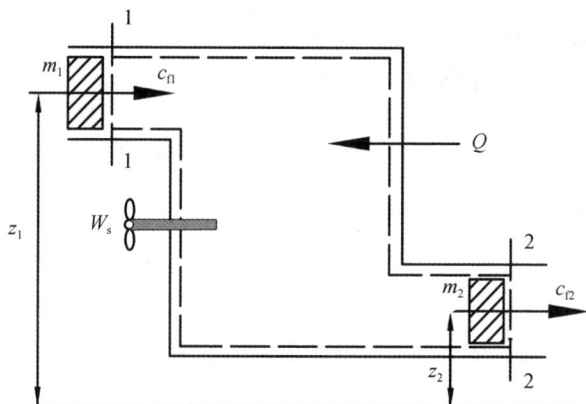

图 2-2　开口系统能量方程推导用图

### 2.4.3　技术功

由式（2-16）可得

$$q - \Delta h = \frac{1}{2}\Delta\,c_\mathrm{f}^2 + g\Delta z + w_\mathrm{s}$$

等式右侧前两项是工质的动能和位能的变化值，$w_\mathrm{s}$ 是轴功，都属于机械能，在技术上都可以直接利用，取三项和称为技术功，单位质量工质的技术功用 $w_\mathrm{t}$ 表示，即

$$w_\mathrm{t} = \frac{1}{2}\Delta\,c_\mathrm{f}^2 + g\Delta z + w_\mathrm{s} \tag{2-17}$$

于是式（2-15）和式（2-16）可以改写为

$$Q = \Delta H + W_\mathrm{t} \tag{2-18}$$

$$q = \Delta h + w_\mathrm{t} \tag{2-19}$$

对于微元过程

$$\delta Q = \mathrm{d}H + \delta W_\mathrm{t} \tag{2-20}$$

$$\delta q = \mathrm{d}h + \delta w_\mathrm{t} \qquad (2\text{-}21)$$

根据比焓的定义式 $h = u + pv$，得 $\Delta h = \Delta u + \Delta(pv)$，结合闭口系统能量方程式 $q - \Delta u = w$，得

$$w_\mathrm{t} = w - \Delta(pv) = w - (p_2 v_2 - p_1 v_1)$$

上式说明，开口系统稳定流动工质流经设备时所做的技术功等于膨胀功减去净流动功。

对于可逆过程，膨胀功为

$$w = \int_1^2 p\,\mathrm{d}v$$

代入上式，得

$$w_\mathrm{t} = \int_1^2 p\,\mathrm{d}v - (p_2 v_2 - p_1 v_1) = \int_1^2 p\,\mathrm{d}v - \int_1^2 \mathrm{d}(pv)$$

得

$$w_\mathrm{t} = -\int_1^2 v\,\mathrm{d}p \qquad (2\text{-}22)$$

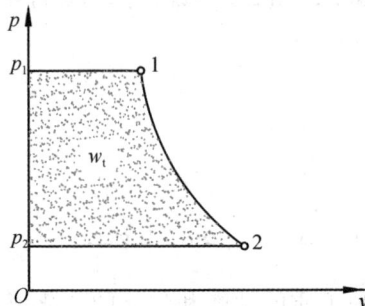

图 2-3 技术功的表示

式（2-22）中，$v$ 恒为正值，当 $\mathrm{d}p$ 为负，即过程中压力下降时，技术功为正，此时工质对外界做功；反之，若工质的压力增加，技术功为负，则外界对工质做功。

# 2.5 能量方程式的应用

热力学第一定律能量方程可应用于各类热工设备中的能量传递和转化过程。闭口系统能量方程反映了热能和机械能相互转化的基本原理和关系；开口系统稳定流动能量方程虽与闭口系统能量方程形式不同，但其本质没有区别。针对不同的热力设备和热力过程，常常根据具体问题的不同条件做出合理的简化，进而得到更加简单明了的方程。下面以典型热力设备为例进行分析和说明。

## 2.5.1 动力机械

工质流经各类动力机械时，如内燃机、燃气轮机、蒸汽轮机，如图 2-4 所示，其压力降低，对外输出功量。相比于功量，由于进、出口速度差引起的动能损失，对外界的散热量，位能都可以忽略不计，对于 1 kg 工质，简化后的稳定流动能量方程可表示为

$$w_s = h_1 - h_2 \tag{2-23}$$

工质流经风机、水泵、压缩机等设备时，压力升高，外界对工质做功，情况与动力机械恰好相反。如果无配套冷却设备，也可以认为是绝热的，热力过程的能量方程也可以利用式（2-23）得到，但此时的 $w_s$ 为负值。

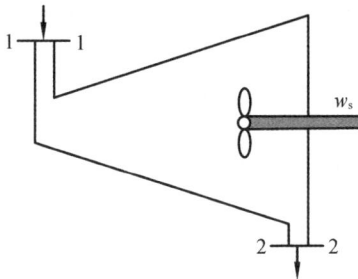

图 2-4 动力机械工作示意图

### 2.5.2 换热器

工质流经各类换热设备时，如锅炉、回热器、蒸发器、冷凝器等，工质与外界无功量交换，同时动能和位能也可以忽略，对于 1 kg 工质，则简化后的稳定流动能量方程可表示为

$$q = h_2 - h_1 \tag{2-24}$$

即单位质量工质与外界交换的热量等于换热器进、出口处工质比焓的变化。

### 2.5.3 管道

工质流经诸如喷管、扩压管等设备时，由于管道长度短，工质流速快，可忽略与外界的换热量及位能差，若稳定流动，则能量方程可简化为

$$\frac{1}{2}(c_{f2}^2 - c_{f1}^2) = h_1 - h_2 \tag{2-25}$$

### 2.5.4 节流

工质流经阀门、流量孔板等设备时，由于流通截面突然缩小，在缩口处工质的流速突然增加，压力骤降，并在缩口附近产生漩涡，流过缩口处流速减慢，压力又回升，这种现象称为节流，如图 2-5 所示。

节流是典型的不可逆过程，工质在缩口附近由于摩擦和涡流，流动状态也不稳定。但观察发现，在离缩口稍远的 1-1 和 2-2 截面上，流动情况基本稳定，如果选择这两个截面的中间部分为开口系统，可以近似地用稳定流动能量方程进行分析。由于两个截面上流速差别不大，动能变化可以忽略不计，节流过程不对外输出功量，同时工质流过两个截面的时间很短，与外界交换的热量很少，可以近似认为节流过程是绝热的，即 $q = 0$。于是，运用稳定流动能量方程式可得

$$h_2 = h_1 \tag{2-26}$$

式（2-26）表明，在忽略动能、位能变化的绝热节流过程中，节流

前后工质的焓值相等。但是，在两个截面之间，特别在缩口附近，由于流速变化很大，焓值并非处处相等，因此不能将绝热节流过程理解为定焓过程。

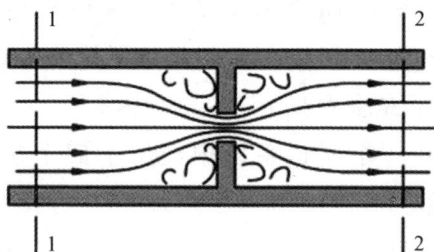

图 2-5　绝热节流示意图

**思考题**

1. 热力学第一定律的实质是什么？

2. 热力系统的宏观动能与内动能是什么关系？宏观位能与内位能是什么关系？

3. 热力系统的总储能包括哪些能量？

4. 闭口系统能量方程式中功量和热量的正负号是如何规定的？

5. 什么叫稳定流动过程？

6. 写出单位质量工质流动功的表达式，并回答流动功是状态参数还是过程量？

7. 流动功、轴功、技术功、容积变化功之间的关系是什么？

8. 写出单位质量工质焓的表达式，并回答焓与热力学能的关系。

9. 写出单位质量工质技术功的表达式，在 $p\text{-}v$ 图上示意性地表示出热力过程技术功的大小。

10. 单位质量工质的动力机械稳定流动能量方程可简化为 $w_s = h_1 - h_2$，是做了哪些简化？

11. 单位质量工质与外界交换的热量等于换热器进、出口处工质比焓的变化，为什么？

12. 根据绝热节流能量方程 $h_2 = h_1$，可以认为绝热节流是定焓流动，这种说法对吗？

**习题**

2-1 一个闭口系统内的气体经历了某一热力过程后热力学能增加了 200 J，同时从外界吸热 100 J，问经历了该热力过程后体积如何变化？与外界交换的功是多大？

2-2 某气体在一个闭口系统中经历了四个热力过程 a-b、b-c、c-d、d-a 回到起始点 a，对于每一个热力过程根据已知数据填写空缺数据。试判断经历了四个热力过程后，系统是从外界吸热了，还是向外界放热了？判断由这四个热力过程组成的循环是动力循环还是制冷循环？

2-3 由图 2-6 所示，对于闭口系统内气体由 1 出发经过 1-2-3 热力过程时，吸热 200 kJ，对外做功 50 kJ。而当气体沿着 1-4-3 变化时，对外做功 10 kJ，求 1-4-3 变化时系统与外界交换的热量是多少？当气体沿着图中曲线由 1 点变化到 3 点时对外做功 20kJ，求系统与外界交换的热量是多少？如果已知 $U_1 = 10$ kJ，$U_4 = 30$ kJ，分别求 1-4 和 4-3 两个热力过程与外界交换的热量。

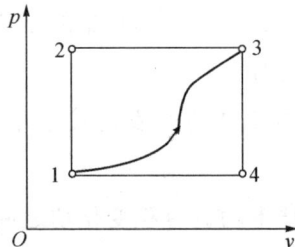

**图 2-6 习题 2-3 附图**

2-4 某活塞式空气压缩机，空气在压缩前的状态：压强为 1 bar、比体积为 1 m³/kg；压缩后的状态为：压强为 10 bar、比体积为 0.2 m³/kg。已知空气在压缩过程中比热力学能增加 200 kJ/kg，并且向外界放出比热量 80 kJ/kg。当空气压缩机每小时生产 1000 kg 压缩空气时，求：①1 kg 空气在压缩过程的功；②当生产 1 kg 压缩空气时需要多少轴功？③如果用电动机提供动力，电动机的功率至少为多少 kW？

2-5 可视为理想气体的空气流经绝热节流装置（忽略动能和位能的变化），进口处温度为 320 K、压力为 0.25 MPa，出口处压力为 0.1 MPa。求出口处的温度为多少？

2-6 燃气轮机处于稳定流动工作状态时，进口参数：压强为8 bar，比体积为 0.5 m³/kg，比热力学能为 3000 kJ/kg，速度为 200 m/s；出口参数：压强为 1.1 bar，比体积为 2 m³/kg，比热力学能为 1000 kJ/kg，速度为 100 m/s。已知燃气流动的质量流量为 5 kg/s，燃气流经系统对外传热为 50 kJ/kg。当不计燃气流经燃气轮机位能的变化时，求燃气轮机对外做功的功率为多少？

2-7 有一等截面直管道，空气的质量流速为 200 kg/(m²·s)，在 1 截面时压力为 1 MPa，温度为 200 ℃；在 2 截面时压力为 0.6 MPa，求空气在 2 截面时的流速为多少？（假设：①空气取定值比热容；②空气与外界交换热量为零。提示：需考虑空气的可压缩性）

# 第3章 工质

　　热能与机械能的转换过程需要借助工质的状态变化来实现，工质的状态参数在热力循环中伴随着过程的进行不断变化，不同性质的工质对热力过程有不同的影响，工质是能量转换的内部条件，因此，研究工质的性质及状态参数在热力过程中的变化规律对提高热力循环效率具有重要的意义。本章重点介绍工质的基本概念以及常用工质的性质、状态参数等特点。

## 3.1　工质的基本概念

　　能够实现能量转换的媒介物质称为工质。在热力设备中，工质通过压缩、吸热、膨胀、放热等过程实现热能向机械能的转化，例如工质燃气在内燃机中的燃烧膨胀做功，水在锅炉内吸热汽化后在汽轮机内膨胀做功等。

　　理论上一切物质都可以作为工质，但是本课程研究的热力循环是利用工质的体积变化实现热能与机械能的相互转换，因此选用流动性、膨胀性良好的气（汽）态物质作为工质。根据工质距离液态的远近程度，分为气体和蒸汽。从微观角度讲，气态物质分子数目巨大，且持续不断地做无规则的热运动，热力学不关注某一个分子的运动轨迹和参数变化规律，而是通过采用微观统计方法考察大量分子的集体行为，进而揭示其宏观的热力学性质。

# 3.2　理想气体

工质的状态参数中，压力 $p$ 可以看作大量分子做无规则热运动撞击容器壁面的平均结果，分子间作用力受到温度 $T$ 和比体积 $v$ 的影响，因此压力 $p$ 可以用 $T$ 和 $v$ 的函数关系来表示，然而这种关系一般比较复杂。在工程实际中，有许多气体的基本状态参数近似遵循一种简单的关系，为此提出理想气体的模型。理想气体是一种经过科学抽象的假想气体，在自然界中并不存在，其分子是忽略自身体积和相互间作用力的弹性质点，分子间及与容器壁的碰撞是弹性的，无能量损失。

研究发现，当气体压力不太高，温度不太低时，气体分子体积远小于其活动空间，分子间作用力因分子间距过大而变得极其微弱，此时气体的性质比较接近理想气体，可以按照理想气体来处理。一般来说，工程上常用的气体，$O_2$、$H_2$、$CO$、$CO_2$、$N_2$ 等气体及其混合物，在通常使用的温度、压力下都可以作为理想气体处理，由此产生的误差一般都在工程计算允许的范围之内。例如，空气在 20.265 MPa、$-20$ ℃时，按照理想气体处理得到的密度与实验值相比较误差不超过 4%。另外，大气或燃气、烟气中含有的水蒸气，因其分压力低，也可以近似看作理想气体。气体是否可以作为理想气体，主要取决于气体所处的状态及计算精度要求。然而，蒸汽动力装置和制冷装置采用的水蒸气和氟利昂蒸气等工质，在运行工况下离液态不远，因此不能看作理想气体。

## 3.2.1　理想气体状态方程

基于理想气体假设，得到单位质量气体在其平衡状态下 $p$，$T$，$v$ 之间的数学关系式：

$$pv = R_g T \qquad (3-1)$$

式（3-1）称为理想气体状态方程，也称为克拉珀龙方程。式中，$p$ 是气体的绝对压力，Pa；$v$ 是气体的比体积，$m^3/kg$；$T$ 是热力学温度，K；$R_g$ 是气体常数，J/(kg·K)，其数值与气体种类有关，而与状态无

关。对质量为 $m$ kg 的理想气体，状态方程可写为

$$pV = m R_g T \tag{3-2}$$

在国际单位制中，常用摩尔（mol）表示物质的量的单位。$n$ mol 物质的质量为 $m$ kg，则该物质的摩尔质量 $M$ 为

$$M = \frac{m}{n} \tag{3-3}$$

单位是 kg/mol，在数值上等于该物质的相对分子质量 $M$。同理，$n$ mol 物质的体积为 $V$ m³，则其摩尔体积 $V_m$ 为

$$V_m = \frac{V}{n} \tag{3-4}$$

单位是 m³/mol。显然，有

$$V_m = M v \tag{3-5}$$

则式（3-2）可写为

$$p V_m = M R_g T \tag{3-6}$$

### 3.2.2 摩尔气体常数

根据阿伏伽德罗定律，同温、同压下，所有气体的摩尔体积 $V_m$ 都相等。实验测定，在标准状态（$p_0 = 1.01325 \times 10^5$ Pa、$T_0 = 273.15$ K）下，1 mol 任何气体的体积都是 0.0224 m³，则

$$M R_g = \frac{p_0 V_{mo}}{T_0} = \frac{101325 \text{ Pa} \times (0.0224141 \pm 0.00000019) \text{ m}^3/\text{mol}}{273.15 \text{ K}}$$

$$= 8.31451 \pm 0.00007$$

令 $R = M R_g$，称为摩尔气体常数，单位为 J/(mol·K)，其数值既与气体种类无关，也与气体状态无关。由此可得任何一种气体的气体常数 $R_g$：

$$R_g = \frac{R}{M} = \frac{8.3145 \text{ J/(mol·K)}}{M} \tag{3-7}$$

**例 3-1** 用压力表测得表压为 0.5 MPa 的氮气瓶，瓶内气体温度为 35 ℃，使用后瓶内压力降至 0.2 MPa，若温度未变，试求使用前后瓶内氮气的质量比值。假设外界环境为一个标准大气压。

**解:**

对于使用前后瓶内氮气分别列出理想气体状态方程式:

$$\begin{cases} p_1 V = m_1 R_g T \\ p_2 V = m_2 R_g T \end{cases}$$

两式相比得

$$\frac{m_1}{m_2} = \frac{p_1}{p_2} = \frac{0.1+0.5}{0.1+0.2} = 2$$

所以使用前后瓶内氮气的质量比值为 2。

### 3.2.3　理想气体的比热容

1. 比热容的定义

物体温度升高 1 K（1 ℃）所需要的热量称为该物体的热容量,简称热容,用 $C$ 表示,单位为 J/K（J/℃）,表达式为

$$C = \frac{\delta Q}{\mathrm{d}T} \tag{3-8}$$

式中,$\delta Q$ 和 $\mathrm{d}T$ 分别为微元过程的吸热量和温度的升高值。

1 kg 物体温度升高 1 K（1 ℃）所需要的热量称为该物体的比热容,用 $c$ 表示,单位为 J/(kg·K),表达式为

$$c = \frac{C}{m} = \frac{\delta q}{\mathrm{d}T} \tag{3-9}$$

1 mol 物质的热容称为摩尔热容,用 $C_m$ 表示,单位为 J/(mol·K);标准状态下 1 m$^3$ 物质的热容称为体积热容,用 $C'$ 表示,单位为 J/(m$^3$·K),三者之间的关系为

$$C_m = Mc = 0.022414 C' \tag{3-10}$$

2. 比定压热容和比定容热容

气体的比热容不仅与种类有关,还与气体初、终态及所经历的热力过程有关。在工程实际中,经常涉及定容过程和定压过程,单位质量工质在定容过程和定压过程的比热容分别称为比定容热容 $c_v$ 和比定压热容 $c_p$。

根据热力学第一定律,闭口系统的可逆过程有

$$\delta q = \mathrm{d}u + p\,\mathrm{d}v$$

定容过程中，$\mathrm{d}v = 0$，有

$$c_v = \left(\frac{\delta q}{\mathrm{d}T}\right)_v = \left(\frac{\mathrm{d}u + p\,\mathrm{d}v}{\mathrm{d}T}\right)_v = \left(\frac{\partial u}{\partial T}\right)_v \qquad (3\text{-}11)$$

由此可见，比定容热容是在定容条件下比热力学能对温度的偏导数。

同理，定压过程中，$\mathrm{d}p = 0$，有

$$c_p = \left(\frac{\delta q}{\mathrm{d}T}\right)_p = \left(\frac{\mathrm{d}h - v\,\mathrm{d}p}{\mathrm{d}T}\right)_p = \left(\frac{\partial h}{\partial T}\right)_p \qquad (3\text{-}12)$$

即，比定压热容为定压条件下比焓对温度的偏导数。以上两式直接由 $c_p$、$c_v$ 的定义导出，故适用于一切工质，不限于理想气体。

理想气体的分子间不存在相互作用力，不存在内位能，其热力学能仅包含取决于温度的分子内动能，故理想气体的比热力学能仅是温度的函数：$u = f(T)$。$h = u + pv = u + R_g T$，所以焓也是温度的单值函数，即 $h = f(T)$，因此：

$$c_v = \left(\frac{\partial u}{\partial T}\right)_v = \frac{\mathrm{d}u}{\mathrm{d}T} \qquad (3\text{-}13)$$

$$c_p = \left(\frac{\partial h}{\partial T}\right)_p = \frac{\mathrm{d}h}{\mathrm{d}T} \qquad (3\text{-}14)$$

根据焓的定义式及理想气体状态方程，进一步推导出 $c_p$ 和 $c_v$ 的关系：

$$c_p - c_v = \frac{\mathrm{d}h - \mathrm{d}u}{\mathrm{d}T} = \frac{\mathrm{d}(pv)}{\mathrm{d}T} = \frac{\mathrm{d}(R_g T)}{\mathrm{d}T} = R_g \qquad (3\text{-}15)$$

公式两边乘以气体摩尔质量可得

$$C_{p,\mathrm{m}} - C_{v,\mathrm{m}} = R \qquad (3\text{-}16)$$

上述公式称为迈耶公式，在已知一种比热容时，利用该式可以方便求得另一种比热容。

将 $c_p$ 和 $c_v$ 的比值定义为比热容比，用符号 $\gamma$ 表示，即

$$\gamma = \frac{c_p}{c_v} \qquad (3\text{-}17)$$

## 3. 比热容的表示法

实验表明，理想气体的比热容是温度的复杂函数，随着温度的升高而增大。比热容的常用表示方法有真实比热容法、平均比热容法和定值比热容法。

在一定温度范围内，通过实验值拟合得到真实比热容随温度变化的多项式的方法称为真实比热容法，表达式为

$$c = a_0 + a_1 T + a_2 T^2 + a_3 T^3 + \cdots$$

式中，$a_0$，$a_1$，$a_2$，$a_3$ … 为常数，可查阅相关手册获得。1 kg 理想气体在热力过程中的吸热量为

$$q = \int_{T_1}^{T_2} c \, dT = \int_{T_1}^{T_2} (a_0 + a_1 T + a_2 T^2 + a_3 T^3 + \cdots) dT$$

平均比热容法是利用一定温度区间（$t_1 \sim t_2$）内真实比热容的积分平均值代替真实比热容的方法，表达式为

$$c \Big|_{t_1}^{t_2} = \frac{q}{t_2 - t_1} = \frac{\int_{t_1}^{t_2} c \, dt}{t_2 - t_1}$$

理想气体温度从 $t_1$ 升高至 $t_2$ 所需要的热量 $q_{1-2}$ 等于从 0 ℃升高至 $t_2$ 时所需要的热量 $q_{0-2}$ 与从 0 ℃升高至 $t_1$ 时所需要的热量 $q_{0-1}$ 之差，即

$$q_{1-2} = q_{0-2} - q_{0-1} = \int_0^{t_2} c \, dt - \int_0^{t_1} c \, dt = c \Big|_0^{t_2} t_2 - c \Big|_0^{t_1} t_1$$

代入上式得

$$c \Big|_{t_1}^{t_2} = \frac{q_{1-2}}{t_2 - t_1} = \frac{c \Big|_0^{t_2} t_2 - c \Big|_0^{t_1} t_1}{t_2 - t_1} \tag{3-18}$$

式中，$c \Big|_0^{t_1}$，$c \Big|_0^{t_2}$ 分别表示温度自 0 ℃到 $t_1$ 和 0 ℃到 $t_2$ 的平均比热容值。工程上，将常用气体从 0 ℃到任何温度 $t$ 的平均比热容列成表格，以供查用。由于温度下限值选取为 0 ℃，$c \Big|_0^t$ 仅是温度 $t$ 的函数。

在温度变化范围不大或精度要求不高的情况下，常采用定值比热容。根据气体分子运动论和能量论按自由度均分的原则，原子数目相同的气体具有相同的摩尔热容。表 3-1 给出了理想气体的摩尔热容和比热容比。

表 3-1　理想气体的定值摩尔热容和比热容比

| 参数 | 单原子气体<br>（$i=3$） | 双原子气体<br>（$i=5$） | 多原子气体<br>（$i=6$） |
|---|---|---|---|
| $C_{V,\,m}$ | $3R/2$ | $5R/2$ | $7R/2$ |
| $C_{p,\,m}$ | $5R/2$ | $7R/2$ | $9R/2$ |
| $\gamma = C_{p,\,m}/C_{V,\,m}$ | 1.67 | 1.40 | 1.29 |

### 3.2.4　理想气体的热力学能、焓和熵

1. 理想气体的热力学能和焓

如前所述，理想气体的热力学能和焓值都是温度的单值函数，由式（3-13）和式（3-14）可得

$$\mathrm{d}u = c_v \mathrm{d}T \tag{3-19}$$

$$\mathrm{d}h = c_p \mathrm{d}T \tag{3-20}$$

对上式积分可求得理想气体任一过程的热力学能和焓值的变化量：

$$\Delta u = \int_1^2 c_v \mathrm{d}T \tag{3-21}$$

$$\Delta h = \int_1^2 c_p \mathrm{d}T \tag{3-22}$$

当比热容 $c_v$ 和 $c_p$ 取定值时，有

$$\Delta u = c_v \Delta T \tag{3-21'}$$

$$\Delta h = c_p \Delta T \tag{3-22'}$$

由于热力学能和焓值是状态参数，只要初、终态的温度相同，理想气体在任何热力过程中的热力学能和焓值的变化量都相同，即以上两式不仅适用于定容过程和定压过程，而且适用于理想气体的任何过程。需要强调的是，在热力过程的能量分析中，并不需要求得某一状态下工质具有多少的热力学能和焓值，只需计算出过程中热力学能和焓值的变化量。对无化学反应的热力过程，物质的化学能不变，可以任意选取基准点，通常情况下，取 0 K 时焓值为零，相应的热力学能也为零。

2. 理想气体的熵

根据熵的定义式及热力学第一定律，可得单位质量理想气体的熵变

微分表达式：

$$ds = \frac{\delta q}{T} = \frac{du + p\,dv}{T} = \frac{du}{T} + \frac{p}{T}dv \tag{3-23}$$

将 $du = c_v dT$ 和 $\dfrac{p}{T} = \dfrac{R_g}{v}$ 代入上式，得到

$$ds = c_v \frac{dT}{T} + R_g \frac{dv}{v} \tag{3-24}$$

同理，可得

$$ds = c_p \frac{dT}{T} - R_g \frac{dp}{p} \tag{3-25}$$

对上述两式积分得到单位质量理想气体任一热力过程熵变的计算式：

$$\Delta s = \int_1^2 c_v \frac{dT}{T} + R_g \ln \frac{v_2}{v_1} \tag{3-26}$$

$$\Delta s = \int_1^2 c_p \frac{dT}{T} - R_g \ln \frac{p_2}{p_1} \tag{3-27}$$

当比热容 $c_p$ 和 $c_v$ 取定值时

$$\Delta s = c_v \ln \frac{T_2}{T_1} + R_g \ln \frac{v_2}{v_1} \tag{3-28}$$

$$\Delta s = c_p \ln \frac{T_2}{T_1} - R_g \ln \frac{p_2}{p_1} \tag{3-29}$$

对理想气体状态方程，$pv = R_g T$，微分后两边分别除以 $pv$ 和 $R_g T$，得到

$$\frac{dv}{v} + \frac{dp}{p} = \frac{dT}{T}$$

将上式代入式（3-25）并利用迈耶公式，积分后得到

$$\Delta s = c_v \ln \frac{p_2}{p_1} + c_p \ln \frac{v_2}{v_1} \tag{3-30}$$

与热力学能和焓值一样，在热力过程的能量分析中，只需要计算工质的熵变，计算结果与基准点的选择无关。由于 $c_p$ 和 $c_v$ 是温度的单值函数，因此 $\int_1^2 c_v \dfrac{dT}{T}$ 和 $\int_1^2 c_p \dfrac{dT}{T}$ 仅取决于 $T_1$ 和 $T_2$，理想气体的熵变只

取决于初、终态，而与过程经历的路径无关，即理想气体的熵是一个状态参数。因此，以上各式适用于理想气体的任何过程。

# 3.3 实际气体

不满足理想气体假设的气体都是实际气体。实际气体的分子体积不能忽略，分子间及分子与壁面的碰撞不是弹性碰撞，研究实际气体的性质在于寻求它的热力参数间的关系，其中最重要的是建立实际气体的状态方程。本小节主要论述实际气体的一般特性及研究实际气体的一般方法。

## 3.3.1 实际气体的理想态偏差

实际气体的 $p$，$T$，$v$ 不再遵循理想气体状态方程，为了表征实际气体与理想气体之间的偏差，引入压缩因子 $Z$：

$$Z = \frac{pv}{R_g T} = \frac{p V_m}{RT} \tag{3-31}$$

对于理想气体，$Z = 1$，但实际气体的 $Z$ 值不恒等于 1，尤其是在高压低温的情况下偏差更大（图 3-1）。

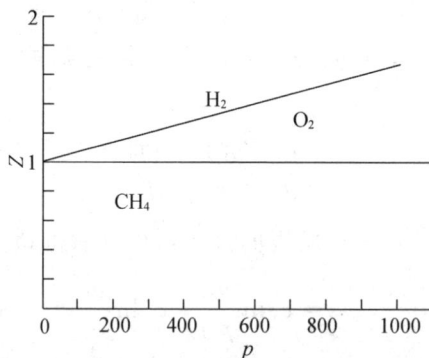

图 3-1 气体的压缩因子

实际气体的 $Z$ 值，可以大于 1，也可以小于 1，其偏离 1 的大小反映了实际气体偏离理想气体的程度。$Z$ 值的大小不仅与气体的种类有关，

而且同种气体的 $Z$ 值还随压力和温度而变化。因而，$Z$ 是状态的函数。

为了便于理解压缩因子 $Z$ 的物理意义，将式(3-31)改写为

$$Z = \frac{pv}{R_g T} = \frac{v}{R_g T/p} = \frac{v}{v_i} \tag{3-32}$$

式中，$v$ 和 $v_i$ 分别代表相同温度 $T$、压力 $p$ 时实际气体和作为理想气体计算时的比体积。因而，压缩因子 $Z$ 即为温度、压力相同时的实际气体比体积与理想气体比体积之比。相同条件下，$Z > 1$，即实际体积的比体积大于作为理想气体的比体积，说明实际气体较理想气体更难压缩；反之，$Z < 1$，说明实际气体更易压缩，因此 $Z$ 值也反映了实际气体对理想气体的可压缩性大小。

利用压缩因子修正实际气体的非理想性，既可以保留理想气体状态方程的基本形式，又可以取得满意的结果。实际气体和理想气体之间并没有明显的界限，实际气体是否可以作为理想气体处理，不仅取决于气体的种类、气体所处的状态，还取决于计算精度的要求。

### 3.3.2　实际气体状态方程

经过多年对实际气体的研究，得到了成百上千种理论的、经验及半经验的状态方程式，这些方程中，通常准确度高的通用性差，通用性强的准确度差。在各种实际气体的状态方程中，具有特殊意义的是范德瓦尔斯方程。

1. 范德瓦尔斯方程

范德瓦尔斯方程是荷兰物理学家范德瓦尔斯于 1873 年针对理想气体的两个假设对状态方程进行修正得到的：

$$\left(p + \frac{a}{V_m^2}\right)(V_m - b) = RT \text{ 或 } p = \frac{RT}{V_m - b} - \frac{a}{V_m^2} \tag{3-33}$$

式中：$a$ 与 $b$ 是与气体种类有关的正常数，称为范德瓦尔斯常数；根据实验数据确定 $\frac{a}{V_m^2}$，其被称为内压力。

对比理想气体状态方程可知，考虑到实际气体分子本身的体积，分子的自由活动空间由 $V_m$ 减小至 $V_m - b$；考虑到分子间作用力，分子对

壁面的平均压力大于理想气体对壁面的压力，用 $p + \dfrac{a}{V_m^2}$ 代替 $p$ 。

将式（3-33）按 $V_m$ 的降幂次整理得到：

$$p V_m^3 - (bp + RT) V_m^2 + a V_m - ab = 0 \qquad (3\text{-}34)$$

式（3-34）是关于 $V_m$ 的三次方程，根据 $p$ 和 $T$ 的不同，$V_m$ 可以有两个不等的实根、三个相等的实根或一个实根两个虚根。以 $T$ 为参变量得到不同温度条件下 $p$ 和 $V_m$ 的关系曲线。第一种情况：当温度高于临界温度，此时气体状态接近于理想气体，对于每一个 $p$，都有唯一的 $V_m$ 值，即方程有且只有一个实根；第二种情况：当温度等于临界温度，在 $C$ 点处出现拐点，$C$ 点的温度即为该气体的临界温度 $T_{cr}$ ，对应的压力和比体积分别为临界压力 $p_{cr}$ 和临界比体积 $v_{cr}$ ，显然在临界点处对应的 $p_{cr}$ 可以得到是三个相等的 $V_{m, cr}$ ，即方程有三个相等实根；第三种情况：当温度低于临界温度，一个压力值对应三个 $V_m$ 值，并出现两个驻点 $M$ 和 $N$ 。

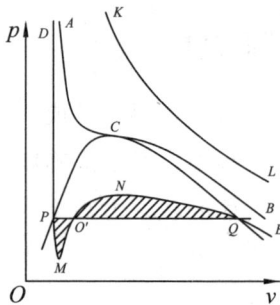

图 3-2　范德瓦尔方程定温线

通过对实际气体 $CO_2$ 进行实验，结果表明当温度高于或等于临界温度时，实验结果与上述曲线吻合较好；当温度低于临界值时，实验结果与上述曲线偏差较大。

在临界点处，$p_{cr}$ 和 $V_{m, cr}$ 的关系满足下式：

$$\left( \frac{\partial p}{\partial V_m} \right)_{T_{cr}} = 0$$

$$\left( \frac{\partial^2 p}{\partial^2 V_m} \right)_{T_{cr}} = 0$$

对方程（3-34）求导后代入上面关系式可得

$$\left(\frac{\partial p}{\partial V_m}\right)_{T_{cr}} = \frac{RT_{cr}}{(V_{m,cr}-b)^3} + \frac{2a}{V_{m,cr}^3} = 0$$

$$\left(\frac{\partial^2 p}{\partial^2 V_m}\right)_{T_{cr}} = \frac{2RT_{cr}}{(V_{m,cr}-b)^3} + \frac{6a}{V_{m,cr}^4} = 0$$

联合求解上式可得

$$p_{cr} = \frac{a}{27 b^2}, \quad V_{m,cr} = 3b$$

$$a = \frac{27}{64} \frac{(RT_{cr})^2}{p_{cr}}, \quad b = \frac{RT_{cr}}{8 p_{cr}}, \quad R = \frac{8}{3} \frac{p_{cr}V_{m,cr}}{T_{cr}}$$

所以，实际气体的范德瓦尔斯常数 $a$ 和 $b$ 既可以利用气体的 $p$，$V_m$，$T$ 的实验数据拟合确定，也可以通过测量气体的临界值计算。表3-2 列出了一些物质的临界参数和由实验数据拟合得出的范德瓦尔斯常数。

表 3-2 临界参数和范德瓦尔斯常数

| 物质 | $T_{cr}$ | $p_{cr}$ | $V_{m,cr} \times 10^3$ | $Z_{cr}$ | $a \times 10^{-6}$ | $b \times 10^{-3}$ |
|---|---|---|---|---|---|---|
| | K | MPa | $m^3/mol$ | $\left(= \frac{p_{cr}V_{m,cr}}{RT_{cr}}\right)$ | $\left(MPa \cdot \frac{m^3}{mol}\right)^2$ | $m^3/mol$ |
| 空气 | 133 | 3.77 | 0.0829 | 0.284 | 0.1358 | 0.0364 |
| 一氧化碳 | 133 | 3.50 | 0.0928 | 0.294 | 0.1463 | 0.0394 |
| 正丁烷 | 425.2 | 3.80 | 0.257 | 0.274 | 1.380 | 0.1196 |
| 氟利昂12 | 385 | 4.01 | 0.214 | 0.270 | 1.078 | 0.0998 |
| 甲烷 | 190.7 | 4.64 | 0.0991 | 0.290 | 0.2285 | 0.0427 |
| 氮 | 126.2 | 3.39 | 0.0897 | 0.291 | 0.1361 | 0.0385 |
| 乙烷 | 305.4 | 4.88 | 0.221 | 0.273 | 0.5575 | 0.0650 |
| 丙烷 | 370 | 4.27 | 0.195 | 0.276 | 0.9315 | 0.0900 |
| 二氧化碳 | 431 | 7.87 | 0.124 | 0.268 | 0.6837 | 0.0568 |

范德瓦尔斯状态方程是半经验的状态方程，它虽可以较好地定性描述实际气体的基本特性，但是在定量上不够准确，不宜作为定量计算的基础。后人在此基础上提出了许多种派生的状态方程，其中一些有很大的使用价值。

## 2. R-K 方程

R-K 方程是 1949 年由雷德利希（Redlich）和邝（Kwong）在范德瓦尔斯方程基础上提出的包含两个常数的方程，它保留了体积三次方程的基本形式，计算精度更高，应用更为简便，对于气液相平衡和混合物的计算十分成功。其表达形式为

$$p = \frac{RT}{V_m - b} - \frac{a}{T^{0.5} V_m (V_m + b)}$$

式中，$a$ 和 $b$ 是各种物质的固有常数，可从 $p$，$V_m$，$T$ 的实验数据拟合求得，缺乏这些数据时也可由下式用临界参数求取其近似值：

$$a = \frac{0.427480 R^2 T_{cr}^{2.5}}{p_{cr}}, \quad b = \frac{0.08664 R T_{cr}}{p_{cr}}$$

1972 年出现了对 R-K 方程进行修正的 R-K-S 方程；1976 年又出现了 P-R 方程。这些方程拓展了 R-K 方程的适用范围。

在二常数方程不断发展的同时，半经验的多常数状态方程也不断出现，如：1940 年由 Benedict-Webb-Rubin 提出的 B-W-R 方程；1955 年由 Martin 和我国学者侯虞钧提出的 M-H 方程。

## 3. 维里方程

维里方程是 1901 年由昂内斯（Onnes）提出的幂级数形式的状态方程，其压缩因子可以用体积或压力来表示，表达形式为

$$Z = \frac{pv}{R_g T} = 1 + \frac{B}{v} + \frac{C}{v^2} + \frac{D}{v^3} + \cdots \tag{3-35}$$

$$Z = \frac{pv}{R_g T} = 1 + B'p + C'p^2 + D'p^3 + \cdots \tag{3-36}$$

式中，$B$，$C$，$D$ 都是温度的函数，分别称为第二、第三、第四维里系数。比较上式，可以得到 $B'$，$C'$，$D'$ 与 $B$，$C$，$D$ 之间的关系：

$$B' = \frac{B}{R_g T}, \quad C' = \frac{C - B^2}{(R_g T)^2}, \quad D' = \frac{D + 2B^3 - 3BC}{(R_g T)^3}, \quad \cdots \tag{3-37}$$

上述关系仅对无穷级数形式的式（3-35）和式（3-36）才严格成立。维里方程具有坚实的理论基础，理论上可以导出各个维里系数的计算式，但实际上高级维里系数的运算十分困难，目前除了简单模型外，还只能算到三级维里系数，更高级的维里系数需要实验测定。维里方程

的适用性较强，可以根据不同单精度要求截取不同项数，一般来讲，在 $\frac{1}{2}\rho_{cr} < \rho < \rho_{cr}$ 时，截取三项的维里方程具有很好的精度。维里方程在高密度区的精度不高，但由于具有理论基础，适应性广，很有发展前途。前面提到的 B-W-R 方程、M-H 方程都是在它的基础上改进得到的。

实际气体状态方程中包含有与物体固体性质有关的常数，这些常数需根据该物质 $p$，$T$，$V$ 的实验数据拟合得到。当物质的实验数据不足，又没有相适应的状态方程，可以采用对应态原理及通用压缩因子图获得物质在不同工况下的物性参数，感兴趣的读者可参阅有关文献。

## 3.4　水蒸气

水蒸气是热力发动机中应用最广泛的工质。工业生产中常用的除水蒸气外，还有制冷空调中的氨蒸气、氟利昂蒸气等。水蒸气因距离液态较近，在热力过程中容易发生相变，因此不能作为理想气体处理。

### 3.4.1　水蒸气的定压汽化过程

物质由液态变为气态的过程称为汽化，汽化的形式分为两种：蒸发和沸腾。

蒸发是在液体表面进行汽化过程。液体分子不停地做着无规则的热运动，在液体表面动能大的分子克服表面张力而逸出液面，形成蒸汽。蒸发过程可以发生在任何温度，而且温度越高，蒸发速率越快。例如，食品风干过程中水分子利用蒸发的方式进入大气中从而达到干燥的目的，为了加快风干速度，通常选择高温环境。沸腾是在液体表面和内部同时进行的、剧烈的汽化过程，在给定压力下，液体温度只有达到特定温度时才能发生沸腾现象。

当液体在有限密闭空间内汽化时，不仅有液体分子从液面逸出，也有蒸汽分子回到液体中，在一段时间内逸出液面的液体分子和回到液面的蒸汽分子数目相等时，气、液相达到了动态平衡，这种状态称为饱和状态，相应的蒸汽和水分别称为饱和蒸汽和饱和水，饱和蒸汽的温度和压力分别称为饱和温度和饱和压力。饱和压力和饱和温度一一对应，且饱和压力越高，饱和温度也越高，如图 3-3 所示。

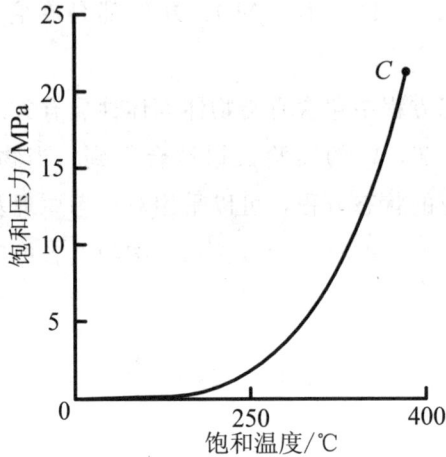

图 3-3　饱和温度和饱和压力关系曲线

工业上所用的水蒸气通常是在定压的条件下产生的，如锅炉中的水蒸气。图 3-4 说明水蒸气在定压条件下的产生过程：气缸内盛有温度为 $t$、质量为 1 kg 的水，活塞上加设一个质量可调节的重物来改变气缸内的压力，并在气缸底部加热。水蒸气的产生过程一般可以分为三个阶段：

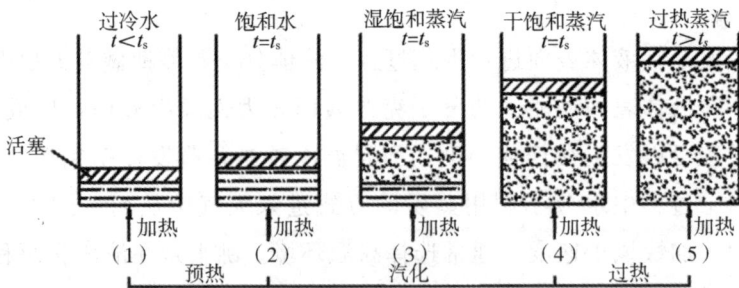

图 3-4　定压条件下水蒸气的产生过程

1. 预热阶段

假定初始时水处于压力 0.1 MPa、温度 25 ℃的状态，如图 3-4（1）

所示。在定压条件下通过气缸对水进行加热，水的温度逐渐升高，比体积略有增大。当水的温度升高至该压力下对应的饱和温度 99.634 ℃时，若继续加热，水将会沸腾产生蒸汽，即在产生第一个蒸汽气泡之前的状态称为饱和水，如图 3-4（2）所示。低于饱和温度的水称为是未饱和水，或过冷水。水在定压条件下从未饱和水状态加热到饱和水状态的过程为定压预热阶段，所需的热量称为液体热，用 $q_1$ 表示。

2. 汽化阶段

继续加热饱和水，水开始沸腾产生蒸汽，饱和温度和饱和压力保持不变，比体积增大，饱和水吸收的热量全部用于汽化相变过程。这种汽、液共存的混合物称为湿饱和蒸汽，简称湿蒸汽，如图 3-4（3）所示。随着汽化过程的进行，蒸汽量逐渐增大，直至液体全部变为蒸汽，这时的蒸汽称为干饱和蒸汽，简称饱和蒸汽，如图 3-4（4）所示，把饱和水加热至饱和蒸汽的过程称为是汽化阶段，所需的热量称为汽化潜热，用 $r$ 表示。

在汽化阶段，温度和压力是一一对应的两个参数，所以无法根据压力和温度确定湿蒸汽的状态。湿蒸汽中干饱和蒸汽和饱和水的质量比例随着汽化阶段的进行不断改变，因此可以利用温度或压力，以及湿蒸汽中干饱和蒸汽的质量比，即干度 $x$，来确定湿蒸汽的状态。

$$x = \frac{m_v}{m_w + m_v} \tag{3-38}$$

式中，$m_v$ 和 $m_w$ 分别表示湿蒸汽中所含干饱和蒸汽和饱和水的质量，可见 $0 < x < 1$，对于饱和水和饱和蒸汽的干度分别为 0 和 1。

3. 过热阶段

继续加热干饱和蒸汽，蒸汽的温度升高、比体积增大，这时的蒸汽称为过热蒸汽，如图 3-4（5）所示。从干饱和蒸汽加热到过热蒸汽的过程称为过热阶段，这一阶段的吸热量称为过热热量，用 $q_{sup}$ 表示。过热蒸汽的温度与同压力下饱和温度的差值称为过热度。

综上所述，水蒸气在定压条件下的形成过程经历了预热、汽化和过热 3 个阶段，并先后经历了未饱和水、饱和水、湿饱和蒸汽、干饱和蒸汽和过热蒸汽 5 种状态，在 $p$-$v$ 图和 $T$-$s$ 图中的表示如图 3-5 所示。

水定压汽化过程在 $p$-$v$ 图上是一条水平线，在 $T$-$s$ 图上是一条折线，$a$-$b$、$b$-$d$、$d$-$e$ 分别为预热、汽化和过热阶段，$a$，$b$，$c$，$d$，$e$ 分别为上述五种状态。预热阶段，压力不变，温度持续升高至饱和温度，比体积略有升高；汽化阶段，压力、温度均保持不变，比体积大幅升高；过热阶段，压力不变，温度和比体积均升高。

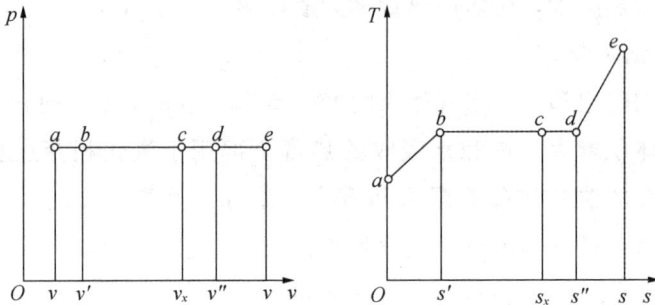

**图 3-5　水定压汽化过程的 $p$-$v$ 图和 $T$-$s$ 图**

改变重物质量得到不同压力下的蒸汽发生过程，如图 3-6 所示。将不同压力下的饱和水状态点和干饱和蒸汽状态点连起来分别称为饱和水线和干饱和蒸汽线，两曲线汇合于 $C$ 点，称为临界点，其压力、温度和比体积分别称为临界压力、临界温度和临界比体积，用 $p_{cr}$、$T_{cr}$ 和 $v_{cr}$ 表示，水的临界参数为：$p_{cr}=22.064$ MPa，$t_{cr}=373.99$ ℃，$v_{cr}=0.003106$ m³/kg。饱和水和干饱和蒸汽的物性参数分别用相应参数上方加一撇和两撇表示，如 $v'$、$h'$、$s'$ 分别表示饱和水的比体积、比焓、比熵；$v''$、$h''$、$s''$ 分别表示干饱和蒸汽的比体积、比焓、比熵。

饱和水线和干饱和蒸汽线将坐标图分为三个区间，饱和水线左侧为未饱和水区，干饱和蒸汽线右侧为过热蒸汽区，两饱和线之间为湿饱和蒸汽区。随着压力的增加，湿蒸汽区逐渐减小，当达到 $C$ 点时，饱和水和干饱和蒸汽的差异完全消失，说明当水在临界压力 $p_{cr}$ 加热到 $T_{cr}$ 时，水会瞬间汽化成蒸汽。当温度高于 $T_{cr}$ 时，无论多大压力，也不能使蒸汽液化。

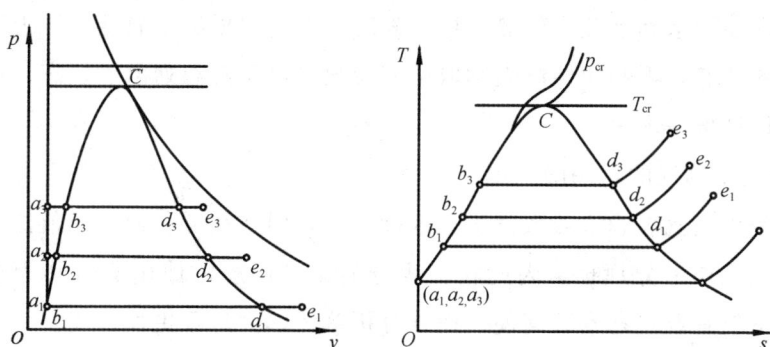

图 3-6　压力变化时水蒸气产生过程

### 3.4.2　水蒸气的状态参数

由于水蒸气距离液态较近，且容易发生相变，因此不能作为理想气体处理，相应的状态方程和参数的计算公式也不再适用。为了便于工程计算，将不同温度和压力下水的五种状态的比体积、比焓、比熵等各种参数列成表或绘成线算图，本书附录的水和水蒸气的热力性质表和图基于 1985 年国际水蒸气骨架表的规定，基准点是三相点的液相水：规定三相点饱和水的热力学能和焓的值为零。

1. 水和水蒸气的性质表

水和水蒸气的性质表分为饱和水与饱和蒸汽表、未饱和水和过热蒸汽表，前者又进一步分为按照温度和压力为独立变数的排序方式，分别见附表 5 和附表 6。对于湿饱和蒸汽，除给定压力或温度外，还需知道相应的干度 $x$，根据干度的定义，1 kg 湿饱和蒸汽中，包含 $x$ kg 的干饱和蒸汽和（$1-x$）kg 的饱和水，利用同压力或温度下干饱和蒸汽和饱和水的物性参数值得到湿饱和蒸汽的值，即

$$v_x = xv'' + (1-x)v' = v' + x(v''-v') \tag{3-39}$$

$$h_x = xh'' + (1-x)h' = h' + x(h''-h') \tag{3-40}$$

$$s_x = xs'' + (1-x)s' = s' + x(s''-s') \tag{3-41}$$

上述性质表中未列出热力学能 $u$ 的值，需要时可以根据焓的定义式 $h = u + pv$ 计算。

在使用水和水蒸气的热力性质表时，常先根据给定温度和压力判断所处的状态，再利用性质表读取所需参数，对于没有列出的状态，可采用线性插值法求得。

2. 水蒸气的焓熵图

利用蒸汽表确定参数值虽然准确度高，但往往需要使用插值法，使得查表工作十分烦琐。因此在工程分析中，还经常使用蒸汽热力性质图，不但查取状态参数简便，而且分析蒸汽热力过程更加直观。

$p$-$v$ 图和 $T$-$s$ 图常用热力循环的面积表示系统与外界交换的功量和热量，数值计算多有不便之处。工程上分析水蒸气的热力过程时，使用最广泛的是焓 - 熵图（$h$-$s$ 图），如图 3-7 所示。图中 $C$ 点为临界点，$x=0$ 和 $x=1$ 分别对应饱和水线和干饱和蒸汽线，饱和水线左侧为未饱和水区，干饱和蒸汽线右侧为过热蒸汽区，两条曲线中间为湿饱和蒸汽区。图中还有定压线簇、定温线簇、定干度线簇。

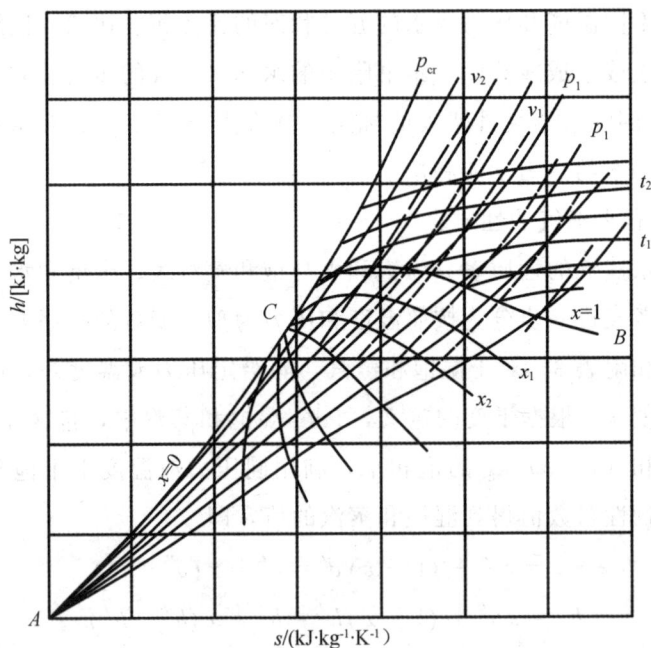

图 3-7　水蒸气焓-熵图

在湿饱和蒸汽区，根据热力学第一定律，$\delta q = \mathrm{d}h + \delta w_t$，对于可逆过程，$T\delta s = \mathrm{d}h - v\mathrm{d}p$，可得 $(\partial h / \partial s)_p = T$，因此定压线也是定温线，都是倾斜直线。

在过热蒸汽区，定压线和定温线不再保持一致。定压线的斜率随温度升高而增大，是向右上方翘的曲线；定温线随着温度和压力的升高，逐渐接近于水平的定焓线。由此可以说明，此时过热蒸汽的性质逐渐趋近于理想气体。

# 3.5  湿空气

自然界中江河湖海里的水蒸发，使得大气中总是含有一些水蒸气。这种含有水蒸气的空气称为湿空气，而完全不含水蒸气的空气称为干空气。一般情况下，大气中的水蒸气含量及变化都较小，可近似作为干空气处理，但是在干燥、空气调节以及精密仪表和电绝缘的防潮等对空气中的水蒸气特殊敏感的领域，则必须要考虑水蒸气的影响。

湿空气是干空气和水蒸气的混合物。为了便于描述，分别用下标"a""v""c"表示干空气、水蒸气、饱和水蒸气的参数，无下标时为湿空气参数。湿空气的质量和压力分别等于干空气和水蒸气的质量和及压力和，即

$$m = m_a + m_v$$
$$p = p_a + p_v$$

## 3.5.1  未饱和空气和饱和空气

当湿空气中的水蒸气的分压力 $p_v$ 小于该温度下对应的饱和蒸汽 $p_s$ 时，蒸汽处于过热状态，如图 3-8 中 1 点，这样的湿空气称为未饱和湿空气。未饱和水蒸气具有吸收水分的能力。

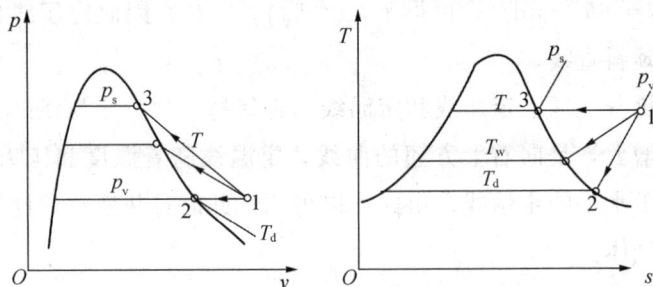

**图 3-8　水蒸气处于湿空气中的状态**

　　保持湿空气温度不变，增加湿空气中水蒸气含量使其分压力增大，当水蒸气的分压力 $p_v$ 等于该温度下对应的饱和蒸汽 $p_s$，此时的水蒸气处于饱和状态，含有饱和水蒸气的湿空气称为饱和湿空气。由于饱和湿空气中水蒸气与环境中液相水达到了相平衡，即蒸发含量达到最大值，故不再具有吸收水分的能力。

### 3.5.2　湿空气的状态参数

1. 露点温度

　　对于未饱和湿空气（图 3-8 中的 1 点），在定压条件下降温，降温过程中湿空气中各组分的分压力保持不变，当温度降至水蒸气分压力下对应的饱和温度，即图 3-8 中 2 点所示时，水蒸气变为饱和状态，相应的未饱和湿空气变为饱和湿空气。若继续降低温度，则会有水滴析出，形成所谓的"露珠""露水"，这种现象在夏末初秋的早晨经常出现。湿空气中水蒸气分压力 $p_v$ 所对应的饱和温度，称为露点温度，用 $t_d$ 表示。在湿空气温度一定的条件下，露点温度越高说明湿空气中水蒸气的分压力越高，水蒸气的含量越高，湿空气越潮湿；反之，湿空气越干燥。因此，湿空气露点温度的高低可以说明湿空气的潮湿程度。

2. 湿度

　　湿空气中水蒸气的含量称为湿度。根据水蒸气含量的表示方法分为绝对湿度和相对湿度。

　　绝对湿度是指单位体积湿空气内所含水蒸气的质量，即湿空气中水蒸气的密度。湿空气在一般情况下可以按照理想气体处理，根据理想气

体状态方程得到温度为 $T$、分压力为 $p_v$ 的水蒸气的密度为

$$\rho_v = \frac{m}{V} = \frac{p_v}{R_{g,v}T} \tag{3-42}$$

式中：$R_{g,v}$ 为水蒸气的气体常数；$p_v$ 是湿空气中水蒸气的分压力。

温度一定时，湿空气的绝对湿度随水蒸气分压力的增加而增大，绝对湿度越大，湿空气的吸湿能力越小，反之，吸湿能力越大。根据式 (3-42) 可知，具有相同绝对湿度的湿空气，当所处的温度不同时，水蒸气的分压力也不同，吸湿能力也有所不同，因此绝对湿度只能说明湿空气中所包含的水蒸气的绝对量，不能表明湿空气吸湿能力的大小，因此引入相对湿度概念。

湿空气的相对湿度是指湿空气中水蒸气的分压力 $p_v$ 与同一温度对应的饱和压力 $p_s$ 之比，用 $\varphi$ 表示：

$$\varphi = \frac{p_v}{p_s} \tag{3-43}$$

由式 (3-42) 可推得

$$\varphi = \frac{\rho_v}{\rho_s} \tag{3-44}$$

相对湿度 $\varphi$ 介于 0 和 1 之间，可表征湿空气的吸湿能力。当 $\varphi = 0$ 时，为干空气，吸湿能力最大，随着 $\varphi$ 增大，湿空气中的水蒸气距离饱和态越近，空气越湿润，吸湿能力越弱。当 $\varphi = 1$ 时，为饱和湿空气，不具有吸湿能力。

3. 含湿量

湿空气的含湿量为湿空气中单位质量干空气所携带的水蒸气的质量，用 $d$ 表示：

$$d = \frac{m_v}{m_a} \tag{3-45}$$

式中，$m_v$ 和 $m_a$ 分别为湿空气中水蒸气和干空气的质量。

根据理想气体状态方程：

$$m_v = \frac{p_v V M_v}{RT}, \quad m_a = \frac{p_a V M_a}{RT}$$

式中，$M_v = 18.06 \times 10^{-3}$ kg/mol，$M_a = 28.97 \times 10^{-3}$ kg/mol，分别为

水蒸气和干空气的摩尔质量。将上式代入式（3-45）得到

$$d = 0.622 \frac{p_v}{p_a} = 0.622 \frac{p_v}{p - p_v} \tag{3-46}$$

4. 焓

湿空气是干空气和水蒸气的混合物，因此湿空气的焓是干空气和水蒸气的焓之和，即

$$H = m_v h_v + m_a h_a$$

式中，$h_v$ 和 $h_a$ 分别为水蒸气和干空气的焓值。考虑到在空调、干燥过程中，干空气的质量往往是恒定的，而变化的是水蒸气的质量。所以湿空气的比焓通常以单位质量的干空气为基准计算，即

$$h = \frac{H}{m_a} = \frac{m_v h_v + m_a h_a}{m_a} \tag{3-47}$$

湿空气的焓值以 0 ℃ 的干空气和饱和水的焓值为基准点，单位是 kJ/kg。

当温度变化范围不大，干空气的比定压热容取 1.005 kJ/(kg·K)，则温度为 $t$ 的干空气的比焓为

$$h_a = 1.005t$$

水蒸气在 0 ℃ 的干饱和蒸汽的比焓为 2501 kJ/kg，比定压热容取 1.8422 kJ/(kg·K)，水蒸气的焓值可近似表示为

$$h_v = 2501 + 1.8422t$$

则温度为 $t$ 的湿空气的比焓为

$$h = h_a + d h_v = 1.005t + d(2501 + 1.8422t) \tag{3-48}$$

# 3.6  气体混合物

工程上常用的气体除了纯质气体外，还常常遇到多种气体组成的混合物。例如，空气就是由氮气、氧气以及其他少量气体组成的混合物；燃气燃烧后的烟气是由 $CO_2$、$N_2$、$O_2$、$H_2O$ 等气体组成的混合气体；

制冷剂 R410A 蒸气是由 R32 和 R125 蒸气组成的混合物等等。前两种混合物中每一个组分都具有理想气体性质，所以混合物也具有理想气体的性质，后者混合物中只要有一个组分不是理想气体，那么混合物就不能作为理想气体来处理。本书仅对理想气体混合物的性质加以介绍，对蒸汽混合物性质的研究可参考相关书籍。

### 3.6.1  混合物的分压力定律和分体积定律

混合物中各组分的分子，由于杂乱无章的热运动而处于均匀混合状态，因此混合物的温度与各组分的温度相等。假设有质量为 $m$、温度为 $T$、压力为 $p$ 的混合物占据体积为 $V$ 的容器，根据理想气体状态方程

$$pV = nRT \tag{3-49}$$

式中，$n$ 为混合物的物质的量。当混合物中每种组分具有与混合物相同的温度时，单独占据体积 $V$ 时，组分气体的压力称为分压力，用 $p_i$ 表示，如图 3-9 所示。

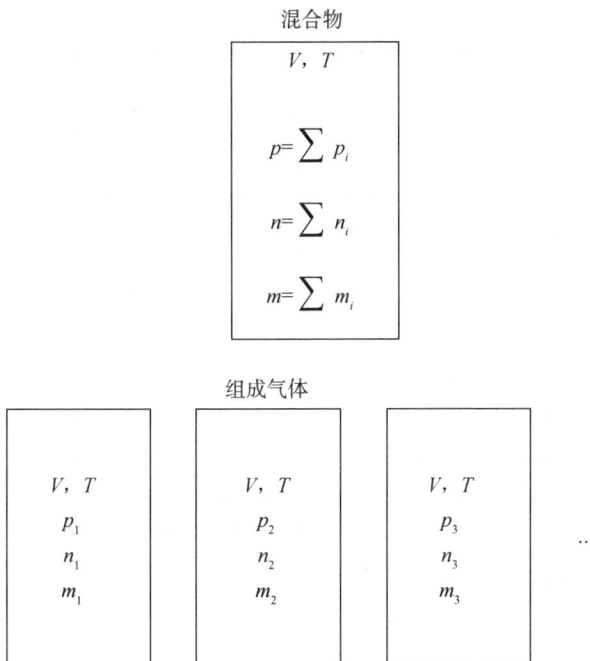

混合物

$$V,\ T$$

$$p = \sum p_i$$

$$n = \sum n_i$$

$$m = \sum m_i$$

组成气体

| $V,\ T$ | $V,\ T$ | $V,\ T$ | |
|---|---|---|---|
| $p_1$ | $p_2$ | $p_3$ | |
| $n_1$ | $n_2$ | $n_3$ | ... |
| $m_1$ | $m_2$ | $m_3$ | |

图 3-9  分压力定律推导用图

对第 $i$ 种组分列出状态方程为

$$p_i V = n_i RT \qquad (3-50)$$

将各组分气体的状态方程相加，得到

$$V \sum p_i = RT \sum n_i \qquad (3-51)$$

由于混合物的物质的量等于各组分的物质的量之和，所以有

$$n = \sum n_i$$

对比上述公式可得

$$p = \sum p_i \qquad (3-52)$$

该式称为道尔顿分压力定律，说明混合物的总压力 $p$ 等于各组分气体分压力 $p_i$ 之和。

同样，当混合物中每种组分具有与混合物相同的温度时，各组分的分压力与总压力相同时所占据的体积 $V_i$，称为组分气体的分体积，如图 3-10 所示。

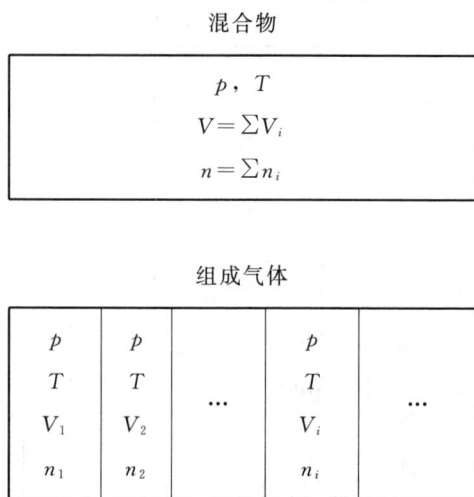

混合物

组成气体

**图 3-10 分体积定律推导用图**

对第 $i$ 种组分列出状态方程为

$$p V_i = n_i RT \qquad (3-53)$$

将各组分气体的状态方程相加，得到

$$p \sum V_i = RT \sum n_i$$

结合 $n = \sum n_i$ 与混合物状态方程式（3-49）可得

$$\sum V_i = V \tag{3-54}$$

该式称为亚美格分体积定律，说明混合物的体积等于各组分气体分体积 $V_i$ 之和。

显然，只有当各组成气体的分子不具有体积、分子间不存在作用力时，各组成气体对容器壁面的撞击效果才如同单独存在于容器时的一样，因此道尔顿分压定律和亚美格分体积定律只适用于理想气体状态。

### 3.6.2　混合物的成分

混合物的性质取决于各组分的性质和成分。所谓成分是混合物中各组分所占的数量份额，按照表示单位不同，可以分为质量分数 $w_i$、物质的量分数 $x_i$ 和体积分数 $\varphi_i$，分别表示为

$$w_i = \frac{m_i}{m} \tag{3-55}$$

$$x_i = \frac{n_i}{n} \tag{3-56}$$

$$\varphi_i = \frac{V_i}{V} \tag{3-57}$$

各组分物质的量之和等于混合物的总物质的量，因此混合物各种成分之和为 1，即

$$\sum_{i=1}^{k} w_i = 1, \quad \sum_{i=1}^{k} x_i = 1, \quad \sum_{i=1}^{k} \varphi_i = 1$$

比较式（3-53）和式（3-49），可得

$$\frac{V_i}{V} = \frac{n_i}{n}$$

即

$$\varphi_i = x_i$$

质量分数 $w_i$ 和物质的量分数 $x_i$ 的关系可表示为

$$w_i = \frac{m_i}{m} = \frac{n_i M_i}{\sum\limits_{i=1}^{k} n_i M_i} = \frac{\dfrac{n_i}{n} M_i}{\sum\limits_{i=1}^{k} \dfrac{n_i}{n} M_i} = \frac{x_i M_i}{\sum\limits_{i=1}^{k} x_i M_i} \tag{3-58}$$

同理

$$x_i = \frac{n_i}{n} = \frac{n_i}{\sum\limits_{i=1}^{k} n_i} = \frac{m_i / M_i}{\sum\limits_{i=1}^{k} (m_i / M_i)} = \frac{m_i / (mM_i)}{\sum\limits_{i=1}^{k} m_i / (m M_i)} = \frac{w_i / M_i}{\sum\limits_{i=1}^{k} w_i / M_i}$$

(3-59)

### 3.6.3　混合物的平均摩尔质量和平均气体常数

处于平衡态的混合物，可以假想成一种纯质气体，其分子数与混合物分子数相同，这种假想的纯质气体的摩尔质量和气体常数称为混合物的平均摩尔质量和平均气体常数。

质量为 $m$、物质的量为 $n$，那么混合物的平均摩尔质量 $M_{eq}$ 为

$$M_{eq} = \frac{m}{n} = \frac{\sum m_i}{n} = \frac{\sum n_i M_i}{n} = \sum x_i M_i = \sum \varphi_i M_i \quad (3\text{-}60)$$

式中，$M_i$ 为每组分气体的摩尔质量，由此可求得混合物的平均摩尔质量。混合物的平均气体常数 $R_{geq}$ 为

$$R_{geq} = \frac{R}{M} = R \sum_{i=1}^{k} \frac{w_i}{M_i} = \frac{R}{\sum\limits_{i=1}^{k} \varphi_i M_i} = \frac{R}{\sum\limits_{i=1}^{k} x_i M_i} \quad (3\text{-}61)$$

**思考题**

1. 工质的主要作用是什么？物质三态中哪一态适合做工质？

2. 什么叫理想气体？理想气体在自然界中存在吗？工程上常用的哪些气体可以按照理想气体来处理？

3. 对于不同的理想气体，气体常数 $R_g$ 是不变的，这种说法对吗？

4. 气体常数 $R_g$ 与摩尔气体常数 $R$ 是怎样的关系？

5. 比定容热容 $c_v$ 与比定压热容 $c_p$，哪个比热容数值大？两者之间的关系是怎样的？

6. 对于双原子气体的比热容比 $\gamma$ 等于多少？

7. 对于理想气体，当比热容 $c_v$ 和 $c_p$ 取定值时，比热力学能变化 $\Delta u$ 和比焓变化 $\Delta h$ 如何计算？如果是水蒸气，是否可以用相同的公式

计算？

8. 当比热容 $c_p$ 和 $c_v$ 取定值时，推导比熵变计算公式 $\Delta s = c_v \ln \dfrac{T_2}{T_1} + R_g \ln \dfrac{v_2}{v_1}$。

9. 实际气体与理想气体之间偏差的大小用什么参数表示？

10. 实际气体是否满足 $pv = R_g T$？为什么？

11. 什么叫饱和温度？什么叫饱和压力？饱和温度和饱和压力是什么关系？

12. 水在定压汽化过程中温度如何变化？当汽化完成后，如果继续加热，温度如何变化？

13. 干度如何定义的？对于完成预热阶段的饱和水干度是多少？完成汽化后的干饱和蒸汽的干度是多少？

14. 水的整个定压汽化过程可以总结为"一点、两线、三区、五状态"，分别指的是什么？

15. 什么叫未饱和空气？什么叫饱和空气？

16. 未饱和空气中含有的水蒸气是什么状态？饱和空气中含有的水蒸气是什么状态？

17. 什么叫露点温度？露点温度的高低由什么决定？

18. 什么叫相对湿度？相对湿度越大，则吸湿能力就超强，这种说法对吗？为什么？

19. 什么叫分压力？分压力定律是如何阐述的？

20. 什么叫分体积？分体积定律是如何阐述的？

21. 对于一容器内的混合气体，其分压力与分体积是什么关系？写出关系式。

22. 对于一容器内的混合气体，物质的量分数 $x_i$ 和体积分数 $\varphi_i$ 是什么关系？

23. 混合气体的平均摩尔质量和平均气体常数如何计算？

**习题**

3-1 已知氮气的摩尔质量为 $28 \times 10^{-3}$ kg/mol，求：①氮气的气体常数；②标准状态下的比体积、密度、摩尔体积；③单位体积时在标准状态下的质量、摩尔体积；④当压力为 2 atm，温度为 1000 K 时的比体积、密度、摩尔体积。

3-2 当前大气压力为 1 bar，温度为 27 ℃，压缩机每分钟从大气中吸入 1 m³ 空气，然后充入体积为 10 m³ 的储气罐。储气罐中原有空气的温度为 27 ℃，表压力为 0.5 bar。求需要多长时间储气罐中气体的压力达到 5 bar、温度达到 87 ℃？

3-3 1 kg 的空气压力为 $10^5$ Pa，温度为 300 K，经某一热力过程压力升高至 $4 \times 10^5$ Pa，温度升高至 800 K，如果比热容取定值，①求经过该热力过程后热力能的变化与焓的变化；②如果经过的是定压过程，过程结束后压力不变，温度也升高至 800 K，问热力能的变化与焓的变化是否与①相同？

3-4 推导范德瓦尔斯气体在可逆定温膨胀时的做功表达式。

3-5 由 $H_2$、$O_2$、$N_2$ 组成的混合气体质量为 5 kg，物质的量分数分别为 0.2、0.5、0.3，混合气体温度为 37 ℃，压力为 2 bar，求混合气体的平均摩尔质量、平均气体常数及混合气体的容积。

3-6 从热电厂烟囱排出的烟气中 $CO_2$、$O_2$、$N_2$、$H_2O$ 的质量分数分别为 6%、10%、76%、8%，求烟气中 $CO_2$、$O_2$、$N_2$、$H_2O$ 的物质的量分数及平均质量、平均气体常数。

3-7 分别使用理想气体状态方程式和压缩因子图求压力为 $2 \times 10^5$ Pa，温度为 600 ℃ 的水蒸气的比体积，并比较两种计算方法结果的差别有多大。

3-8 现有温度为 40 ℃，压力为 0.1 MPa，相对湿度为 57.5% 的湿空气。问：①湿空气中水蒸气的分压力 $p_V$？②湿空气温度降到多少时会出现露水？③能提高此湿空气吸湿能力的简便方法是什么？④若将湿空气看成是空气和水蒸气的理想气体混合物，简要说明水蒸气的分压力是如何理解的？

表 3-3　饱和水与干饱和蒸汽的饱和温度与饱和压力对应值表

| $t_s/℃$ | $p_s/Pa$ |
|---|---|
| 20 | 0.0023385 |
| 30 | 0.0042451 |
| 40 | 0.0073811 |

3-9　设大气压力为 0.85 MPa、温度为 20 ℃，相对湿度为 10%，求饱和湿空气的分压力、露点温度、含湿量。

3-10　将压力为 1 bar、温度为 27 ℃，相对湿度为 50% 的空气充入贮气罐，贮气罐终压为 3.5 bar。求贮气罐内空气的相对湿度、温度、露点温度、含湿量分别为多少？

# 第4章　理想气体的热力过程

## 4.1　研究理想气体热力过程的目的和方法

### 4.1.1　分析热力过程的目的和任务

在实际工程中，运行热力过程的目的主要包括：①使工质的热力状态达到某一目的值，如汽车散热器将冷却水降温到某一数值、使用压气机对气体进行压缩使其压强达到目标值；②完成热能与机械能间的相互转换。该能量转换通常是在热机或制冷机中实现的，需要工质的吸热、膨胀、放热、压缩等一系列热力状态变化过程，应将这些热力过程设计成封闭的过程，即热力循环，这样才能实现能量连续不断的转换。

研究热力过程的目的就是分析外部条件对热能与机械能之间相互转换的影响，从而合理安排有效的热力过程，提高热能和机械能相互转换效率。

研究热力过程的任务是确定每个热力过程中工质状态参数的变化规律，分析热力过程中的能量相互转换关系。

研究热力过程的理论依据是热力学第一定律表达式、理想气体状态方程式及可逆过程的特征关系式。

### 4.1.2　分析计算热力过程解决的问题

(1) 根据热力过程的特征，利用理想气体状态方程式及热力学第一定律，求热力过程方程式 $p = f(v)$。

(2) 根据求出的过程方程式 $p = f(v)$，同时结合理想气体状态方程式，得出不同热力状态之间的参数关系式，由已知初态确定终态参数，反之亦然。

$$p_1,\ v_1,\ T_1 \Leftrightarrow p_2,\ v_2,\ T_2$$

（3）在示功图（$p$-$v$ 图）和示热图（$T$-$s$ 图）中画出热力过程曲线，用图形直观地表示出热力过程，定性地研究工质状态参数的变化规律和能量相互转换的情况。

（4）求出热力过程初态与终态之间的比热力学能变化量 $\Delta u$、比焓变化量 $\Delta h$。当采用定值比热容时，有

$$\Delta u = c_v(T_2 - T_1)$$
$$\Delta h = c_p(T_2 - T_1)$$

（5）根据热力学第一定律，结合热力过程特征，确定在该热力过程中工质与外界交换的功（比容积变化功 $w$、比技术功 $w_t$）和比过程热量 $q$。

## 4.2　理想气体基本的可逆热力过程

### 4.2.1　可逆定容过程

定容过程就是在热力过程中体积始终保持不变的过程。如气体在刚性容器中进行加热或放热时，压力、温度等状态参数在变化，而容积保持不变。根据比体积公式 $v = V/m$，则定容过程其比体积 $v$ 为定值，定容过程的过程方程式为

$$v = 定值 \tag{4-1}$$

或

$$\mathrm{d}v = 0 \tag{4-2}$$

由理想气体状态方程 $pv = R_g T$ 及 $v =$ 定值，得初、终态参数间的关系

$$v_2 = v_1;\ \frac{p_2}{p_1} = \frac{T_2}{T_1} \tag{4-3}$$

由式（4-3）可见，定容过程中工质的压力与热力学温度成正比。

对于定容过程 $v=$ 定值，所以 $p$-$v$ 图中定容过程为一条垂直于横坐标轴的直线段，如图 4-1 所示。

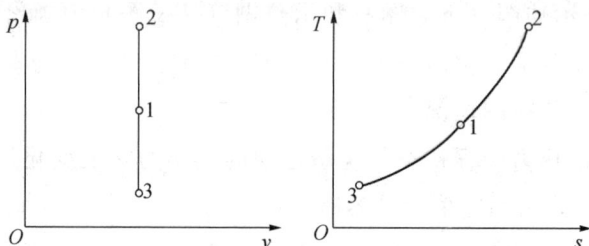

**图 4-1 定容过程**

由第 1 章中熵的定义式 $\delta q/T=\mathrm{d}s$，对于定容过程 $\delta q=c_v\mathrm{d}T$，所以 $\mathrm{d}s=c_v\dfrac{\mathrm{d}T}{T}$。将比热容取为定值，将该式积分得

$$\int_{s_0}^{s}\mathrm{d}s=\int_{T_0}^{t}c_v\frac{\mathrm{d}T}{T}$$

得

$$T=T_0\,\mathrm{e}^{(s-s_0)/c_v} \tag{4-4}$$

可以看出，对于定容过程温度 $T$ 与熵 $s$ 为指数函数关系，定容过程的示热图如图 4-1（$T$-$s$ 图）所示。

对于定容过程 $\mathrm{d}v=0$，由比体积功变化的定义式 $w=\displaystyle\int_1^2 p\mathrm{d}v$，可得定容过程的比体积变化功 $w=0$。

由技术功的定义式：$w_t=-\displaystyle\int_1^2 v\mathrm{d}p$，对于定容过程 $v=$ 定值，所以定容过程的技术功为 $w_t=-\displaystyle\int_1^2 v\mathrm{d}p=v(p_1-p_2)$，在计算时 $v$ 可取 $v_1$ 或 $v_2$。

当比热容取定值时，定容过程的比热量 $q$ 可用 $q=c_v\cdot\Delta T$ 计算。

由热力学第一定律 $q=\Delta u+w$，定容过程 $w=0$，所以定容过程 $q=\Delta u$。可见，对于定容过程加入的热量 $q$ 全程用于热力系统热力学能的增加 $\Delta u$。

### 4.2.2　可逆定压过程

定压过程就是热力过程的压力始终保持不变。在工程上使用的热交换器，如制冷装置中的蒸发器、冷凝器；电厂中的锅炉加热器、过热器等是在接近定压情况下进行热量交换的。

定压过程的过程方程式为

$$p = 定值 \tag{4-5}$$

由理想气体状态方程 $pv = R_g T$ 及 $p = 定值$，得初、终态参数间的关系：

$$p_2 = p_1 ; \quad \frac{v_2}{v_1} = \frac{T_2}{T_1} \tag{4-6}$$

可见，定压过程中工质的比体积 $v$ 与热力学温度 $T$ 成正比。

对于定压过程 $p = 定值$，所以 $p\text{-}v$ 图中定压过程为一条平行于横坐标轴的直线段，如图 4-2 所示。

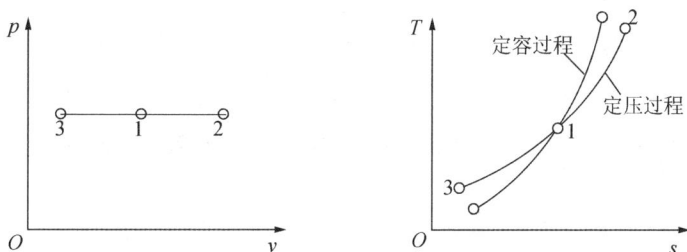

图 4-2　定压过程

与定容过程同理，定压过程 $\delta q = c_p \mathrm{d}T$，所以 $\mathrm{d}s = c_p \dfrac{\mathrm{d}T}{T}$。比热容取为定值，将该式积分得

$$\int_{s_0}^{s} \mathrm{d}s = \int_{T_0}^{T} c_p \frac{\mathrm{d}T}{T}$$

得

$$T = T_0 \, \mathrm{e}^{(s - s_0)/c_p} \tag{4-7}$$

定压过程温度 $T$ 与熵 $s$ 也是指数函数关系，那么在相同的 $T\text{-}s$ 图上，定压过程与定容过程的位置关系是怎样的？

对于定容过程：$ds = c_v \dfrac{dT}{T}$，则 $T$-$s$ 图上曲线的斜率 $\dfrac{dT}{ds} = \dfrac{T}{c_v}$；

同理，对于定压过程：$ds = c_p \dfrac{dT}{T}$，则 $T$-$s$ 图上曲线的斜率 $\dfrac{dT}{ds} = \dfrac{T}{c_p}$。

如图 4-2 中 $T$-$s$ 图所示，定容过程与定压过程相交于 1 点。因为 $c_v < c_p$，则过 1 点时定容过程的切线斜率大于定压过程的切线斜率，即定容过程陡峭。

定压过程 $p =$ 定值，由比体积变化的定义式 $w = \displaystyle\int_1^2 p\,dv$，可得定压过程的比体积变化功 $w = p(v_2 - v_1)$，在计算时 $p$ 可取 $p_1$ 或 $p_2$。由理想气体状态方程式 $pv = R_g T$，得比体积变化功亦可写成 $w = R_g(T_2 - T_1)$。

由技术功的定义式：$w_t = -\displaystyle\int_1^2 v\,dp$，对于定压过程 $dp = 0$，所以定压过程的技术功为 $w_t = 0$。

当比热容取定值时，定压过程的比热量 $q$ 可用 $q = c_p \cdot \Delta T$ 计算。

由热力学第一定律 $q = \Delta h + w_t$，定压过程 $w_t = 0$，所以定压过程 $q = \Delta h$，即定压过程吸收或放出的热量等于热力系统焓的变化。

### 4.2.3  可逆定温过程

定温过程为热力系统温度始终保持不变的过程。定温过程的过程方程式为

$$T = \text{定值} \tag{4-8}$$

由理想气体状态方程 $pv = R_g T$，定温过程的过程方程式也可写成

$$pv = \text{定值} \tag{4-9}$$

定温过程初、终态参数间的关系：

$$T_2 = T_1; \quad p_2 v_2 = p_1 v_1 \tag{4-10}$$

对于定温过程 $pv =$ 定值，所以 $p$-$v$ 图为等边双曲线段，在 $T$-$s$ 图上为一水平线段，如图 4-3 所示。

对于定温过程的比体积变化功

$$w = \int_1^2 p\,\mathrm{d}v = \int_1^2 \frac{R_{\mathrm{g}}T}{v}\,\mathrm{d}v = R_{\mathrm{g}}T\ln\frac{v_2}{v_1} = R_{\mathrm{g}}T\ln\frac{p_1}{p_2}$$

对于定温过程的比技术功

$$w_{\mathrm{t}} = -\int_1^2 v\,\mathrm{d}p = -\int_1^2 \frac{R_{\mathrm{g}}T}{p}\,\mathrm{d}p = R_{\mathrm{g}}T\ln\frac{p_1}{p_2}$$

上述推导可见，定温过程的体积变化功与技术功是相等的。

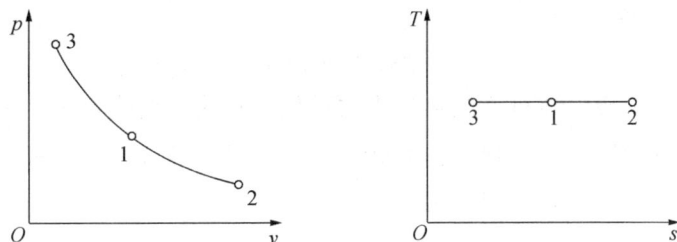

**图 4-3　定温过程**

当比热容取定值时，对于理想气体有 $\Delta u = c_v(T_2 - T_1)$；$\Delta h = c_p(T_2 - T_1)$，得定温过程 $\Delta u = 0$；$\Delta h = 0$。由热力学第一定律 $q = \Delta u + w$ 与 $q = \Delta h + w_{\mathrm{t}}$，可得对于定温过程 $q = w = w_{\mathrm{t}}$。

由于在 $T\text{-}s$ 图过程线下方面积为过程热量，可见定温过程的吸热量或放热量在 $T\text{-}s$ 图上为矩形面积，所以热量用熵变乘以温度差更为方便，即 $q = T\Delta s$，熵变 $\Delta s$ 可使用理想气体熵变计算公式（3-28）、（3-29）、（3-30）。

### 4.2.4　可逆绝热过程

在热力过程中热力系统与外界没有热量交换，这样的热力过程为绝热过程。绝热过程的特征为微元热量 $\delta q = 0$；过程热量 $q = 0$。

对于可逆绝热过程：$\mathrm{d}s = \dfrac{\delta q}{T} = 0$，则可逆绝热过程也被称为定熵过程。

由热力学第一定律：

$$\delta q = \mathrm{d}u + \delta w = c_v\,\mathrm{d}T + p\,\mathrm{d}v$$
$$\delta q = \mathrm{d}h + \delta w_{\mathrm{t}} = c_p\,\mathrm{d}T - v\,\mathrm{d}p$$

将 $\delta q = 0$ 代入，整理得

$$\frac{\mathrm{d}p}{p} + \frac{c_p}{c_v}\frac{\mathrm{d}v}{v} = 0$$

上式积分，并注意到 $\frac{c_p}{c_v} = \gamma$ 为比热容比，得

$$\ln p + \gamma \ln v = 常数$$

即

$$pv^\gamma = 常数 \tag{4-11}$$

该式为理想气体可逆绝热过程的过程方程式。比热容比 $\gamma$ 在该过程方程式中以指数形式出现，称为绝热指数，以 $k$ 替代以示区别，通常将可逆绝热过程的过程方程式写为

$$pv^k = 常数 \tag{4-12}$$

由理想气体状态方程式 $pv = R_g T$ 及过程方程式得可逆绝热过程初、终态参数间的关系为

$$\frac{p_2}{p_1} = \left(\frac{v_1}{v_2}\right)^k; \quad \frac{T_2}{T_1} = \left(\frac{v_1}{v_2}\right)^{k-1}; \quad \frac{T_2}{T_1} = \left(\frac{p_2}{p_1}\right)^{(k-1)/k} \tag{4-13}$$

由 $pv^k = 常数$ 可以看出，在示功图（$p$-$v$ 图）上，可逆绝热过程为一条高阶双曲线段。该曲线的斜率为

$$\left(\frac{\mathrm{d}p}{\mathrm{d}v}\right)_s = -k\frac{p}{v} \tag{4-14}$$

对于可逆定温过程在 $p$-$v$ 图上的过程曲线斜率为

$$\left(\frac{\mathrm{d}p}{\mathrm{d}v}\right)_T = -\frac{p}{v} \tag{4-15}$$

因为 $c_p > c_v$，所以 $k > 1$。因此可得在 $p$-$v$ 图上可逆绝热过程曲线的斜率绝对值大于可逆定温线斜率的绝对值，如图 4-4 所示。

在 $T$-$s$ 图上，可逆绝热过程为一垂直于横轴（$s$ 轴）的垂线段。

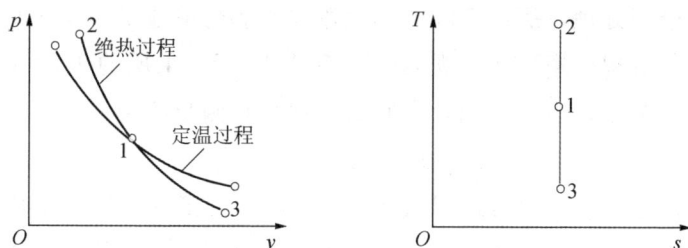

**图 4-4　可逆绝热过程**

可逆绝热过程 $q=0$，根据热力学第一定律 $q=\Delta u+w$，得 $w=-\Delta u$。对于可逆绝热过程，当热力系统膨胀对外做功时，所做功等于热力学能的减少。对于理想气体，当取定值比热容时，有

$$w=-\Delta u=c_v(T_1-T_2)=\frac{R_g}{k-1}(T_1-T_2)$$

$$=\frac{1}{k-1}(p_1v_1-p_2v_2) \tag{4-16}$$

同理由 $q=\Delta h+w_t$，当可逆绝热过程 $q=0$ 时 $w_t=-\Delta h$ 。

对于理想气体，当取定值比热容时，有

$$w_t=-\Delta h=c_p(T_1-T_2)=\frac{kR_g}{k-1}(T_1-T_2)$$

$$=\frac{k}{k-1}(p_1v_1-p_2v_2) \tag{4-17}$$

可以看出，可逆绝热过程 $w_t=kw$，即对于可逆绝热过程技术功是体积变化功的 $k$ 倍。

# 4.3　多变过程

## 4.3.1　过程方程式

在实际工程中，工质在热力过程中的状态参数 $p$，$v$，$T$ 很难保证其中的一个参数不变，同时系统与外界之间交换的热量也是存在的，不

能按照绝热过程处理，所以实际的热力过程不能简单地视为以上所述四个基本的热力过程。通过实验观测热力系统中 1 kg 工质的压力 $p$ 和比体积 $v$ 之间的关系，得出了两者之间有近似指数函数的关系，即

$$pv^n = 常数 \tag{4-18}$$

该指数函数为多变过程的过程方程式。$n$ 称为多变指数，是任意一个数值。多变过程没有定容、定压、定温、绝热四个基本热力过程变化的特殊性与规律性，但多变过程也是按照一定规律的，即压力与比体积有 $pv^n = 常数$ 的指数函数关系。

对于四冲程柴油机，当工质在气缸中被压缩开始时工质的温度比气缸壁的温度要低很多，这时气体处于边从缸壁吸热边被活塞压缩，压缩到一定程度后气体温度将高于缸壁，这时将向缸壁放热，所以压缩冲程并非绝热过程。在整个压缩过程中多变指数 $n$ 大约从 1.6 变化至 1.2 左右。对于膨胀过程的情况更为复杂，存在气体复合放热现象，若多变指数 $n$ 的变化范围不是很大，可以用多变指数 $n$ 的平均值近似地来代替。如果在整个过程中 $n$ 的变化较大，那么可以把实际过程分成多个子过程，每一个子过程近似地取一个不变的 $n$ 值。

### 4.3.2 初、终态参数间的关系

根据理想气体多变过程的过程方程 $pv^n = 常数$，可得

$$\frac{p_2}{p_1} = \left(\frac{v_1}{v_2}\right)^n \tag{4-19}$$

由理想气体状态方程式 $pv = R_g T$ 可以得出温度 $T$、比体积 $v$、压力 $p$ 之间的关系：

$$\frac{T_2}{T_1} = \left(\frac{v_1}{v_2}\right)^{n-1} \tag{4-20}$$

$$\frac{T_2}{T_1} = \left(\frac{p_2}{p_1}\right)^{\frac{n-1}{n}} \tag{4-21}$$

### 4.3.3 体积变化功、技术功、过程热量

体积变化功的大小可用定义式 $w = \int_1^2 p \, dv$ 积分求得。将 $p = p_1 v_1^n \times$

$\dfrac{1}{v^n}$ 代入，得

$$w = \int_1^2 p\,\mathrm{d}v = p_1 v_1^n \int_1^2 \frac{\mathrm{d}v}{v^n} = \frac{1}{n-1}(p_1 v_1 - p_2 v_2)$$

$$= \frac{1}{n-1} R_g (T_1 - T_2)$$

$$= \frac{1}{n-1} R_g T_1 \left[ 1 - \left( \frac{p_2}{p_1} \right)^{\frac{n-1}{n}} \right]$$

$$= \frac{k-1}{n-1} c_v (T_1 - T_2) \qquad\qquad (4\text{-}22)$$

对于多变过程的技术功同样按定义式积分求得：

$$w_t = -\int_1^2 v\,\mathrm{d}p = p_1 v_1 - p_2 v_2 + \int_1^2 p\,\mathrm{d}v$$

$$= p_1 v_1 - p_2 v_2 + \frac{1}{n-1}(p_1 v_1 - p_2 v_2)$$

$$= \frac{n}{n-1}(p_1 v_1 - p_2 v_2) = \frac{n}{n-1} R_g (T_1 - T_2)$$

$$= \frac{n}{n-1} R_g T_1 \left[ 1 - \left( \frac{p_2}{p_1} \right)^{\frac{n-1}{n}} \right] \qquad\qquad (4\text{-}23)$$

比较体积变化功和技术功可得：

$$w_t = n \cdot w \qquad\qquad (4\text{-}24)$$

可见，多变过程的技术功是体积变化功的 $n$ 倍。

由热力学第一定律表达式 $q = \Delta u + w$，对于理想气体 $\Delta u = c_v (T_2 - T_1)$，同时将 $w = \dfrac{k-1}{n-1} c_v (T_1 - T_2)$ 代入，得

$$q = \Delta u + w = c_v (T_2 - T_1) + \frac{k-1}{n-1} c_v (T_1 - T_2)$$

$$= \frac{n-k}{n-1} c_v (T_2 - T_1) \qquad\qquad (4\text{-}25)$$

设 $c_n = \dfrac{n-k}{n-1} c_v$，式(4-25)可写成 $q = c_n (T_2 - T_1)$，根据比热容的定义，可知多变过程的比热容 $c_n$ 的表达式为

$$c_n = \frac{n-k}{n-1} c_v \qquad (4-26)$$

对于一个确定的多变过程，当比热容取定值时，$c_n$ 的值是一个确定的数值。

### 4.3.4 多变过程的 $p$-$v$ 图和 $T$-$s$ 图

可逆多变过程在 $p$-$v$ 图和 $T$-$s$ 图上为任意双曲线，$n$ 值不同则多变过程的过程特性不同。由多变过程的过程方程式 $pv^n$ ＝常数，可知当 $n$ ＝1 时为定温过程；当 $n = k$ 时为绝热过程。当 $1 < n < k$ 时的过程线如图 4-5 所示，可见此时多变过程线位于定温过程线与绝热过程线之间。

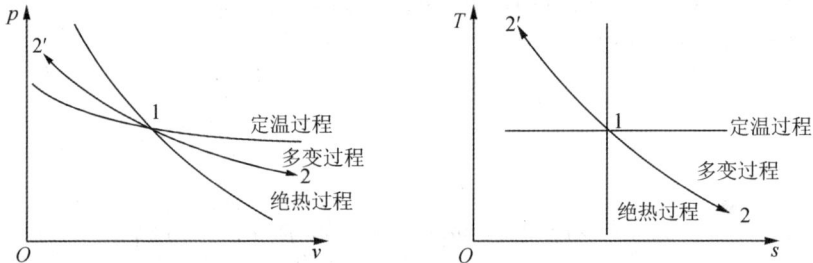

**图 4-5 可逆多变过程的 $p$-$v$ 图和 $T$-$s$ 图**

图中多变过程线 1-2 是体积膨胀同时吸热降温的过程；1-2′ 为系统被压缩，体积减小，同时向外界放热并温度升高的多变过程。下面通过 $w/q$ 比值的正负来讨论热功转换的问题。

将体积变化功和热量的计算公式（4-22）和（4-25）代入 $w/q$，得

$$\frac{w}{q} = \frac{k-1}{k-n} \qquad (4-27)$$

绝热指数 $k = c_p/c_v$，由于 $c_p > c_v$，所以 $k > 1$，得 $k-1 > 0$。所以 $w/q$ 比值的正负取决于 $n$ 与 $k$ 之间的大小关系，下面进行讨论。

1. 当 $n < k$ 时

当 $n < k$ 时有 $k-n > 0$，即 $w/q > 0$，说明在这样的条件时功与热量的正负相同。

（1）对于膨胀过程 $w > 0$，此时气体应该为吸热过程，即 $q > 0$；

（2）对于压缩过程 $w < 0$，此时气体应该为放热过程，即 $q < 0$。

当 $1 < n < k$ 时，此时 $\dfrac{k-1}{k-n} > 1$，有 $\dfrac{w}{q} > 1$，所以当 $1 < n < k$ 时 $w$ 与 $q$ 同号，并且 $|w| > |q|$。当气体膨胀对外做功时，所做的功大于气体的吸热量，这时一定会消耗气体的热力学能，气体温度将降低；反之，对于压缩过程的多变过程，外界消耗的功大于气体的放热量，这时热力学能一定增大，气体温度将升高。

2. 当 $n > k$ 时

当 $n > k$ 时有 $k - n < 0$，即 $w/q < 0$，说明在这样的条件时功与热量的正负相反。

（1）对于膨胀过程 $w > 0$，此时气体应该为放热过程，即 $q < 0$；

（2）对于压缩过程 $w < 0$，此时气体应该为吸热过程，即 $q > 0$。

气体在高温时，绝热指数 $k$ 也不是定值，通常是当温度越高时 $k$ 值就越小。

对于柴油机的压缩冲程，空气温度变化范围在 $300 \sim 400\ ℃$ 之间，在这样的温度范围内绝热指数 $k$ 约为 $1.4$，该压缩过程多变指数约为 $1.32 \sim 1.37$，即 $n < k$，功与热量的正负相同。因是压缩过程，$w < 0$，那么 $q < 0$，所以该压缩过程是放热过程，空气向冷却水放出热量。

当柴油机内完成燃烧开始进行膨胀过程时，温度可达 $1800\ ℃$，完成了膨胀做功后温度大约为 $600\ ℃$。在这样的温度范围内气体的平均绝热指数在 $1.32 \sim 1.33$ 之间，而平均膨胀多变指数为 $1.22 \sim 1.28$，此时仍然是 $n < k$，功与热量的正负相同。但此时膨胀做功 $w > 0$，所以过程为吸热过程，$q > 0$，工质从冷却水吸取热量。

### 4.3.5 过程综合分析

由多变过程的过程方程式 $pv^n = $ 常数，可知

当 $n = 0$ 时，$p = $ 常数，为定压过程；

当 $n = 1$ 时，$pv = $ 常数，为定温过程；

当 $n = k$ 时，$pv^k = $ 常数，为定熵过程；

当 $n = \pm \infty$ 时，$v = $ 常数，为定容过程。

所以定容、定压、定温、定熵四个基本热力过程都是多变过程的

特例。

    通过对四个基本热力过程及多变过程的学习，应在理解和掌握基本概念、基本定律的基础上，运用理想气体状态方程式、热力学第一定律及具体热力过程的特征式，推导出对应的计算公式，而不是死记硬背。将不同热力过程的计算公式汇总如表 4-1 所示，供参考。

表 4-1　理想气体可逆过程的计算公式

| 过程名称 | 过程方程式 | 初终态参数关系 | 比体积变化功 $w/(\mathrm{J \cdot kg^{-1}})$ | 比技术功 $w_t/(\mathrm{J \cdot kg^{-1}})$ | 比热量 $q/(\mathrm{J \cdot kg^{-1}})$ |
|---|---|---|---|---|---|
| 定容 | $v=$ 定值 或 $dv=0$ | $v_2=v_1$ $\quad \dfrac{p_2}{p_1}=\dfrac{T_2}{T_1}$ | $0$ | $v(p_1-p_2)$ | $c_v \Delta T$ |
| 定压 | $p=$ 定值 | $p_2=p_1$ $\quad \dfrac{v_2}{v_1}=\dfrac{T_2}{T_1}$ | $p(v_2-v_1)$ 或 $R_g(T_2-T_1)$ | $0$ | $c_p \Delta T$ |
| 定温 | $T=$ 定值 或 $pv=$ 定值 | $T_2=T_1$ $\quad p_2v_2=p_1v_1$ | $R_g T \ln \dfrac{v_2}{v_1}$ 或 $R_g T \ln \dfrac{p_1}{p_2}$ | 与 $w$ 相等 | 与 $w$ 相等 |
| 定熵 | $pv^k=$ 常数 | $\dfrac{p_2}{p_1}=\left(\dfrac{v_1}{v_2}\right)^k$ $\quad \dfrac{T_2}{T_1}=\left(\dfrac{v_1}{v_2}\right)^{k-1}$ $\quad \dfrac{T_2}{T_1}=\left(\dfrac{p_2}{p_1}\right)^{(k-1)/k}$ | $\dfrac{1}{k-1}(p_1v_1-p_2v_2)$ 或 $\dfrac{1}{n-1}R_g T_1\left[1-\left(\dfrac{p_2}{p_1}\right)^{\frac{n-1}{n}}\right]$ | $\dfrac{kR_g}{k-1}(T_1-T_2)$ 或 $\dfrac{k}{k-1}(p_1v_1-p_2v_2)$ | $0$ |
| 多变 | $pv^n=$ 常数 | $\dfrac{p_2}{p_1}=\left(\dfrac{v_1}{v_2}\right)^n$ $\quad \dfrac{T_2}{T_1}=\left(\dfrac{v_1}{v_2}\right)^{n-1}$ $\quad \dfrac{T_2}{T_1}=\left(\dfrac{p_2}{p_1}\right)^{(n-1)/n}$ | $\dfrac{1}{n-1}R_g T_1\left[1-\left(\dfrac{p_2}{p_1}\right)^{\frac{n-1}{n}}\right]$ 或 $\dfrac{1}{n-1}R_g(T_1-T_2)$ | $\dfrac{n}{n-1}R_g(T_1-T_2)$ | $\dfrac{n-k}{n-1}c_v(T_2-T_1)$ |

**思考题**

1. 在相同的 $T$-$s$ 图上画出定容过程与定压过程，两者的位置关系是怎样的？为什么？

2. 在 $T$-$s$ 图上画出定温过程并回答定温过程的热量是否可以用熵变乘以温度来表示。

3. 绝热过程的熵一定不变吗？

4. 定熵过程的过程方程式为什么是 $pv^k =$ 常量？

5. 在 $T$-$s$ 图上，两条定容过程线之间的水平线段长度是什么关系？对于定压过程是否有相同的结论？

6. 对于定压过程，体积增大，温度怎么变化？为什么？

7. 对于绝热过程，技术功与体积变化功之间是什么关系？

8. 对于绝热过程，当温度升高时体积怎么变化？压力怎么变化？

9. 对于定温过程，热量、技术功、体积变化功三者之间是什么关系？

10. 对于多变过程，当多变指数 $n$ 取何值时，对应的是定容过程、定压过程、定温过程、绝热过程？

11. 多变过程的体积变化功和技术功之间是什么关系？

12. 多变过程，当 $n < k$ 时功与热量是什么关系？当 $n > k$ 时功与热量是什么关系？

13. 写出多变过程的比热为 $c_n$ 的表达式。


**习题**

4-1 将初态压力为标准大气压、温度为 27 ℃、质量为 2 kg 的空气压缩到 10 倍的标准大气压，如果压缩过程分别为（1）可逆绝热压缩过程；（2）可逆定温压缩过程，求这两种情况下压缩气体所消耗的技术功和压缩终止时气体的温度，并说明哪种压缩过程经济性更好。（按定值比热容计算）

4-2 空气在定压过程中吸收了 50000 J 的热量，求过程中热力学能的变化量；对外所做的体积变化功和技术功。

4-3 理想气体设比热容为定值，质量为 5 kg，初始压力为 0.35

MPa，经可逆定容加热，终态温度为 500 ℃，求过程功、过程热量、焓变、热力学能变化、熵变。

4-4  推导 1 kg 理想气体可逆绝热过程的过程功和技术功的计算公式。

4-5  有一氧气钢瓶容积为 0.6 m³；压力为 12 MPa；温度为 27 ℃，使用部分氧气后压力降至 6.5 MPa，设在放气过程中瓶内留下的氧气进行的是可逆绝热过程。求使用了多少 kg 氧气？放气结束后钢瓶从环境吸热一段时间，瓶内氧气温度又回复到 27 ℃，这时瓶内氧气的压力是多少？

4-6  如图 4-5 所示，输气管道中压力为 1 MPa；温度为 200 ℃保持不变，输气管道打开阀门给容积为 0.5 m³ 的刚性容器充气，当容器内压力达到 0.6 MPa 时关闭阀门（充气过程可视为绝热），已知充气前容器内的压力为 0.1 MPa；温度为 17 ℃，求充气结束时容器内空气温度和质量。

4-7  如图 4-6 所示，刚性容器的容积为 6 m³，压力为 0.5 MPa，温度为 60 ℃，调节阀门使空气排出去的质量流量为 0.035 kg/s 保持不变，同时进入容器的热流率 60 kJ/s 保持恒定。空气按定值比热容计算，求：

（1）12 min 后容器内空气的压力和温度；

（2）容器内空气温度达 120 ℃需要的时间。

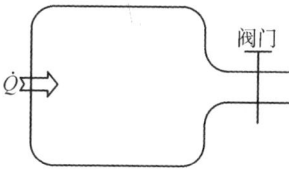

**图 4-5  习题 4-6 附图**    **图 4-6  习题 4-7 附图**

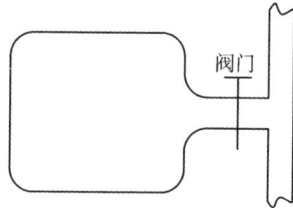

# 第5章 热力学第二定律

热力学第一定律仅关注能量数量上的关系，即能量在传递与转换过程中数量保持不变，而并没有揭示能量传递或转换时的方向、条件和限度的问题。事实证明任何热力过程都具有方向性，即可以由热力系统自发进行的热力过程，而这个自发的反向过程则不能自发进行，必须在外界帮助或干预下才能实现。

热力学第二定律揭示了能量在传递与转换过程中具有方向性及限度的问题。任何热力过程必须同时满足热力学第一定律和热力学第二定律才能实现。热力学第一和热力学第二定律是两个相互独立的基本定律，共同构建了热力学的理论基础。

## 5.1 热力学第二定律表述

### 5.1.1 自发热力过程的方向性

自发过程就是在不需要外界任何帮助或作用下热力系统自动进行的热力过程。热力学对于自发过程，重点研究两个热力过程，一是机械能转变为热能；二是热能由高温热力系统传递到低温热力系统，即有限温差传热。

1. 机械能转变为热能

机械能可以自发地转变为热能。如图 5-1 所示，当重物下降时通过轴带动叶轮搅拌闭口系统内的气体。由于气体存在黏性，气体与叶轮壁面之间及气体内部分子的摩擦，当重物停止时机械能转化为热能，使气体的热力学能增加。当热力系统不是绝热系统时，将向外界传热。机械能转变为热能的反向过程，即当给热力系统加热时，叶轮是否可以通过自动旋转轴将重物提升起来。事实证明，该反过程不能自发地进行，必须在外界帮助或提供补偿条件下才能实现。

机械能转变为热能是自发过程，而反过程热能转变为机械能并非不能进行，但不是自发过程。

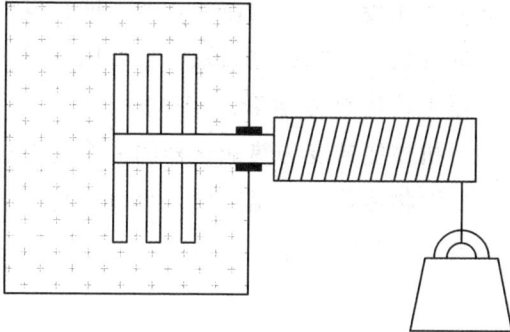

图 5-1　摩擦生热

2. 有限温差传热

如图 5-2 所示，两个热力系统 A 和 B 通过一个非绝热板隔开，当 $T_A > T_B$ 时，热量自发地从系统 A 传递到系统 B。而反向过程，热量由系统 B 传回系统 A 则不能自发地进行，需要依靠外界的帮助，比如借助制冷机并需要消耗一定的机械能，此时的补偿条件是有一部分机械能转变成了热能。有限温差下的传热是非自发过程。

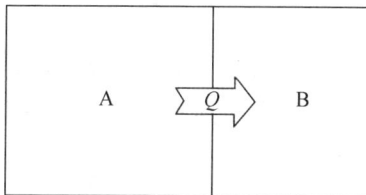

图 5-2　有限温差传热

## 5.1.2　热力学第二定律的表述

热力学第二定律揭示了能量在传递与转换过程中具有方向性及限度的问题，由于能量传递与转换问题种类很多，所以热力学第二定律表述方式也很多，此处只介绍两种最基本的、具有代表性的表达形式。

1. 热力学第二定律的克劳修斯说法

1850 年，克劳修斯从热量传递方向性的角度提出了热力学第二定律，其表述为"不可能将热从低温物体传至高温物体而不引起其他变化。"

热是可以从低温物体传至高温物体的，但不能自发地、不付代价地进行，会引起外界的变化。比如通过热泵装置可以将热量由低温物体传递到高温物体，这是不违反热力学第二定律的，因为过程付出了代价，这个代价就是伴随着机械能转变为热能这样的一个自发过程。所以为使非自发过程（热从低温物体传至高温物体）得以实现，必须伴随着一个自发过程（机械能转变为热能）作为代价或补充条件，这个伴随的自发过程称为补偿过程。

2. 热力学第二定律的开尔文-普朗克说法

卡诺于 1824 年提出了热能转化为机械能的根本条件，"若要产生动力，必须存在温度差"，这就是热力学第二定律关于热功转化的一种早期表达方式。

后来人们在研究如何提高蒸汽机热机效率中发现只有一个热源的动力装置是不工作的。要实现动力装置把热能连续地转化为机械能，至少需要两个温度不同的热源。把大气环境温度下空气或水作为低温热源，那么另外就需要有温度高于大气环境的高温热源（如油、煤等燃烧产生的烟气）。

开尔文在 1851 年从热能转化为机械能的角度提出了更为严密的表述；1897 年普朗克提出了内容相同的表述，该说法后来被称为热力学第二定律的开尔文-普朗克说法："不可能制造出从单一热源吸热、使之全部转化为功而不留下任何变化的热力发动机"。

开尔文-普朗克说法中"不留下任何变化"包括对发动机系统内部和外界都不留下任何变化。说法中的"全部"意味着不可能将高温热源的热 100% 地转变为功，必须有一部分热量传给低温热源。与克劳修斯说法类似，可以得出这样的结论："非自发过程（热能转变为功）的实现，必须有一个自发过程（热量由高温传向低温）作为补充条件"。开尔文-普朗克说法从本质上反映了热能和功存在质的差别。

　　功和机械能的关系是怎样的呢？实践证明，在无摩擦损失的理想情况下，功可以全部转变为机械能，即功和机械能是等价的。

　　热力学第二定律还有一种表述："第二类永动机是不存在的"。所谓第二类永动机就是可以从单一热源吸热使之全部转化为功，显然违背了开尔文-普朗克说法。所以设想制造出从大气环境或海水里源源不断地吸热转化为机械能的热机是不可能的，虽然不违背热力学第一定律的能量守恒原则，但违背了热力学第二定律。

## 5.2　热力循环

　　工程上所使用的热能动力装置不能间歇式地对外做功，而是要连续不断地对外输出功。由热力学第一定律可知，通过工质的体积膨胀可以将热能转变为机械能。但气体膨胀过程都不可能无限制进行，因为当工质的压力与外界平衡时膨胀就结束了，再则机器的结构尺寸问题，所以只靠单一的膨胀过程做功是不可行的。因此，要使热能连续不断地转变为机械能，必须使膨胀后的工质经历某些过程再回复到原来的状态，使其重新具有做功的能力。如蒸汽动力装置中，水在锅炉中吸热生成高温高压水蒸气后驱动汽轮机做功，做功后的水蒸气一部分已经凝结为水，但绝大多数仍处在蒸汽状态，需在冷凝器中完全凝结成水。最后从冷凝器出来的水被水泵加压后重新进入锅炉，这中间进行了一系列状态变化。为完成热能和机械能的相互转化，热力系统需要经历一系列热力过程，状态不断地变化，最后重新回到初始状态，全部的热力过程构成了热力循环。

　　一系列热力过程可以按照顺时针方向构成热力循环，也可以按照逆时针方向构成热力循环，那么这两种循环有什么区别呢？

　　由示功图（$p$-$V$ 图）可知，过程线下方面积为体积变化功大小，体积增大时（图中状态由左向右变化）功为正；体积减小时（图中状态由右向左变化）功为负；在 $p$-$V$ 图中，只有系统膨胀过程在系统被压缩过程上方才能保证当状态回复到初始状态时，系统对外界输出的净功为正，这时循环为顺时针方向，称为正向循环。完成正向循环后装置将热能转变为机械能，所以正向循环也称为动力循环或热机循环。该机械能来自工质吸收的热量，即要求循环的净热量应为正。在 $T$-$S$ 图上的吸热过程（熵增加过程，由左向右变化）应在放热过程（熵减小过程，由右向左变化）的上方，这样吸热量才能大于放热量，此时在 $T$-$S$ 图吸热过程与放热过程为顺时针方向进行，所以该循环在 $T$-$S$ 图也为正向循环。同时热能转化为机械能这样的非自发过程得以实现的补充条件为一部分热量传递给冷源。动力循环总的结果：循环结束后完成从热源吸热，向冷源放热；将循环净热量转化为循环净功。

对于制冷装置，为保持相对封闭的空间（如冰箱内、夏季开空调的房间内），温度低于外界环境温度，要不断地完成低温吸热，向高温放热。为完成这样的循环，在 $T$-$S$ 图上的吸热过程应在放热过程的下方，此时吸热过程和放热过程构成的循环为逆时针方向，称为逆向循环。由热力学第二定律，热量由低温传向高温是非自发过程，为了使这个非自发过程得以实现，必须存在一个自发过程作为补充条件。在 $p$-$V$ 图上当状态逆时针变化时，输入功（图中状态由右向左变化）过程曲线在输出功过程曲线（图中状态由左向右变化）的上方，此时输入功大于输出功，循环净功为负，即外界对系统做功，该功转化为热能就是补充条件。逆向循环总的结果：循环结束后完成从冷源吸热，向热源放热；外界对系统做功，消耗了一部分机械能。逆向循环也称为制冷循环；如果用于冬季供热，原理与制冷循环相同，只是冷源为冬季大气环境，热源为供热的房间，此时被称为热泵循环。

为评价循环的经济性，定义热力循环经济性指标：

$$经济性指标 = \frac{收益}{代价} \tag{5-1}$$

对于动力循环该经济性指标为循环热效率，用 $\eta_t$ 表示；制冷循环和供热循环的经济性指标分别为制冷系数（用 $\varepsilon$ 表示）和热泵系数（用 $\varepsilon'$ 表示）。

### 5.2.1　正向循环

如图 5-3 所示，在 $p$-$V$ 图和 $T$-$S$ 图上用曲线示意性地画出循环，正向循环按顺时针方向进行。在 $p$-$V$ 图上，1-2-3 为膨胀做功过程，功的大小可用 1-2-3-$b$-$a$-1 的面积表示，膨胀过程中工质从高温热源吸收热量 $Q_1$，在 $T$-$S$ 图上吸热量 $Q_1$ 可用 1-2-3-$d$-$c$-1 的面积表示；为完成循环，使工质回复到初始状态点 1，做功结束后对热力系统进行压缩，压缩过程在 $p$-$V$ 图上为 3-4-1，压缩功（消耗功）的大小可用 3-4-1-$a$-$b$-3 的面积来表示，在此压缩过程中工质向低温热源放热 $Q_2$，在 $T$-$S$ 图上放热量 $Q_2$ 可用 3-4-1-$c$-$d$-3 的面积表示。从图中可见膨胀功大于压缩功；吸热量大于放热量，所以完成正向循环后，热力系统对外输出循环净功 $W_{net}$（$p$-$V$ 图 1-2-3-4-1 面积）；吸收净热量 $Q_1-Q_2$，用 $Q_{net}$ 表示，在 $T$-$S$ 图上为 1-2-3-4-1 围成的面积。

完成一个循环后，工质回到初始状态 1 点，由于热力学能为状态参数，所以经过一个循环后热力学能的变化量 $\oint \mathrm{d}U = 0$。由热力学第一定律 $\oint \delta Q = \oint \mathrm{d}U + \oint \delta W$，得

$$W_{net} = Q_{net} = Q_1 - Q_2 \tag{5-2}$$

完成正向循环后，收益为循环净功 $W_{net}$；代价为工质从高温热源的吸热量 $Q_1$，动力循环经济性指标，即循环热效率 $\eta_t$ 为

$$\eta_t = \frac{W_{net}}{Q_1} = \frac{Q_1 - Q_2}{Q_1} = 1 - \frac{Q_2}{Q_1} \tag{5-3}$$

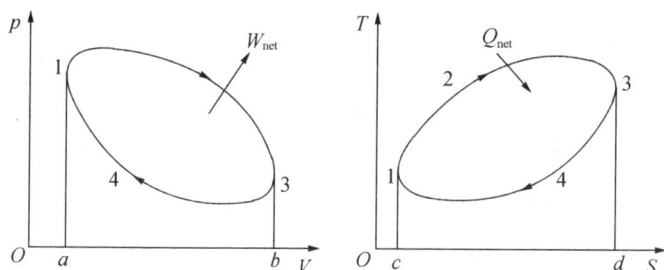

图 5-3　正向循环

动力循环热效率 $\eta_t$ 反映出循环中工质从高温热源吸收热量 $Q_1$ 被有效利用的程度，从公式（5-3）可以看出 $\eta_t$ 总是小于 1，说明不可能 100％ 地将热量转化为功，必须有一部分热量传递给低温热源作为补充条件，再次地说明了热力学第二定律的正确性。

## 5.2.2 逆向循环

图 5-4 为逆向循环的 $p$-$V$ 图和 $T$-$S$ 图，逆向循环按逆时针方向进行。

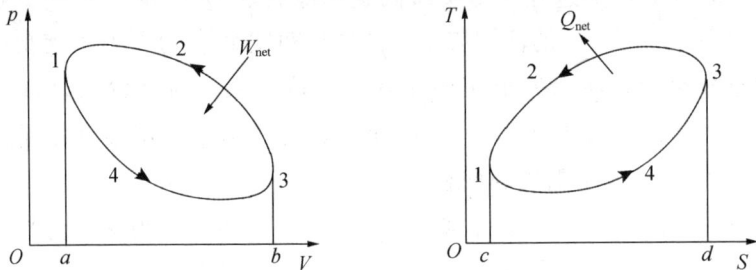

图 5-4 逆向循环

在 $T$-$S$ 图上热力过程 1-4-3 沿着熵增加的方向进行，所以该过程为吸热过程，吸热量 $Q_2$ 可用 1-4-3-$d$-$c$-1 围成的面积表示；热力过程 3-2-1 沿着熵减小的方向进行，为放热过程，放热量 $Q_1$ 可用 3-2-1-$c$-$d$-3 围成的面积表示。过程线 1-4-3 在过程线 3-2-1 下方，所以逆向循环为从低温热源吸热，向高温热源放热，这是一个非自发过程，由热力学第二定律可知，为完成非自发过程需要一个补充条件，下面从 $p$-$V$ 图上进行分析如何提供这个补充条件。

在 $p$-$V$ 图上膨胀做功过程为 1-4-3（功的大小为 1-4-3-$b$-$a$-1 围成的面积），该过程与 $T$-$S$ 图上吸热过程 1-4-3 相对应，由于工质膨胀可以降低温度，为从低温热源进行吸热提供条件；压缩过程为 3-2-1，该过程消耗外界功（功的大小为 3-2-1-$a$-$b$-3 围成的面积），与 $T$-$S$ 图上的放热过程 3-2-1 相对应，被压缩时工质温度将升高，目的是向高温热源进行放热。从 $p$-$V$ 图上可以看出，1-4-3-$b$-$a$-1 的面积小于 3-2-1-$a$-$b$-3 的面积，即膨胀功小于压缩功，所以完成了循环后的净效应是消耗了外界机械能。这部分机械能将转变成热能与 $Q_2$ 一起传递到高温热源，这就是从低温热源吸热，向高温热源放热的补充条件。

逆向循环主要应用于制冷装置和热泵。

制冷装置中电动机提供一定的机械能使低温冷库或冰箱中的热量排向温度较高的大气环境，制冷装置的收益为从低温热源的吸热量 $Q_2$，$Q_2$ 也被称为制冷量；代价为消耗的机械能 $W_{net}$。制冷循环的经济性指标称为制冷系数 $\varepsilon$，可表示为

$$\varepsilon = \frac{Q_2}{W_{net}} = \frac{Q_2}{Q_1 - Q_2} \qquad (5\text{-}4)$$

热泵与制冷装置工作原理相同，只是应用环境不同。冬季供热时，由电动机提供一定的机械能，该机械能将转变成热能与从外界大气环境中的吸热量 $Q_2$ 一起排向需供热的房间，供热量即为向高温热源的放热量 $Q_1$，$Q_1$ 也称为供热量。可见 $Q_1$ 为热泵循环的收益，循环的代价为消耗的机械能 $W_{net}$。热泵循环的经济性指标称为热泵系数 $\varepsilon'$，表示为

$$\varepsilon' = \frac{Q_1}{W_{net}} = \frac{Q_1}{Q_1 - Q_2} \qquad (5\text{-}5)$$

可见，热泵系数 $\varepsilon'$ 总是大于 1 的，所以用热泵供热具有较好的经济性；而制冷系数可能大于 1，也可能小于 1。为提高经济性，目前使用的制冷机制冷系数通常都是大于 1 的。

# 5.3　卡诺循环和卡诺定理

## 5.3.1　卡诺循环

由热力学第二定律可知，不可能由单一热源吸热使之全部转化为功，即热效率不可能达到 100%，必须将一部分热量传递给低温热源作为热变功的补充条件。那么热能动力装置的热效率最高可以达到多少呢？热效率的高低具体与哪些因素有关呢？法国工程师卡诺在深入研究蒸汽机后，在 1824 年提出了卡诺循环，这是一种理想的热机工作循环，

可以回答上述问题。

正向卡诺循环是由两个可逆的绝热过程和两个可逆的定温过程组成的，如图 5-5 所示，1→2→3→4→1 为正向卡诺循环。在正向卡诺循环中 1-2 为定温吸热过程；2-3 为绝热膨胀做功过程；3-4 为定温放热过程；4-1 为绝热压缩过程。在 $T\text{-}S$ 图中，工质从高温热源的吸热量 $Q_1$ 可用矩形面积 1-2-6-5-1 表示，$Q_1 = T_1 \Delta S_{12}$；工质向低温热源的放热量 $Q_2$ 可用矩形面积 4-3-6-5-4 表示，$Q_2 = T_2 \cdot |\Delta S_{34}|$，因为热效率计算公式中 $Q_1$ 和 $Q_2$ 都取正值，所以用过程 3-4 熵变的绝对值。将 $Q_1$ 和 $Q_2$ 代入动力循环热效率 $\eta_t$ 计算公式，因为 $\Delta S_{12} = |\Delta S_{34}|$，得

$$\eta_{t,c} = 1 - \frac{Q_2}{Q_1} = 1 - \frac{T_2 \cdot |\Delta S_{34}|}{T_1 \cdot \Delta S_{12}} = 1 - \frac{T_2}{T_1} \qquad (5\text{-}6)$$

式中，$T_1$ 和 $T_2$ 分别为高温热源和低温热源的温度，因为是可逆定温吸热和放热，所以工质在吸热和放热过程中温度与热源相同。

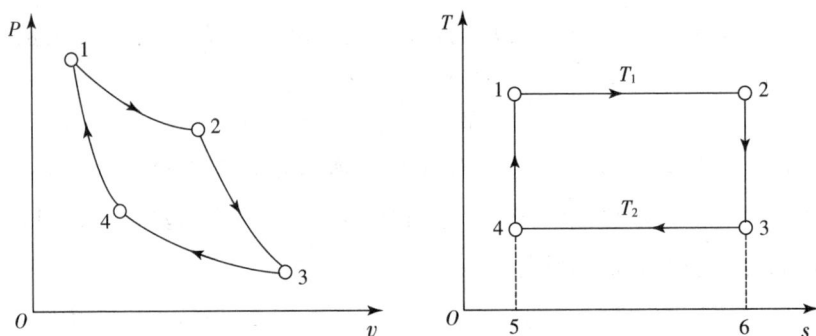

**图 5-5 卡诺循环**

由式（5-6）可得如下结论：

（1）正向卡诺循环的热效率 $\eta_{t,c}$ 只取决于高温热源的温度 $T_1$ 与低温热源的温度 $T_2$，与工质种类和性质没有关系，有效提高 $T_1$ 或降低 $T_2$ 可以使卡诺循环的热效率提高。

（2）正向卡诺循环的热效率 $\eta_{t,c}$ 不可能等于 1，因为 $T_1 \to \infty$ 或 $T_2 = 0\,K$ 是不可能实现的，热效率总是小于 1 的。说明热机循环不可能将从高温热源吸收的热能全部转变为功。

（3）当高温热源温度等于低温热源温度，即 $T_1 = T_2$ 时，可得卡诺

循环的热效率等于 0。说明了没有温差是不可能将热能转变为机械能的，同时证明了只有一个热源的第二类永动机是不可能实现连续对外做功的。

逆向卡诺循环也是由两个可逆的绝热过程和两个可逆的定温过程组成，但是沿着逆时针方向进行，如图 5-5 所示 1→4→3→2→1 为逆向卡诺循环。

当逆向卡诺循环用于制冷循环时，制冷系数为

$$\varepsilon_c = \frac{T_2}{T_1 - T_2} \tag{5-7}$$

当逆向卡诺循环用于热泵循环时，供热系数为

$$\varepsilon'_c = \frac{T_1}{T_1 - T_2} \tag{5-8}$$

### 5.3.2　卡诺定理

卡诺定理所讨论的是两个热源之间工作的可逆热机和不可逆热机热效率大小关系的问题。卡诺定理包括卡诺定理 1 和卡诺定理 2。

**卡诺定理** 1　在相同的高温热源和相同的低温热源之间工作的一切可逆循环热机，其热效率都相等，与可逆循环种类以及工质的性质无关。

采用反证法证明卡诺定理 1 的正确性。假设有一个恒温的高温热源，温度设为 $T_1$；一个恒温的低温热源，温度设为 $T_2$。如图 5-6（a）所示，在高温热源和低温热源之间有两个任意的可逆循环热机 A 和 B，其热效率分别为 $\eta_{t, A}$ 和 $\eta_{t, B}$，假设 $\eta_{t, A} > \eta_{t, B}$。适当地调节两台热机容量，使其从高温热源的吸热量 $Q_1$ 相同，由热效率的定义式得 $W_{net} = Q_1 \cdot \eta_t$，所以 $W_{net, A} > W_{net, B}$，而 $Q_2 < Q'_2$。由于是可逆循环热机，可让热机 B 按原路线做逆向运行，这样 B 就成了制冷机，从低温热源 $T_2$ 吸热 $Q'_2$；向高温热源放热 $Q_1$，消耗外界的循环净功 $W_{net, B}$。由于 $W_{net, A} > W_{net, B}$，所以 $W_{net, B}$ 可由 $W_{net, A}$ 提供，如图 5-6（b）所示。热机 A 和热机 B 中的工质经过循环都回复到原来状态；制冷机 B 向高温热源放热 $Q_1$、热机 A 从高温热源吸热 $Q_1$，两部机器完

成循环后高温热源总的结果没有变化；而低温热源放热 $Q_2'$、吸热 $Q_2$，$Q_2' > Q_2$，所以循环后低温热源总的结果是放热，放热量为 $Q_2' - Q_2$。可逆热机 A 与可逆热机 B 联合工作后总的结果是对外输出净功 $W_{net, A} - W_{net, B}$。根据热力学第一定律能量守恒原则，$Q_2' - Q_2 = W_{net, A} - W_{net, B}$，所以相当于从低温热源吸热 $Q_2' - Q_2$，使之全部转化为功 $W_{net, A} - W_{net, B}$ 而没有其他变化。可见，这样的假设得出的最后结果违反了热力学第二定律的开尔文-普朗克说法，所以假设 $\eta_{t, A} > \eta_{t, B}$ 是不成立的，从而证明了卡诺定理 1 的正确性。

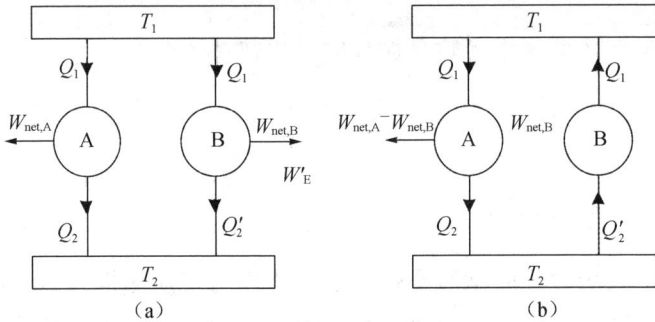

图 5-6　卡诺定理 1 证明示意图

**卡诺定理** 2　在温度同为 $T_1$ 的高温热源和同为 $T_2$ 的低温热源间工作的一切不可逆循环，其热效率必小于可逆循环。

对于卡诺定理 2 的证明也可以采用上述的反证法，此处不再详述。

卡诺定理揭示了对于不存在任何不可逆损失的各种可逆循环，当热能向机械能转化时其热效率只由高温热源和低温热源确定，热源温度决定了热效率的大小，与其他因素无关。对于不可逆循环，其不可逆因素和不可逆程度千差万别，所以各个不可逆循环的热效率可能完全不相同，但一定小于可逆循环的热效率。

卡诺循环与卡诺定理从理论上确定了实现热能转变为机械能的条件，指出了提高热机热效率的方向，同时对实际的工程应用具有重要的指导意义。任何一种将热能转变为机械能、电能或其他形式能量的动力装置，都必须包括两个以上有温差的热源，其热效率也都不可能超过采用相同热源的正向卡诺循环。

## 5.4　孤立系统熵增原理及做功能力损失

### 5.4.1　孤立系统熵增原理

由第 1 章孤立系统的定义：与外界之间既无能量交换也无质量交换的热力系统被称为孤立系统。这里可以把孤立系统看成一个复合系统，它由多个子系统组成，每个子系统之间可以进行工质的流入和流出，即质量交换；子系统之间也可以进行热量传递及热功转换，但由全部子系统组合而成的孤立系统与外界既无质量交换也无能量交换。下面列举出传热、热功转换、耗散功转化为热的三种情况来说明孤立系统熵的变化。

1. 传热过程

热力系统 A 与热力系统 B 之间用非绝热板隔开，A 和 B 的其他壁面为绝热板，此时 A 和 B 之间若有温差，则可以传递热量，而与外界没有能量及质量交换，所以此时 A 和 B 构成了孤立系统，如图 5-7 所示。设 A 和 B 的温度分别为 $T_A$ 和 $T_B$，那么孤立系统的熵增为

$$dS_{iso} = dS_A + dS_B \tag{5-9}$$

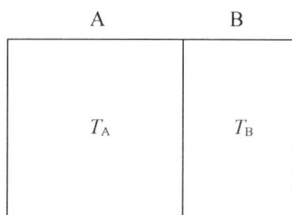

图 5-7　传热过程示意图

若 A 和 B 为有限温差传热，即 $T_A > T_B$，微元过程中 A 放热 $\delta Q$，A 的熵变为负，即 $dS_A = -\delta Q/T_A$；B 吸热 $\delta Q$，B 的熵变为正，即 $dS_B = \delta Q/T_B$，此处热量 $\delta Q$ 取正值。因为 $T_A > T_B$，有 $\delta Q/T_A < \delta Q/T_B$，将上述关系式代入式（5-9），得

$$dS_{iso} = -\delta Q/T_A + \delta Q/T_B > 0 \qquad (5\text{-}10)$$

若 A 和 B 为无限小温差传热，有 $T_A = T_B + dT$，有 $\delta Q/T_A = \delta Q/T_B$，则

$$dS_{iso} = 0 \qquad (5\text{-}11)$$

可以看出：有限温差传热时，热量由高温热力系统传向低温热力系统是不可逆过程，此时孤立系统的总熵变 $dS_{iso} > 0$；当为无限小温差传热时，热量传递为可逆过程，此时孤立系统的总熵变 $dS_{iso} = 0$。

2. 热功转换

如图 5-8 所示，设某热机 E 工作在高温热源（温度为 $T_1$）和低温热源（温度为 $T_2$）之间，$T_1 > T_2$，由热力学第二定律通过热机循环实现热能转化为功。高温热源、热机、低温热源组成了复合孤立系统，在孤立系统内部子系统之间进行着传递热量和热功转换，图的虚线表示孤立系统的边界。这个复合的孤立系统的熵变等于高温热源、热机中工质、低温热源的三个子系统熵变之和，即

$$\Delta S_{iso} = \Delta S_1 + \Delta S_E + \Delta S_2 \qquad (5\text{-}12)$$

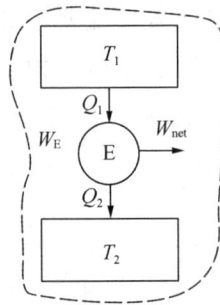

图 5-8　热转化为功示意图

下面讨论该孤立系统中三个子系统的熵变：

（1）高温热源放热 $Q_1$，熵变 $\Delta S_1 = -Q_1/T_1$。

（2）低温热源吸热 $Q_2$，熵变 $\Delta S_2 = Q_2/T_2$。

（3）热机中工质完成了从高温热源吸热、向低温热源放热又回到了初始状态，即完成了一个热力循环。因为熵是状态参数，所以 $\Delta S_E = \oint dS = 0$。

将以上关系式代入式（5-12），得

$$\Delta S_{iso} = -Q_1 / T_1 + 0 + Q_2 / T_2 \tag{5-13}$$

当热机进行可逆循环时，由卡诺定理 1，热效率 $\eta_t = 1 - \dfrac{Q_2}{Q_1} = 1 - \dfrac{T_2}{T_1}$，得 $\dfrac{Q_2}{Q_1} = \dfrac{T_2}{T_1}$，即 $\dfrac{Q_1}{T_1} = \dfrac{Q_2}{T_2}$，所以此时有 $\Delta S_{iso} = 0$。

当热机进行不可逆循环时，由卡诺定理 2，热效率 $\eta_t = 1 - \dfrac{Q_2}{Q_1} < 1 - \dfrac{T_2}{T_1}$，得 $\dfrac{Q_2}{Q_1} > \dfrac{T_2}{T_1}$，即 $\dfrac{Q_1}{T_1} < \dfrac{Q_2}{T_2}$，所以此时有 $\Delta S_{iso} > 0$。

又验证了如果孤立系统进行的是可逆变化，则其系统总熵变为 0；如果进行不可逆变化时，系统总熵变大于 0。

3. 耗散效应功转化为热

当孤立系统中存在耗散效应时将损失一部分机械能，这部分机械能以摩擦生热的形式散失到孤立系统中的某一个子系统工质中。这部分损失的机械能称为耗散功；耗散功转化的热量，称为耗散热 $Q_g$。子系统吸收了耗散热后，工质的熵会增加，称为熵产 $S_g$。设吸收耗散热的子系统温度为 $T$，则有 $dS_g = \delta Q_g / T > 0$。此时，孤立系统的熵必定增大，是系统内部存在耗散损失而产生的后果。所以孤立系统内部只要存在耗散效应，有机械能不可逆地转化为热能，孤立系统的熵就会增加。

如果孤立系统中不存在任何耗散效应，耗散功为 0；耗散热也为 0，则熵产 $dS_g$ 为 0。

经过以上分析可得，孤立系统的熵只能增大，或者不变，但绝不能减小，这一规律称为孤立系统熵增原理。孤立系统的熵增取决于系统内部的不可逆性，一切实际过程都是朝着使孤立系统熵增大的方向进行的。

必须指出：熵增原理只适用于孤立系统。对于非孤立系统，或者孤立系统中的子系统，其热力过程可以吸热也可以放热，熵可能增大，可能减小，也可能不变。

## 5.4.2　做功能力损失

做功能力是指在一定的大气环境条件下，系统达到与大气环境热力平衡时所能做出的最大有用功。所以衡量做功能力的基准温度通常选取大气环境的温度 $T_0$。

人们从实践中得出，热力系统中的任何热力过程只要存在不可逆因素，都会使系统的做功能力损失。不可逆因素同时还会造成孤立系统熵的增加，那么系统做功能力损失与孤立系统熵的增加之间是否存在一定的联系呢？

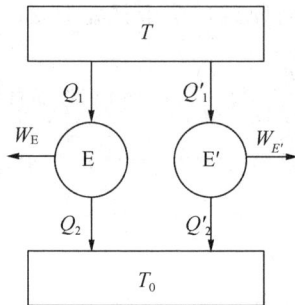

图 5-9    做功能力损失推导示意图

设有可逆热机 E 和不可逆热机 E′同时工作在相同的热源和大气环境之间，热源的温度设为 $T$ ；大气环境的温度设为 $T_0$，如图 5-9 所示。可逆热机 E 从高温热源吸热 $Q_1$、放热 $Q_2$、对外做功 $W_E$；不可逆热机 E′从高温热源吸热 $Q_1'$、放热 $Q_2'$、对外做功 $W_{E'}$。

调节两热机从高温热源的吸热量，使 $Q_1 = Q_1'$。由卡诺定理 2 可知，可逆热机的热效率大于不可逆热机，即 $\eta_{t, E} > \eta_{t, E'}$，所以 $W_E > W_{E'}$。在相同的高温热源与低温热源之间工作的热机，当从高温热源吸热量相等时，可逆热机对外做功最大，与不可逆热机做功的差值即为做功能力损失，记为 $I$ 。

$$I = W_E - W_{E'} = (Q_1 - Q_2) - (Q_1' - Q_2') = Q_2' - Q_2 \qquad (5\text{-}14)$$

将高温热源、大气环境、可逆热机 E、不可逆热机 E′一起组合成了一个复合的孤立系统，经过一个循环后该孤立系统熵增为

$$\Delta S_{iso} = \Delta S_T + \Delta S_{T_0} + \Delta S_E + \Delta S_{E'} \qquad (5\text{-}15)$$

当热机经过循环后 $\Delta S_E = 0$；$\Delta S_{E'} = 0$；$\Delta S_T = -\dfrac{Q_1}{T} - \dfrac{Q_1'}{T}$；$\Delta S_{T_0} = \dfrac{Q_2}{T} + \dfrac{Q_2'}{T_0}$。代入式（5-15）得

$$\Delta S_{iso} = -\frac{Q_1}{T} - \frac{Q_1'}{T} + \frac{Q_2}{T_0} + \frac{Q_2'}{T_0} \qquad (5\text{-}16)$$

由卡诺定理 1，可逆热机热效率 $\eta_t = 1 - \dfrac{Q_2}{Q_1} = 1 - \dfrac{T_0}{T}$ ，所以 $\dfrac{Q_2}{T_0} =$

$\dfrac{Q_1}{T}$ ，代入式（5-16），有

$$\Delta S_{iso} = \frac{Q_2'}{T_0} - \frac{Q_1'}{T} \qquad (5\text{-}17)$$

因为 $Q_1 = Q_1'$ ，$\dfrac{Q_2}{T_0} = \dfrac{Q_1}{T}$ ，所以 $\dfrac{Q_1'}{T} = \dfrac{Q_2}{T_0}$ ，代入式（5-17）得

$$\Delta S_{iso} = \frac{Q_2' - Q_2}{T_0} \qquad (5\text{-}18)$$

代入式（5-14）得

$$I = T_0 \cdot \Delta S_{iso} \qquad (5\text{-}19)$$

式（5-19）为做功能力损失的计算公式。可见，当大气环境温度 $T_0$ 确定后，做功能力损失 $I$ 与孤立系统的熵增 $\Delta S_{iso}$ 成正比。

**思考题**

1. 对于三个循环热效率的计算公式：$\eta_t = 1 - \dfrac{q_2}{q_1}$ ；$\eta_t = 1 - \dfrac{T_2}{T_1}$ ；$\eta_t = 1 - \dfrac{\overline{T}_2}{\overline{T}_1}$ ，分别在什么情况下应用？

2. 下面说法是否正确？为什么？

（1）可逆循环的热效率一定大于不可逆循环的热效率；

（2）所有可逆循环的热效率都相等；

（3）循环净功越大，热效率就越高；

（4）所有热力系统熵的变化都是大于零的；

（5）因为经济性指标=收益/代价，所以动力循环的热效率、制冷循环的制冷系数都是要小于 1 的；

（6）热量是不可能从低温物体转移到高温物体的；

（7）机械能可以全部变为热能，而热能不可能全部变为机械能。

3. 什么是第一类永动机？什么是第二类永动机？两者有什么不同？

4. 能量是守恒的，不可能被创造，也不可能被消灭，但人类还会发生能源危机，为什么？

**习题**

5-1　高温热源温度为 110 ℃；低温热源温度为 5 ℃，有一可逆热机工作其间，求：

（1）可逆热机的热效率为多少？

（2）如果循环净功为 3 kJ，那么高温热源的放热量和低温热源的吸热量分别是多少？

（3）两热源温度不变，热机逆向进行热泵运行，那么热泵的供热系数是多少？输入的功率为多少时才能保证工质从低温热源每秒吸收 6 kJ 热量？

5-2　高温热源温度为 260 ℃；低温热源温度为 10 ℃，有一热机工作其间，是否可以从高温热源吸收 1100 J 的热量，同时对外做功 450 J？试分别采用卡诺定理和孤立系统的熵增原理两种方法进行分析。

5-3　某制冷机制冷系数为 5，采用热效率为 0.4 的热机为该制冷机输入功，求制冷机从冷冻室每取出 1.5 kJ 的热量时，热机需要从高温热源吸收多少 kJ 的热量？

5-4　当环境温度为 10 ℃时，有一绝热刚体容器内装有 2.5 kg 的空气，通过螺旋桨对容器内气体进行搅动，使气体温度由 15 ℃上升至 25 ℃，求容器内空气的熵变和螺旋桨搅动过程中做功能力的损失是多少？

5-5　某闭口热力系统从 350 ℃的恒温热源吸收 7000 kJ 热量后熵增为 30 kJ/K，判断该过程是可逆过程、不可逆过程还是不可能进行的过程？

5-6　气缸内有 1 kg 气体被压缩后热力学能增加了 60 kJ，熵减小了 0.5 kJ/K，外界对气体做功 190 kJ，当环境温度为 25 ℃时，求气体熵变和做功能力的损失。

# 第6章　压气机的热力过程

　　压缩气体在工程中被广泛使用，是仅次于电力的第二大动力能源，其应用范围遍及石油、化工、冶金、电力、机械、轻工、纺织、汽车制造、电子、食品、医药、生化、国防、科研等行业和部门。压气机则是使得气体压力升高而产生压缩气体的设备。

　　压气机需要消耗机械能来得到压缩气体，因此压气机不是动力机械。通过压气机的工作原理和结构差异，可将其分为如下几种类型：活塞式压气机、叶轮式压气机以及引射式压缩机，分别如图 6-1 中（a）、（b）、（c）所示。虽然活塞式压气机与叶轮式压气机的工作原理和结构截然不同，但其热力学本质都是消耗外功将气体进行压缩，同时气体压缩过程通常可认为是稳定流动过程。本章将以活塞式压气机的热力过程为重点，阐明压缩气体在压缩过程的热力学特性。

## 6.1　单级活塞式压气机的工作原理和理论耗功

### 6.1.1　工作原理

　　活塞式压气机是一种容积式压缩机，其压缩元件是一个活塞，在气缸内做往复运动。容积式压缩机则是依靠压缩腔的内部容积缩小来提高气体压力，在容积式压缩机中，每经过一次工作腔压缩后气体进入冷却器中进行一次冷却，称为一"级"。下面针对单级活塞式压气机的工作原理进行介绍。

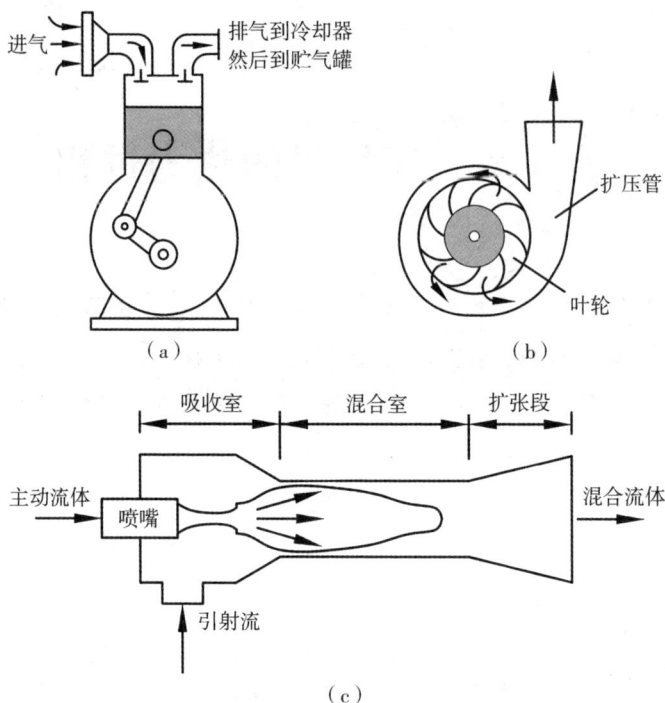

图 6-1　压气机示意图

（a）活塞式；（b）叶轮式；（c）引射式

　　活塞式压气机的工作过程由进气、压缩和排气三个过程组成，其中进气与排气过程都只是气体简单的移动过程，虽然气缸内气体的数量发生了变化但热力学状态没有发生改变。只有在压缩过程，气体的热力学状态发生了变化，因此讨论压缩过程是明晰压气机工作原理的重点。

　　图 6-2 为单级活塞式压气机的示意图和示功图，图中三个工作过程分别为：

　　（1）进气过程：B-1 为进气门开启，活塞向外移动，气体引入气缸；

　　（2）压缩过程：1-2 为进气门关闭，活塞向内压缩，气体在气缸内进行压缩；

　　（3）排气过程：2-A 为排气门开启，气体流出气缸，排气到冷却器然后到贮气罐。

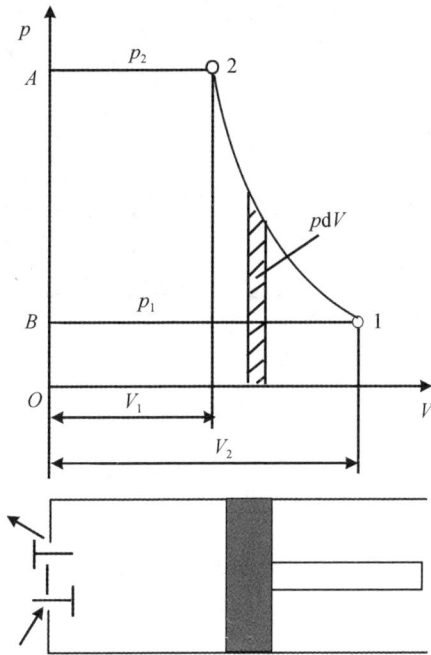

**图 6-2　单级活塞式压气机的示意图和示功图**

由于进气过程 B-1 和排气过程 2-A 都不是热力过程，因此主要关注压缩过程 1-2 的气体热力学状态是如何变化的。压缩过程 1-2 所消耗的外功可由 $p$-$V$ 图中过程曲线 1-2 与 $V$ 轴所包围的面积进行表示，即曲线 1-2 沿 $V$ 轴的积分。

通过对压缩过程进行简化，可得到两种极限情况：

（1）压缩过程进行极快，而气缸传热能力弱。此时，气体与外界发生的热量交换可以忽略不计，那么压缩过程可视为可逆绝热过程，如图 6-3 中过程曲线 1-2$_s$ 所示。

（2）压缩过程进行缓慢，且气缸传热能力强。此时，气体的温度始终保持不变，那么压缩过程可视为可逆定温过程，如图 6-3 中过程曲线 1-2$_T$ 所示。

而实际压缩过程通常处于上述 2 个极限情况之间，气体与外界既有热量的交换，其自身温度也有所升高。因此，实际上气体压缩过程是多变系数 $n$ 介于 1 与 $k$ 之间的多变过程，如图 6-3 中 1-2$_n$ 所示。

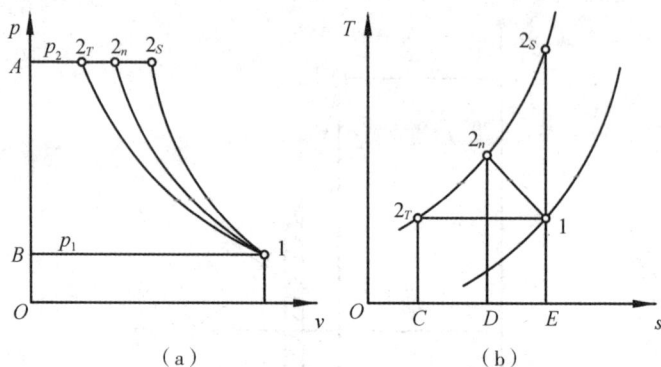

图 6-3 压缩过程的 $p$-$v$ 图和 $T$-$s$ 图

### 6.1.2 压气机的理论耗功

压缩气体的生产过程包括气体的流入、压缩和输出，所以压气机耗功应以技术功计。通常用符号 $W_c$ 表示压气机的耗功，并令

$$W_c = -W_t$$

对 1 kg 工质，可写成

$$w_c = -w_t$$

因此，压气机所需功的多少因压缩过程不同而异。根据技术功的表达式，结合压缩过程的过程方程式可导出针对上述三种情况的理论耗功。对定值比热容理想气体，据理想气体热力过程有：

（1）1-$2_s$ 可逆绝热压缩：

$$w_{c,s} = -w_{t,s} = \frac{k}{k-1}(p_2 v_2 - p_1 v_1) = \frac{k}{k-1} R_g T_1 \left[ \left( \frac{p_2}{p_1} \right)^{\frac{k-1}{k}} - 1 \right]$$

（6-1）

（2）1-$2_T$ 可逆定温压缩：

$$w_{c,T} = -w_{t,T} = -R_g T_1 \ln \frac{v_2}{v_1} = R_g T_1 \ln \frac{p_2}{p_1} \qquad (6\text{-}2)$$

（3）1-$2_n$ 可逆多变压缩：

$$w_{c,n} = -w_{t,n} = \frac{n}{n-1}(p_2 v_2 - p_1 v_1) = \frac{n}{n-1} R_g T_1 \left[ \left( \frac{p_2}{p_1} \right)^{\frac{n-1}{n}} - 1 \right]$$

（6-3）

上述各式中，$p_2/p_1$ 为压缩过程中气体终压和初压比值，称为增压比 $\pi$。通过图 6-3 的示功图和示热图可以看出：

$$w_{c,s} > w_{c,n} > w_{c,T}, \quad T_{2,s} > T_{2,n} > T_{2,T}, \quad v_{2,s} > v_{2,n} > v_{2,T}$$

也就是说，当一定量的气体从相同的初态被压缩到相同的终压，绝热压缩所消耗的功量最多，定温压缩最少，而多变压缩介于两者之间，并随多变指数 $n$ 的减小而减少。此外，绝热压缩后气体的温升较大，不利于压气机的安全运行；绝热压缩后气体的比体积也较大，不利于储气的便利。因此，应当尽量减少压缩过程的多变指数 $n$，使压缩过程接近于定温过程是最为有利的。然而，即便活塞式压气机采用水套进行冷却也无法实现定温压缩过程，通常多变指数 $n$ 在 1.2～1.3 的范围内。

# 6.2 活塞式压气机的余隙影响

在活塞式压气机的实际生产当中，为避免活塞与气缸盖的撞击，同时考虑安装进、排气阀的需求，当活塞处于上止点时，活塞顶部与气缸盖之间必须留有一定的空隙，其容积称为余隙容积。图 6-4 展示了带余隙容积的活塞式压气机示功图，图中 1-2 为压缩过程，2-3 为排气过程，3-4 为余隙容积中剩余气体的膨胀过程，4-1 为有效进气过程。可以看出 $V_c$ 即为余隙容积，$V_h$ 为活塞在上止点与下止点之间运动扫掠的容积，即 $V_h = V_1 - V_3$，称为气缸排量。余隙容积带来的影响通常从两个方面进行讨论，分别为排气量与理论做功，下面将进行详细说明。

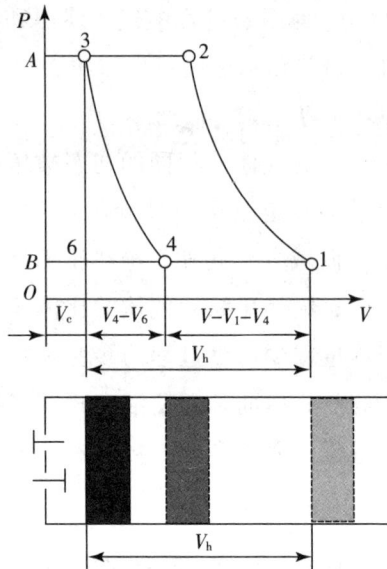

**图 6-4   考虑余隙过程时活塞式压气机的示功图**

**1. 余隙对排气量的影响**

当 2-3 排气过程结束时，余隙容积 $V_c$ 内的气体仍处于比外界气压高的状态，因此当活塞由上止点向下止点运动之初，余隙容积内的高压会阻止外界气体进入气缸。当气缸内气体容积由 $V_3$ 膨胀到 $V_4$ 时，气缸内气体压力会低于外界压力，此时才能够将外界气体吸入气缸。因此，气缸实际的吸气量应为 $V = V_1 - V_4$，称为有效吸气容积。由于余隙容积 $V_c$ 的存在，导致余隙容积 $V_c$ 与一部分气缸容积 $V_4 - V_6$ 都起不到进气的作用。因此，在活塞式压气机工作过程中，实际有效的吸气量 $V$ 要小于气缸容积 $V_h$，通过两者的比值定义容积效率，即 $\eta_V$，如公式（6-4）所示。

$$\eta_V = \frac{V}{V_h} = \frac{n}{n-1} m R_g T_1 (\pi^{\frac{n-1}{n}} - 1) \tag{6-4}$$

如果控制余隙容积不变，不断增大增压比 $\pi$，那么有效吸气容积 $V$ 则会不断减小直至余隙容积内的剩余气体压力无法降至低于外界压力。此时，压气机将无法进气，如图 6-5 中 1-2″ 所示。

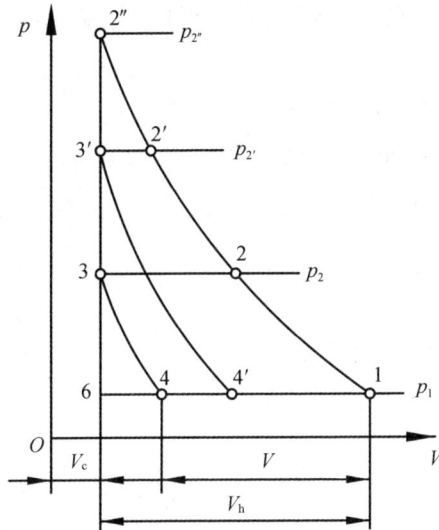

图 6-5  余隙容积对生产量的影响

通过如下公式的推导，能够得到增压比 $\pi$ 与容积效率 $\eta_V$ 之间的关系。

$$\eta_V = \frac{V}{V_h} = \frac{V_1 - V_4}{V_1 - V_3} = \frac{(V_1 - V_3) - (V_4 - V_3)}{V_1 - V_3}$$

$$= 1 - \frac{V_4 - V_3}{V_1 - V_3} = 1 - \frac{V_3}{V_1 - V_3}\left(\frac{V_4}{V_3} - 1\right) \quad (6\text{-}5)$$

式中：$\dfrac{V_3}{V_1 - V_3} = \dfrac{V_c}{V_h}$，为余隙容积比例（简称余隙容积比）。假设压缩过程 1-2 和余隙容积中剩余气体的膨胀过程 3-4 都是多变指数为 $n$ 的多变过程，那么

$$\frac{V_4}{V_3} = \left(\frac{p_3}{p_4}\right)^{\frac{1}{n}} = \left(\frac{p_2}{p_1}\right)^{\frac{1}{n}} \quad (6\text{-}6)$$

所以，得到

$$\eta_V = 1 - \frac{V_c}{V_h}\left[\left(\frac{p_2}{p_1}\right)^{\frac{1}{n}} - 1\right] = 1 - \frac{V_c}{V_h}[\pi^{\frac{1}{n}} - 1] \quad (6\text{-}7)$$

由此可见，当余隙容积比 $V_c/V_h$ 和多变指数 $n$ 固定时，增压比 $\pi$ 的增大会导致容积效率 $\eta_V$ 的降低，而 $\pi$ 的不断增大会导致容积效率降低

至 0；当增压比 $\pi$ 一定时，若余隙容积比 $V_c/V_h$ 愈大，则容积效率 $\eta_V$ 愈低。

**2. 余隙对理论耗功的影响**

由图 6-4 可以看出有余隙存在时压气机的理论耗功 $W_c =$ 面积 $12AB1 -$ 面积 $43AB4$。仍假定 1-2 过程与 3-4 过程为多变系数同为 $n$ 的多变过程，则

$$W_c = \frac{n}{n-1} p_1 V_1 \left[ \left( \frac{p_2}{p_1} \right)^{\frac{n-1}{n}} - 1 \right] - \frac{n}{n-1} p_4 V_4 \left[ \left( \frac{p_3}{p_4} \right)^{\frac{n-1}{n}} - 1 \right] \quad (6\text{-}8)$$

由于 $p_1 = p_4$，$p_3 = p_2$，所以

$$W_c = \frac{n}{n-1} p_1 (V_1 - V_4) \left[ \left( \frac{p_2}{p_1} \right)^{\frac{n-1}{n}} - 1 \right] = \frac{n}{n-1} p_1 V \left[ \left( \frac{p_2}{p_1} \right)^{\frac{n-1}{n}} - 1 \right]$$

$$= \frac{n}{n-1} m R_g T_1 [\pi^{\frac{n-1}{n}} - 1] \quad (6\text{-}9)$$

式中：$V$ 是有效吸气容积；$\pi$ 是增压比；$m$ 是压气机生产的压缩气体的质量。如生产 1 kg 的压缩气体则需要耗功为

$$w_c = \frac{n}{n-1} R_g T_1 (\pi^{\frac{n-1}{n}} - 1) \quad (6\text{-}10)$$

由上述公式可以看出，活塞式压气机余隙容积的存在会导致容积效率 $\eta_V$ 降低，但对压缩定量气体的理论耗功并无影响。因此，若要压缩同样数量的气体就必然采用更大气缸的压气机，并且这一负面影响将随着增压比的增大而扩大。

# 6.3 多级压缩和级间冷却

由 6.1 小节对活塞式压气机的工作原理的描述可以看出，一定量的气体从相同的初态压缩到相同的终压，压缩过程如果为定温压缩，耗功量最低。因此，在实际压气机压缩过程应设法使多变指数 $n$ 尽量向 1 靠拢。通常采用水套冷却的方式增强散热从而降低多变指数 $n$，但面对转速高、气缸尺寸大等情况，该方法的作用也并不明显。此时，采用多级

压缩、级间冷却的方法可有效加强换热，同时能够避免单级压缩因增压比 $\pi$ 太高而影响容积效率 $\eta_V$ 。

分级压缩、级间冷却式压气机是采用不同气缸对气体进行逐级压缩，每经过一次压缩的气体均在中间冷却器中被定压冷却到压缩前的温度，随后再进入下一级气缸进行进一步压缩。图 6-6 展示了典型的两级压缩、中间冷却的压气机系统及其工作过程。压气机系统包括低压气缸和高压气缸，低压气缸出来的压缩气体经过中间冷却器再进入高压气缸。图 6-6（b）中 $B$-1 过程即为低压气缸吸入气体；1-2 过程为低压气缸将气体压缩的过程；2-$C$ 过程为气体排出低压气缸；$C$-2 为压缩气体进入中间冷却器；2-2′ 过程为气体在冷却器中的定压放热过程，保证 2′ 点的气体温度与 1 点温度一致；2′-$C$ 过程为冷却后的气体排出冷却器；$C$-2′ 过程为冷却后的气体进入高压气缸；2′-3 过程为高压气缸将气体压缩的过程；3-$A$ 过程为压缩气体排出高压气缸，并输入储气筒。此时，两级压缩后所消耗的功等于两个气缸所需功的总和，也就是面积 $B12CB$ 与面积 $C2'3AC$ 之和。与单级压缩时所需之功，即面积 $B13'AB$ 相比，采取了两级压缩、级间冷却的方式可实现耗功量的降低，所节省功量可由图 6-6（b）阴影部分面积 $2'23'32'$ 表示。由两级压缩、级间冷却的压气机示例可以看出，级数越多的分级压缩、级间冷却式压气机在理论上能够节约更多的耗功量。如果级数增加到无数级，可趋近于定温压缩。然而在实际应用中，级数过多会导致系统结构复杂，同时机械摩擦的损失和流动阻力带来的损失会使其得不偿失，因此一般分级压缩、级间冷却式压气机的级数在两级到四级之间。

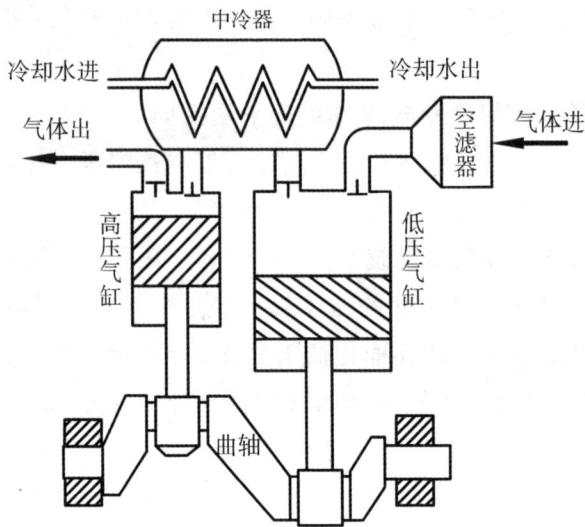

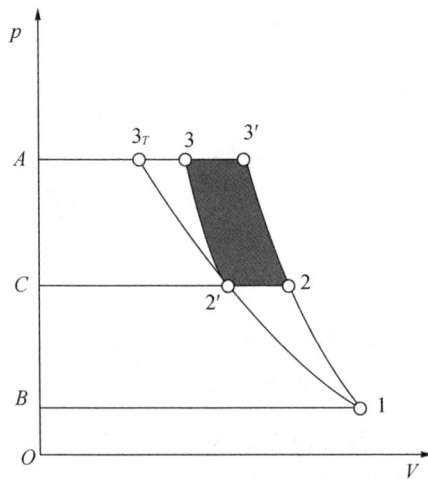

图 6-6　两级压缩、中间冷却压气机示意图

　　采用两级压缩、级间冷却时，为使系统耗功量最低，可求得相应的中间压力以保证两个气缸所消耗功量总和最小。由于余隙容积 $V_c$ 对理论耗功量并没有影响，因此在整个推导过程中忽略余隙容积，同时假定中间冷却器能够充分冷却气体，保证 $2'$ 点的气体温度与 1 点温度相等。最后，假设两级压缩指数 $n$ 相同，则

$$w_c = w_{c,L} + w_{c,H} = \frac{n}{n-1} R_g T_1 \left[ \left( \frac{p_2}{p_1} \right)^{\frac{n-1}{n}} - 1 \right] +$$

$$\frac{n}{n-1} R_g T_2' \left[ \left( \frac{p_3}{p_2} \right)^{\frac{n-1}{n}} - 1 \right] \tag{6-11}$$

$$w_c = \frac{n}{n-1} R_g T_1 \left[ \left( \frac{p_2}{p_1} \right)^{\frac{n-1}{n}} + \left( \frac{p_3}{p_2} \right)^{\frac{n-1}{n}} - 2 \right] \tag{6-12}$$

式中：$w_{c,L}$ 表示低压缸耗功量；$w_{c,H}$ 表示高压缸耗功量。对 $p_2$ 求导并使之等于 0，则可得到最优中间压力

$$p_2 = \sqrt{p_1 p_3} \quad 或 \frac{p_2}{p_1} = \frac{p_3}{p_2} \tag{6-13}$$

如果采用 $m$ 级压缩，各级压力分别为 $p_1$，$p_2$，$\cdots$，$p_m$，$p_{m+1}$，每级中间冷却器都将气体冷却到初始温度，则使压气机消耗的总功最小的各中间压力满足

$$\frac{p_2}{p_1} = \frac{p_3}{p_2} = \cdots = \frac{p_m}{p_{m-1}} = \frac{p_{m+1}}{p_m} \tag{6-14}$$

这时，各级的增压比 $\pi_i$ 相同，各级压气机耗功相同，且

$$\pi = \pi_i = \sqrt[m]{\frac{p_{m+1}}{p_1}} \qquad i = 1, 2, \cdots, m \tag{6-15}$$

$$w_{c,1} = w_{c,2} = \cdots = w_{c,m} = \frac{n}{n-1} R_g T_1 (\pi^{\frac{n-1}{n}} - 1) \tag{6-16}$$

压气机所消耗的总功为

$$w_c = \sum_{i=1}^m w_{c,i} = m \frac{n}{n-1} R_g T_1 (\pi^{\frac{n-1}{n}} - 1) \tag{6-17}$$

按照此原则选择中间压力还可得到以下有利结果：

（1）压气机每级所需的功相等有利于压气机曲轴的平衡；

（2）每个气缸中气体压缩后所达到的最高温度相同使得每个气缸的温度条件相同；

（3）每级向外排出的热量相等，而且每一级的中间冷却器向外排出的热量也相等；

（4）各级的气缸容积按增压比递减等等。

分级压缩对容积效率的提高也有利。由上节分析可知，余隙容积的有害影响随增压比的增加而扩大。分级后，每一级的增压比缩小，故同样大的余隙容积对容积效率的有害影响将缩小，使总容积效率比不分级时大。

由上述结果可以看出，无论是采用单级压缩还是多级压缩的活塞式压气机都应尽可能采用冷却措施使压缩过程接近定温压缩。在工程应用中，通常采用定温效率 $\eta_{c, T}$ 作为活塞式压气机性能优劣的评判指标。当压缩前气体的状态相同、压缩后气体的压力相同时，可逆定温压缩过程所消耗的功 $w_{c, T}$ 和实际压缩过程所消耗的功 $w_c'$ 之比，即为压气机的定温效率 $\eta_{c, T}$。

$$\eta_{c, T} = \frac{w_{c, T}}{w_c'} \tag{6-18}$$

需要明确的是，至此有关活塞式压气机过程的讨论都是基于可逆过程，没有考虑可用能的损失。然而实际应用中储存在储气筒内的高压气体会与环境进行热交换从而达到热平衡，因此多变压缩和绝热压缩最终是有做功能力损失的。

# 6.4 叶轮式压气机与引射式压缩机

## 6.4.1 叶轮式压气机的工作原理

活塞式压气机由于具有转速不高、吸气和排气过程间断并且受余隙容积负面影响等缺点，导致其单位时间内产气量较小。叶轮式压气机具有转速高、连续的吸气和排气过程以及没有余隙容积等特点，能够很好地解决产气量小的问题，同时具有体积紧凑的优势。然而，叶轮式压气机系统中，每级的增压比 $\pi$ 较小，需要多级数才能够保证较高的输出压力。此外，较快的气流流速易导致摩擦损耗的增加，因此需要较高的设计和制造工艺，增加了其应用成本。

叶轮式压气机通常分为径流式（即离心式）和轴流式两种型式，分别如图 6-7 和图 6-8 所示。径流式压气机具有转速高、效率较低的特点，一般应用于中、小型生产量的应用场景；轴流式压气机则具有结构紧凑、可多级增压和效率较高的特点，适用于大生产量的应用场景。

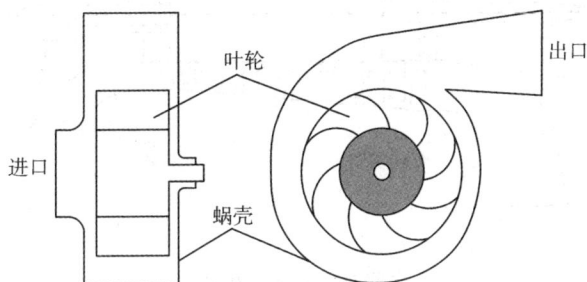

图 6-7　径流式压气机示意图

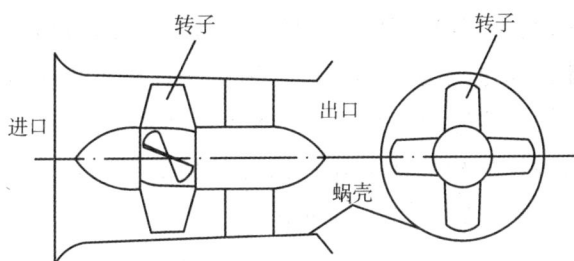

图 6-8　轴流式压气机示意图

　　图 6-9 为多级轴流式压气机的结构示意图。气体从进口流入压气机，经收缩器时流速得到初步提高，进口导向叶片使气流改为轴向，同时还起扩压管的作用，使压力有提高。转子由外力带动，做高速转动，固装其上的工作叶片（亦称动叶片）推动气流，使气流获得很高的流速。高速气流进入固装在机壳上的导向叶片（亦称定叶片）间的通道，使气流的动能降低而压力提高，相邻导向叶片间的通道相当于一个扩压管。气流经过每一级（由一排工作叶片和一排导向叶片所构成）时连续进行类似的过程，使气体的压力逐级提高，最后经扩压器从出口排出。流经扩压器时，气流的余速亦有一部分被利用而提高其压力。

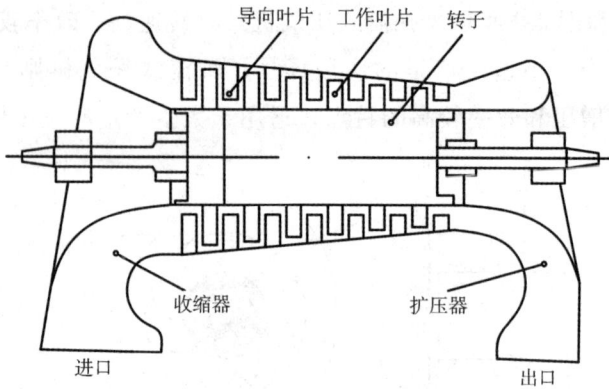

图 6-9　多级轴流式压气机结构示意图

虽然叶轮式压气机的工作原理与活塞式压气机不同，但仍然可以用相同的热力学角度去分析气体状态的变化过程。假设机壳与外界没有热量交换，气体压缩过程为绝热压缩，则压缩过程可由图 6-10 中的 $1$-$2_s$ 过程曲线所示。但实际上压缩过程要考虑摩擦带来的损失，这是不可逆的绝热压缩过程，导致气体的比熵增大，如图中 6-10 中 $1$-$2'$ 过程曲线所示，那么压气机实际所需要的功量为

$$w'_c = h_{2'} - h_1 = 面积\ a\, 2_T\, 2'\, ca \tag{6-19}$$

而实际压缩多消耗的功量为

$$w'_c - w_{c,s} = h_{2'} - h_{2_s} = 面积\ 2'\, 2_s\, bc\, 2' \tag{6-20}$$

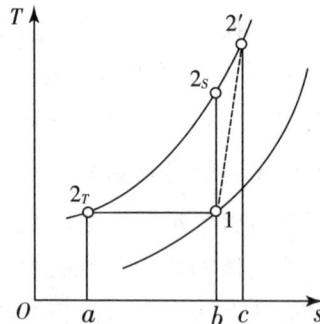

图 6-10　叶轮式压气机的压缩过程

### 6.4.2 引射式压缩机的工作原理

在工程应用的过程中，通常会遇到需要应用中压蒸汽的情况，而压气机能够提供的却是高压蒸汽。此时，如果采用节流的方式降低高压蒸汽的压力就会导致能量损失，导致能源的浪费。因此，通常采用高压蒸汽引射低压蒸汽，混合得到中压蒸汽的方式满足工程需求，这种装置被称为引射式压缩机。引射式压缩机的结构较为简单，没有运动部件，虽然效率较低但具有相应的应用场景，通常被应用于制冷装置、凝汽器的抽气设备和小型锅炉中的给水设备等。

图 6-11 展示了一台引射式压缩器的结构简图，其中压力为 $p_1$ 的高压蒸汽经喷管流入混合室，由于喷管缩口导致蒸汽动能增加、压力降低；当高压蒸汽压力降至低于低压蒸汽压力 $p_2$ 时，将会引入低压蒸汽进入混合室与之混合，随后在扩压管处降低流速，增大压力至所需压力 $p_3$ 后流出。

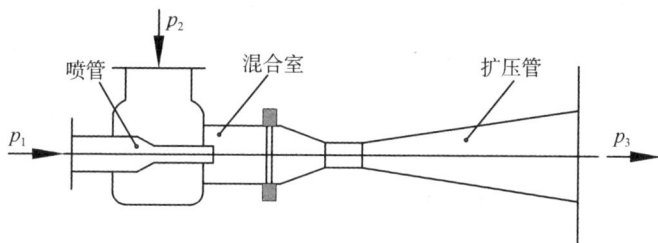

**图 6-11　引射式压缩器简图**

通常用引射系数 $\mu$ 来表达引射式压缩器的工作性能，即每千克工作蒸汽所引射的流体质量，如公式（6-21）所示。

$$\mu = \frac{被引射流体的质量流量}{工作蒸汽的质量流量} \qquad (6-21)$$

由于引射式压缩器工作过程的混合与扩压过程中不可逆程度较大，整个工作过程会有很大的能量耗散。因此，通过热力学计算得到的理想引射系数要远大于实际情况，需要考虑能量耗散带来的损失，在实际应用中需查阅有关手册选取合理的引射系数以满足工程需求。

**思考题**

1. 工程上活塞式压气机气缸通常以水冷却主要原因是什么？采用相同原理，使用人力打气筒为车胎打气时如何能够更省力？

2. 活塞式压气机气缸内的余隙容积降低了实际排气量，能否完全消除它，理由是什么？

3. 活塞式压气机采用多级压缩、级间冷却的原因是什么？能否无限增大级数使压缩过程变为等温过程？

4. 为什么活塞式压气机压缩过程采用定温压缩时的耗功量比绝热压缩时要低，能否通过公式进行说明？

5. 相比活塞式压气机，叶轮式压气机的优缺点分别是什么？

6. 叶轮式压气机的分类有哪些，适用于何种应用场景？

**习题**

6-1 某单级活塞式压气机吸入空气量为 $V_1 = 100 \ m^3$，进气状态 $p_1 = 0.1 \ MPa$，$t_1 = 27 \ ℃$，输出空气的压力 $p_2 = 0.5 \ MPa$。试计算以下三种情况压气机所需要的理想功率（kW）为多少。（1）绝热压缩（设 $k = 1.4$）；（2）定温压缩；（3）多变压缩（设 $n = 1.2$）。

6-2 三台压气机的余隙容积比皆为 0.06，进气状态均为 0.1 MPa，27 ℃，出口压力均为 0.4 MPa，但压缩过程的多变指数分别为 $n_1 = 1.4$，$n_2 = 1.2$ 和 $n_3 = 1.0$，试求各个压气机的容积效率（膨胀过程与压缩过程的多变指数相同）。

6-3 某单级活塞式压气机吸入空气参数为 $p_1 = 0.1 \ MPa$、$t_1 = 50 \ ℃$、$V_1 = 0.032 \ m^3$，经多变压缩 $p_2 = 0.32 \ MPa$、$V_2 = 0.012 \ m^3$。求：（1）压缩过程的多变指数；（2）压缩终了的空气温度；（3）所需压缩功；（4）压缩过程中传出的热量。

6-4 压气机中气体压缩后的温度不宜过高，若取极限值为 150 ℃。某当缸压气机吸入空气的压力和温度为 $p_1 = 0.1 \ MPa$，$t_1 = 20 \ ℃$，吸气量为 250 $m^3/h$。若压气机中缸套流过冷却水 465 $kg/h$，温升为 14 ℃。求：（1）空气可能达到的最高压力；（2）压气机必需的功率。

6-5 某单级活塞式压气机，其增压比为 7，活塞排量为 0.009 $m^3$，余隙容积比为 0.06，转速为 750 r/min，压缩过程多变指数为 1.3。求：（1）容积效率；（2）生产量（kg/h）；（3）理论消耗功率；（4）压缩过程中放出的热量。已知吸入空气数为 $p_1 = 0.1$ MPa，$t_1 = 20$ ℃。

　　6-6　某活塞式空气压缩机容积效率为 $\eta_v = 0.95$，每分钟吸进 $p_1 = 0.1$ MPa，$t_1 = 20$ ℃ 的空气 14 m³，压缩到 0.5 MPa 输出，设压缩过程可视为等熵压缩，求：（1）余隙容积比；（2）所需输出、输入功率。

# 第7章　蒸汽动力循环

　　世界上第一台蒸汽机是由古希腊数学家亚历山大港的希罗于公元1世纪发明的汽转球，这是蒸汽机的雏形。约1679年法国物理学家丹尼斯·帕潘在观察蒸汽离开高压锅后制造了第一台蒸汽机的工作模型。1698年托马斯·塞维利和1712年托马斯·纽科门制造了早期的工业蒸汽机。英国著名的发明家詹姆斯·瓦特于1776年制造出人类历史上第一台有实用价值的蒸汽机，在工业上得到广泛应用，开辟了人类利用能源新时代，标志着工业革命的开始。为了纪念这位伟大的发明家，把功率的单位定为"瓦特"。

　　活塞式蒸汽机已退出了历史舞台，但蒸汽轮机动力装置广泛地使用在火力发电厂用于发电。虽然目前可以通过风能、太阳能、水能、核能等新能源方式发电，但所占的份额较小，仍无法撼动蒸汽轮机动力装置的地位。

　　蒸汽动力装置采用的工质是水，可以有效地利用水在加热器（锅炉）中由液态水汽化产生高温高压蒸汽，蒸汽驱动汽轮机做功，做功后进入冷凝器凝结成水再返回锅炉，从而完成动力循环。

　　蒸汽动力装置的燃烧产物不参与循环，所以锅炉可利用各种燃料，如煤、渣油，还可使用垃圾作为燃料。

## 7.1　朗肯循环

### 7.1.1　水蒸气为工质的卡诺循环

　　由热力学第二定律，工质从热源定温吸热、向冷源定温放热的卡诺循环的热效率最高。在使用气体作工质的动力循环中，气体等温加热和放热是难以实现的。同时气体作工质的卡诺循环对外所做的功也不大，所以在实际工程中难于采用。而水定压汽化（吸热）和蒸汽凝结（放热）时温度不变，所以在实际循环中就有可能实现定温加热和定温放热。

虽然理论上以蒸汽为工质的正向卡诺循环可行，如图 7-2 中 5-6-7-8-5 过程，并且热效率高，但在实际工程中蒸汽动力装置不采用卡诺循环。主要原因是：①卡诺循环被局限在湿饱和蒸汽区，循环的上限温度受制于临界温度，并且当提高吸热温度时会造成循环图形为"细而高"的矩形，使循环净功不大；②蒸汽在汽轮机膨胀做功的最后状态为湿饱和蒸汽，含水较多，这样对汽轮机造成安全隐患；③为使循环回到吸热的初始状态，要对放热后的工质进行压缩，压缩起始状态为湿蒸汽，汽和水的混合物使压缩困难较大。所以在实际工程中是不采用卡诺循环的，但它具有重要的指导意义。人们在卡诺循环基础之上建立了朗肯循环，朗肯循环不再局限在湿饱和蒸汽区，利用了过冷水和过热蒸汽的热力特性。现代火力发电厂都是以朗肯循环为基础建立的动力循环。

### 7.1.2  朗肯循环

图 7-1 为朗肯循环示意图，图 7-2 为朗肯循环 $p$-$v$ 图与 $T$-$s$ 图。燃料在锅炉燃烧室中燃烧放出热量，水在锅炉筒中在压力不变的条件下完成吸热，吸热的起始点为点 4。首先由过冷水状态（点 4）升温至饱和水状态（点 5）；再由饱和水状态吸热汽化至干饱和蒸汽状态（点 6），在这个过程温度不变；最后由干饱和蒸汽状态升温至过热蒸汽状态（点 1），从而完成吸热过程（4-5-6-1），该过热蒸汽状态点被称为新蒸汽；新蒸汽进入汽轮机驱动汽轮机进行绝热膨胀做功（1-2），做功结束状态是距离干饱和蒸汽较近的湿饱和蒸汽状态（点 2），该状态点称为乏汽，为保证汽轮机安全工作，对乏汽的干度有要求值；做功结束后乏汽从汽轮机中被排出，接下来乏汽进入冷凝器向冷却水放热，放热结束后冷凝为饱和水状态（点 3），这是定压过程同时也是定温过程（2-3）；最后凝结水在给水泵内被压缩（视为绝热过程，3-4）成过冷水状态（点 4），

压力升高后再次进入锅炉，从而完成朗肯循环（4-5-6-1-2-3-4）。

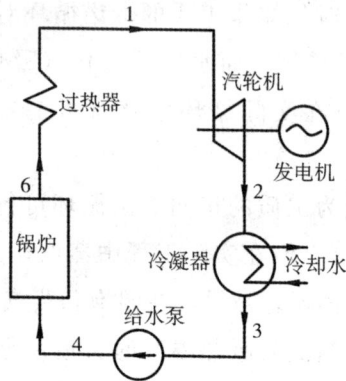

图 7-1　朗肯循环示意图

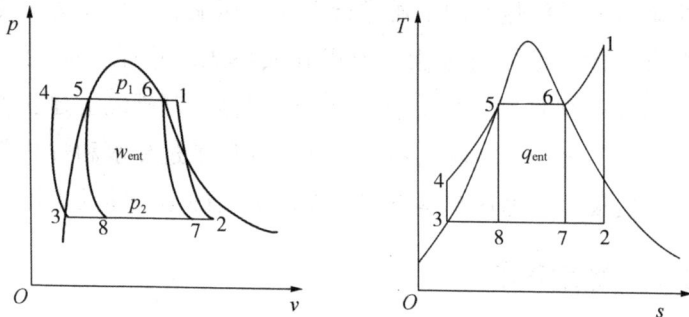

图 7-2　朗肯循环 $p$-$v$ 图与 $T$-$s$ 图

　　对朗肯循环总结一下：①工质吸热过程（4-5-6-1），整个吸热过程是定压过程；②工质膨胀做功过程（1-2），为可逆绝热过程；③工质冷凝放热过程（2-3），为定温定压过程；④冷凝水被水泵压缩回到锅炉（3-4），为可逆绝热过程。

　　可见朗肯循环与卡诺循环不同的地方主要有两处：一是乏汽被完全冷凝液化为饱和水，而不是止于湿饱和蒸汽状态，这样可以简化压缩设备，采用水泵压缩即可；二是加热没有局限在湿饱和蒸汽区，对干饱和蒸汽继续加热成过热蒸汽，提高了吸热过程结束时的温度，从而提高了吸热过程的平均温度，对提高循环热效率有利，同时采用过热蒸汽做功后的乏汽干度也提高了，对保护汽轮机也有利。现代工程中实际使用的较为复杂的蒸汽动力装置循环都是在朗肯循环基础之上经过改进而来的。

### 7.1.3　朗肯循环热效率

为分析朗肯循环热效率，下面对于 1 kg 蒸汽工质分别求出吸热量、放热量、膨胀做出的技术功、水泵消耗功。

1 kg 新蒸汽从热源吸热量 $q_1$ 为

$$q_1 = h_1 - h_4$$

1 kg 乏汽在冷凝器中向冷却水放出的热量 $q_2$ 为

$$q_2 = h_2 - h_3$$

1 kg 新蒸汽在汽轮机内膨胀做出的技术功 $w_t$ 为

$$w_t = h_1 - h_2$$

1 kg 凝结水在水泵中被压缩消耗的功 $w_p$ 为

$$w_p = h_4 - h_3$$

循环净功 $w_{net}$ 为

$$w_{net} = w_t - w_p = (h_1 - h_2) - (h_4 - h_3)$$

循环净热量 $q_{net}$ 为

$$q_{net} = q_1 - q_2 = (h_1 - h_4) - (h_2 - h_3)$$

可见

$$w_{net} = q_{net}$$

由动力循环热效率计算公式得朗肯循环热效率为

$$\eta_t = \frac{w_{net}}{q_1} = \frac{(h_1 - h_2) - (h_4 - h_3)}{h_1 - h_4} \tag{7-1}$$

因为水的压缩性很小，水的比体积又比水蒸气的比体积小得多，所以水泵消耗功远远小于汽轮机做出的功。在一般情况下水泵消耗功可忽略不计，即 $h_4 - h_3 \approx 0$，式（7-1）可简化为

$$\eta_t = \frac{h_1 - h_2}{h_1 - h_4} = \frac{h_1 - h_2}{h_1 - h_3} \tag{7-2}$$

### 7.1.4　蒸汽参数对朗肯循环热效率的影响

1. 新蒸汽温度 $T_1$ 对热效率 $\eta_t$ 的影响

在保持蒸汽初压 $p_1$ 和背压 $p_2$ 不变条件下，提高新蒸汽的温度 $T_1$

可提高热效率。因为当提高新蒸汽温度 $T_1$ 时，增加了循环的高温加热段，可提高循环的吸热平均温度，因为背压 $p_2$ 不变，所以循环放热平均温度不变，那么循环热效率将有所提高，如图 7-3 所示。在提高新蒸汽温度 $T_1$ 时可使做功结束的乏汽干度增大，这对保证汽轮机安全运行，提高使用寿命有利。提高新蒸汽的温度受到锅炉的过热器及汽轮机叶片材料耐热性能及强度的限制。新蒸汽最高温度基本不超过 600 ℃。

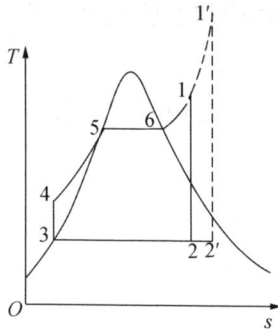

**图 7-3　新蒸汽温度 $T_1$ 对热效率 $\eta_t$ 的影响**

2. 初压 $p_1$ 对热效率 $\eta_t$ 的影响

如果保持初温 $T_1$ 和背压 $p_2$ 不变，提高工质加热压力，即初压 $p_1$，由图 7-4 可见，当初压由 $p_1$ 提高到 $p_1'$，饱和温度由 $T_1$ 提高到 $T_1'$，可提高动力循环的平均吸热温度，从而使循环热效率提高。但是随着初压 $p_1$ 的提高，会使做功后的乏汽干度明显减小，如图 7-4 中 $2'$ 点干度小于 $2$ 点干度，使乏汽中水分增加。如果乏汽含水量太多会造成汽轮机故障，不能保证汽轮机安全运行，还将使汽轮机最后几级叶片容易受到侵蚀，使汽轮机的使用寿命缩短。所以在提高初压的同时必须适当提高新蒸汽的温度，使乏汽干度在允许范围内，通常要求乏汽的干度不低于 88％。

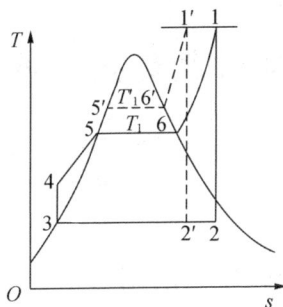

**图 7-4　初压 $p_1$ 对热效率 $\eta_t$ 的影响**

3. 背压 $p_2$ 对热效率 $\eta_t$ 的影响

保持工质初温 $T_1$ 和初压 $p_1$ 不变，降低背压 $p_2$，如图 7-5 所示，背压由 $p_2$ 下降到 $p_2'$。由水蒸气性质，饱和压力与饱和温度一一对应，当饱和压力下降时饱和温度 $T_2$ 也随之降低，所以工质冷凝温度将下降，即放热温度下降，所以降低背压 $p_2$ 也提高循环热效率。但工质冷凝温度 $T_2$ 一定要高于大气环境温度，所以同一台蒸汽动力装置在不同的季节，热效率也不相同。由以上分析可知，冬季运行的热效率高于夏季运行的热效率，北方的蒸汽动力装置热效率通常高于南方。

从图 7-5 可见，当降低背压 $p_2$ 后，乏汽点 $2'$ 将远离干饱和蒸汽线，造成乏汽干度下降，后果与单独提高初压 $p_1$ 类似。所以需要配合提高蒸汽初温 $T_1$，在提高循环热效率的同时，使乏汽的干度在允许范围内。

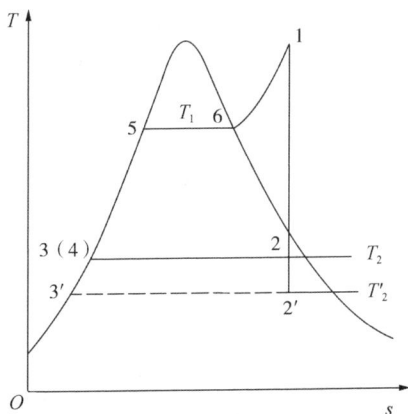

**图 7-5　背压 $p_2$ 对热效率 $\eta_t$ 的影响**

## 7.2 提高朗肯循环热效率的其他途径

### 7.2.1 再热循环

　　当提高初压 $p_1$ 或降低背压 $p_2$ 时可以提高朗肯循环热效率 $\eta_t$，但如果不同时提高蒸汽初温 $T_1$ 就会使乏汽干度下降，造成不良后果。为了提高乏汽干度，在朗肯循环基础之上采用再热循环。再热循环就是设有两级汽轮机，分别为高压汽轮机和低压汽轮机。在过热器加热流出的新蒸汽首先进入高压汽轮机膨胀做功，当到达某一中间压力时从高压汽轮机流出进入再热器，使再次被加热到之前新蒸汽的温度，然后再导入低压汽轮机，膨胀做功到背压 $p_2$。再热循环设备简图如图 7-6 所示，图 7-7 为再热循环的 $T$-$s$ 图。从图中可以看出，采用再热后，蒸汽最后在低压汽轮机中膨胀到背压 $p_2$ 时的状态点为 2 点，2 点干度明显高于不采用再热膨胀做功后的乏汽干度。

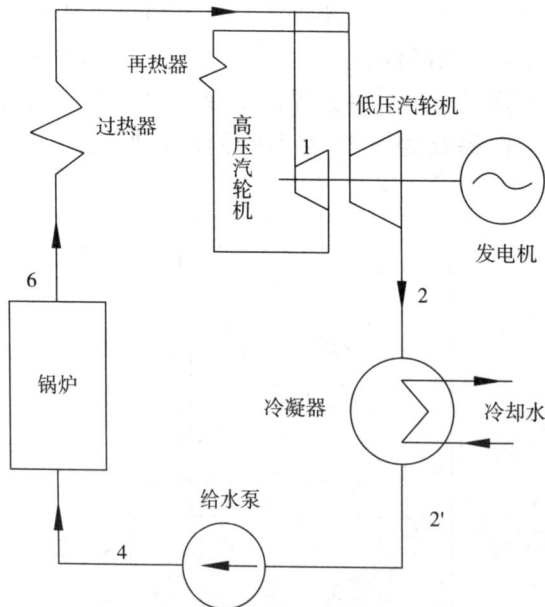

图 7-6　再热循环设备简图

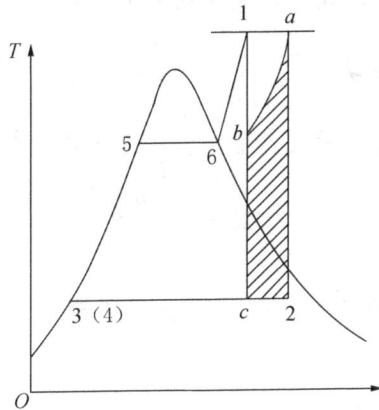

图 7-7　再热循环的 $T$-$s$ 图

对于 1 kg 蒸汽工质再热循环所做的功（忽略水泵功 $w_p$）为

$$w_{net} = (h_1 - h_b) - (h_a - h_2) \qquad (7\text{-}3)$$

加入的热量 $q_1$ 为

$$q_1 = (h_1 - h_3) + (h_a - h_b) \qquad (7\text{-}4)$$

热效率为

$$\eta_t = \frac{w_{net}}{q_1} = \frac{(h_1 - h_b) - (h_a - h_2)}{(h_1 - h_3) + (h_a - h_b)} \qquad (7\text{-}5)$$

从式（7-5）看不出再热循环的热效率比朗肯循环的热效率是提高还是降低了。从图 7-7 再热循环的 $T$-$s$ 图上可看出，朗肯循环为 1-$c$-3-5-6-1；再热部分相当于给原朗肯循环附加了循环 $b$-$a$-2-$c$-$b$。是否可提高热效率，取决于附加循环的热效率是否高于原朗肯循环。从 $T$-$s$ 图可知，$b$ 点的温度决定附加循环的热效率的高低，而 $b$ 点的温度取决于中间压力的大小，即在多大压力值时将蒸汽从低压汽轮机导出引入高压汽轮机。如果中间压力较高，则可提高循环热效率；如果中间压力过低，也会造成循环热效率降低。采用再热最主要的目的是提高乏汽干度，如果中间压力取得太高，则对提高乏汽干度不明显。而且中间压力过高，那么附加循环占比非常小，即使其效率高，而对整个循环作用也不大。根据已有的经验，中间压力在 0.2～0.3 倍初压范围内时对提高循环热效率的作用最大，通过再热循环可提高热效率 3% 左右。但选取中间压力时必须确保在低压汽轮机做功结束后的乏汽的干度在允许范围之内。

### 7.2.2 回热循环

循环的热效率可以写成类似于卡诺循环热效率的形式：

$$\eta_t = 1 - \frac{\overline{T}_2}{\overline{T}_1} \qquad (7\text{-}6)$$

式中：$\overline{T}_1$ 为工质吸热平均温度；$\overline{T}_2$ 为工质放热平均温度。

如果有效提高工质吸热平均温度 $\overline{T}_1$，降低工质放热平均温度 $\overline{T}_2$ 就可以提高循环热效率。

朗肯循环热效率不高的主要原因是经水泵加压后的未饱和水温度（锅炉的给水温度）很低，即加热过程起始温度低，这样就造成了加热过程的平均温度不高，致使热效率不高。经过给水泵加压后水的温度基本是不变的，所以锅炉给水的温度就是冷凝器压力所对应的饱和温度，该饱和温度约为 30 ℃ 左右。如果利用汽轮机做功后的乏汽的潜热对进入锅炉前的给水进行加热，就可以减少从锅炉的吸热量，可使循环的吸热平均温度 $\overline{T}_1$ 提高。但由朗肯循环可知，乏汽的温度与锅炉给水的温度相等，所以该方案不可行，只有选取温度高于锅炉给水温度的工质对其进行加热。汽轮机中做功的蒸汽温度是高于锅炉给水温度的，可以将做功没有结束的蒸汽抽出来少部分用于加热锅炉给水，这个加热量并不来自高温热源，称为给水回热。采用给水回热的蒸汽循环称为蒸汽回热循环。现代蒸汽动力电厂都会采用蒸汽回热循环，可有效地提高循环热效率。

下面以一次抽气的蒸汽回热循环系统分析蒸汽回热循环工作原理。

图 7-8 为抽气回热循环流程图，图 7-9 为该抽气回热循环的 $T\text{-}s$ 图。1 kg 压力为 $p_1$ 的新蒸汽进入汽轮机膨胀做功，状态由 1 变化到 7。此时抽出 $\Omega$ kg（$\Omega < 1$）蒸汽引入回热加热器，在其中沿过程线 7-8-9 凝结放热，其余（$1-\Omega$）kg 蒸汽继续在汽轮机中膨胀做功直至乏汽压力（7-2），然后进入冷凝器被冷凝成水（2-3），经凝结水泵升压（3-4）进入回热加热器，接受 $\Omega$ kg 抽气凝结时放出的潜热（4-9）并与之混合成

为抽气压力下的 1 kg 饱和水，最后经水泵加压（9-10）进入锅炉吸热、汽化、过热成为新蒸汽，完成一个循环。

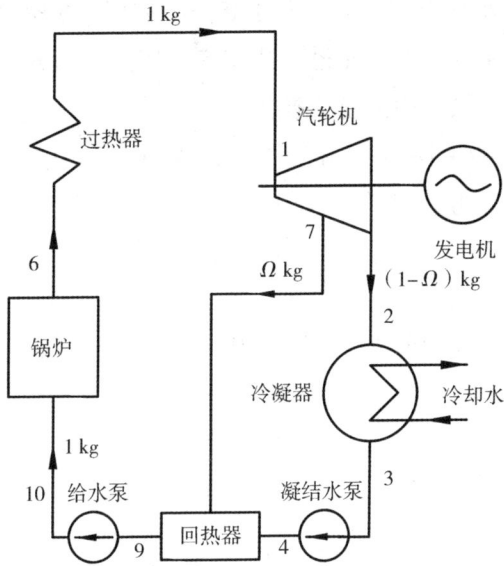

图 7-8  抽气回热循环流程图

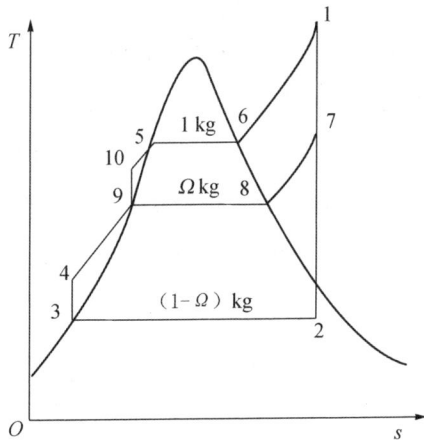

图 7-9  抽气回热循环的 $T$-$s$ 图

设从汽轮机中间某处抽出过热蒸汽的质量为 $\Omega$ kg，则有（$1-\Omega$）kg 蒸汽完成在汽轮机中的做功。根据以上分析抽气回热循环的流程可知，抽出的蒸汽（$\Omega$ kg）在回热器中定压冷凝放热，所放出去的热量等于（$1-\Omega$）kg 的过冷水所吸收的热量，吸热后温度由 $T_4$ 被提高到 $T_9$，状态由过冷水状态变化到饱和水状态，如图 7-9 所示。

在回热器中完成的是定压过程热交换，回热器为开口系统，根据热力学第一定律，回热器中热量交换为

$$\Omega \cdot (h_7 - h_9) = (1-\Omega) \cdot (h_9 - h_4)$$

则得抽气质量为

$$\Omega = \frac{h_9 - h_4}{h_7 - h_4} \tag{7-7}$$

当忽略水泵消耗功时 $h_3 \approx h_4$，则

$$\Omega = \frac{h_9 - h_3}{h_7 - h_3} \tag{7-8}$$

循环热效率为

$$\eta_t = \frac{w_{\text{net}}}{q_1} = 1 - \frac{q_2}{q_1} = 1 - \frac{(1-\Omega)(h_2 - h_3)}{h_1 - h_9} \tag{7-9}$$

上面确定了抽气质量，那么抽气压力如何确定呢？实践表明，对于一级回热（一次抽气回热）蒸汽动力装置，给水回热温度 $T_9$ 为新蒸汽饱和温度 $T_5$ 与乏汽饱和温度 $T_2$ 的平均值较好，即 $T_9 = (T_2 + T_5)/2$，由此饱和温度可以确定饱和压力，即抽气压力。理论分析可知，抽气次数越多，锅炉给水温度就越高，这样可提高平均吸热温度，从而提高循环热效率，级数多会使设备复杂、投资费用也将增加。所以，一般小型火力发电厂回热级数为 1~3 级，中大型火力发电厂一般为 4~8 级。

# 7.3 热电联供循环

现代蒸汽动力装置会综合运用高新蒸汽温度和饱和压力、低背压，采用回热、再热等措施来提高循环热效率，但热效率还是很难达到 40%。电厂耗能主要以消耗的燃料来衡量，通常燃料燃烧后 60% 的热量都散失到作为低温热源的大气环境中了，这些热量主要通过乏汽将热

量传递给冷却水,冷却水使电厂附近的水源温度升高。这些热量大量排给环境会使人们居住的城市形成"热岛效应",同时也会使下游水源温度升高,破坏水中的生物环境并使生态失衡,对环境的影响很大。如何有效地利用电厂"废热",避免自然环境受到破坏,一直是重要的研究课题,其中热电联供是行之有效的措施之一。

　　把乏汽压力降低是可以提高动力装置循环热效率的,因为这样可以降低平均吸热温度。现代电厂中当新蒸汽在汽轮机中做功结束时产生的乏汽压力可以降低到 3 kPa,所对应的饱和温度只有 24 ℃左右。这么低的温度再冷凝成放出的潜热无法被工业利用,也无法用于居民采暖。若要利用乏汽冷凝时的潜热,应适当提高乏汽的压力,这样就可以提高乏汽排出的温度,如将乏汽的压力控制到 0.3 MPa 时,其饱和温度就可达到 133 ℃。这样温度的热水可以被轻工业使用,也可以用于居民在冬季采暖。当采用热电联供时,虽然降低了循环热效率,但可以提高热能的利用率,避免向自然环境排出大量"废热"。

　　所谓热电联供就是让蒸汽动力装置既可发电又能供热,满足两种功能,原理就是蒸汽在电厂汽轮机中做功到某一压力时排出乏汽,把乏汽冷凝时的潜热用于工业或用于居民日常生活。把既能发电又能供热的工厂称为热电厂。

　　图 7-10 为热电联供循环流程图,图 7-11 表示热电联供循环的 $T\text{-}s$ 图。为了可以利用乏汽的放热量,需要提高乏汽的背压以提高冷凝温度。在热电联供时汽轮机的背压要提高到大于 0.1 MPa,通常把这种乏汽背压大于 0.1 MPa 的汽轮机称为背压式汽轮机。

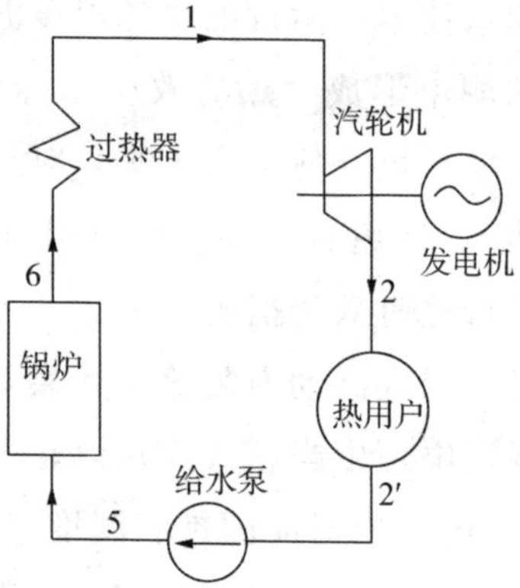

图 7-10　热电联供循环流程图

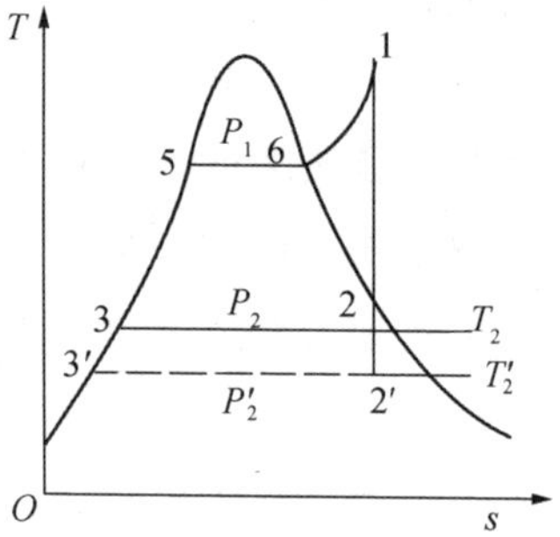

图 7-11　热电联供循环的 $T\text{-}s$ 图

从热电联供循环的 $T\text{-}s$ 图上看出，采用了热电联供时乏汽冷凝过程为 2-3，原循环的冷凝过程为 2′-3′，显然热电联供时乏汽冷凝温度 $T_2$ 高于原循环的冷凝温度 $T_2'$。这样就造成热电联供循环的平均放热温度升高，使循环热效率下降，从热能转换为机械能的角度来看是不利的。但热电联供循环不但将热能转换为机械能，还将原循环视为"废热"的能量加以利用。所以对于热电联供不能只看循环热效率，而是根据经济性指标的计算公式（5-1）的收益除以代价来衡量经济性。将热电联供循环的经济性指标定义为热量利用系数，用 $\xi$ 表示。

$$\xi = \frac{供热量 + 机械能}{从热源的吸热量} \tag{7-10}$$

在理想情况下，热量利用系数 $\xi$ 可以达到 1，而实际上由于各种能量损失，如供热管道热损失、热电负荷之间的不匹配等，通常热量利用系数 $\xi$ 在 70% 左右。热量利用系数计算公式中的收益包括供热量和机械能，没有区分两者比例大小关系，而由机械能转化的电能是高品质能量，所以如何提高循环热效率 $\eta_t$ 仍然是不容忽略的。

从热电联供流程图可见，汽轮机与热用户为串联方式，则热用户的热量需求将影响蒸汽做功量，并且乏汽冷凝温度的变化也将影响循环热效率。为避免这一影响，将汽轮机与热用户采用部分并联方式，即蒸汽在汽轮机某一中间压力时将蒸汽导出一部分给热用户供热，而剩余的蒸汽继续在汽轮机中做功，成为压力较低的乏汽，然后在冷凝器中完成冷凝。这部分冷凝水与对热用户放热后的凝结水合二为一再回到锅炉，完成热电联供循环。这种采用部分并联方式的热电联供方式被称为分汽供热冷凝式热电联供，如图 7-12 所示。

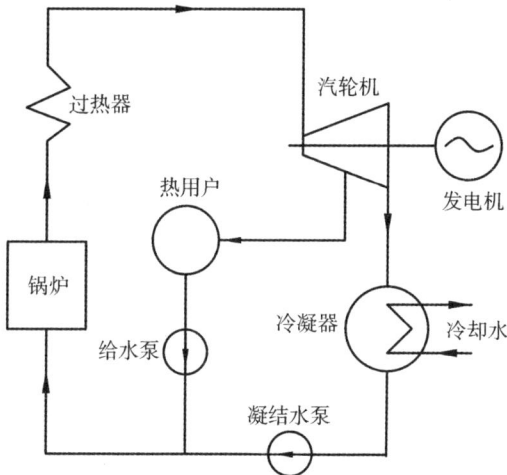

**图 7-12　分汽供热冷凝式热电联供示意图**

**思考题**

1. 画出朗肯循环的装置流程图、$p\text{-}v$ 图、$T\text{-}s$ 图，写出 1 kg 工质经过一个循环后的技术功、水泵消耗的功、吸热量、放热量、循环净功的表达式。

2. 工质经过一个朗肯循环后为什么技术功、水泵消耗的功、吸热量、放热量、循环净功的表达式都是焓差的形式？

3. 对于确定的蒸汽动力装置，其朗肯循环的热效率是否是固定值？为什么？

4. 可以有效提高蒸汽动力装置热效率的方法有哪些？

5. 为什么提高新蒸汽温度或提高初压都可以提高朗肯循环的热效率？

6. 再热循环最主要目的是什么？回热循环的目的是什么？

7. 蒸汽动力装置再热循环的热效率一定比朗肯循环的热效率高，这种说法对吗？为什么？

8. 从理论上讲蒸汽动力循环是否可以采用卡诺循环？实际应用中蒸汽动力装置是否采用了卡诺循环？为什么？

9. 热电联供循环的特点是什么？为什么要采用热电联供循环？

10. 如何实现热电联供循环？

**习题**

7-1　某一蒸汽动力装置采用朗肯循环，已知新蒸汽的压力为 5 MPa、温度为 600 ℃，做功后乏汽的压力为 3 kPa。如果忽略水泵消耗功，计算此循环的比加热量、比循环净功、热效率及乏汽的干度。

7-2　蒸汽动力装置采用朗肯循环，已知新蒸汽的压力为 1.8 MPa、温度为 265 ℃，蒸汽在汽轮机中可逆绝热膨胀做功后压力为 0.19 MPa，再经过一个定容放热后压力降到 0.0029 MPa，然后进入冷凝器。在冷凝器中乏汽定压放热后成为饱和水，饱和水再由泵送回锅炉。水泵消耗功忽略不计，求：（1）循环的汽耗率；（2）相同温度范围的卡诺循环热效率；（3）循环热效率。

7-3　对于蒸汽动力循环，新蒸汽的压力、温度分别为 2 MPa、365 ℃，乏汽的状态为干饱和蒸汽，压力为 0.007 MPa，求该循环中汽轮机对外所做比功。

7-4　朗肯循环中 500 kg 工质在锅炉中被加热到压力为 12.5 MPa、温度为 600 ℃，在汽轮机中膨胀做功后蒸汽压力 0.0035 MPa。求经过该朗肯循环后工质的吸热量、对外输出的净功、汽轮机出口蒸汽干度、循环的热效率。

7-5　采用一次抽气回热循环的蒸汽动力装置，进入汽轮机蒸汽的压力为 12 MPa、温度为 500 ℃、冷凝器压力为 0.04 MPa。当蒸汽膨胀至 3 MPa 时，每 1 kg 蒸汽中抽出 $\Omega$ kg 蒸汽进入回热器，在回热器中定压加热来自冷凝器的（1－$\Omega$）kg 冷凝水，回热器出来的 1 kg 饱和水经泵加压后回到锅炉，（1）画出蒸汽动力装置一次抽气回热循环的 T-s 图；（2）求循环热效率及 1 kg 工质所做功的大小；（3）如果不采用回热循环热效率是多少？不采用回热循环所做功是增大了还是减小了？采用回热循环的目的是什么？

# 第8章 气体动力循环

如果动力装置中工质的热力性质接近理想气体，不易发生相变，将采用这样工质的动力循环称为气体动力循环。气体动力循环主要分为活塞式内燃机循环和叶轮式燃气轮机循环。活塞式内燃机的燃料燃烧发生在气缸中，所以称为内燃机；而燃气轮机的燃烧过程发生在独立设置的燃烧室，也被称为外燃机。

气体工质在循环过程中，很难实现可逆定温吸热和可逆定温放热，所以实际的气体动力循环并不采用卡诺循环。

## 8.1  内燃机实际循环的简化

### 8.1.1  活塞式内燃机的分类

内燃机结构相对紧凑，其工质的吸热（燃料燃烧放热）、膨胀做功、压缩等热力过程是在活塞往复运动的气缸内进行的。

（1）按燃料分类：活塞式内燃机主要分为煤气机、汽油机和柴油机等。

（2）按点火方式分类：主要分为点燃式内燃机和压燃式内燃机。点燃式内燃机是燃料和空气形成混合物压缩后被火花塞点燃；压燃式内燃机是由进气冲程将空气吸入气缸，空气经压缩冲程温度超过燃料自燃的温度后喷入燃料，不需要火花塞点燃，燃料发生自燃。

（3）按完成一个循环所需要的冲程分类：主要分为四冲程内燃机和二冲程内燃机。

### 8.1.2 二冲程内燃机与四冲程内燃机的比较

二冲程内燃机工作的进气、压缩、燃烧与膨胀、排气由两个冲程完成，通常进气和压缩在一个冲程，燃烧与膨胀、排气在一个冲程。与四冲程内燃机相比较，其具有的优点有：①结构简单，没有进、排气门，没有复杂的配气机构和润滑系统，冷却系统一般都采用风冷；②重量比较轻，制造成本低，故障率低，维修较方便；③当与四冲程内燃机转数相同、气缸结构尺寸相同时，二冲程发动机的功率可达四冲程发动机的1.6～1.7倍。其具有的缺点有：主要是二冲程发动机通常是利用新气扫除废气，进、排气过程几乎同时进行，造成一部分新混合气随废气排出，同时废气也不易清除干净。因此二冲程内燃机的换气质量较差，燃料效率不高，整车的油耗比较高。

四冲程内燃机工作过程包括进气、压缩、燃烧及膨胀、排气四个冲程。四冲程内燃机的优点是进、排气是独立的，所以进、排气效率高，燃烧充分，经济省油；缺点是四冲程发动机每运转两周做功一次。所以同排量的发动机的功率比二冲程小。

由于以上特点，二冲程循环主要应用于轻型交通工具及园艺机械上。考虑到燃油经济性、排放等因素，四冲程动力循环的应用更为广泛，实际应用中除大型船用柴油机（轮机）使用二冲程动力循环外，其他包括汽车、铁路的内燃机车、工程发电机的动力机等都是采用四冲程循环的汽油机或柴油机。

对于活塞式内燃机，本章主要讨论四冲程动力循环，包括如何将实际循环简化、抽象为理论循环；针对理论循环，讨论影响热效率的因素；比较不同形式四冲程理论循环热效率的大小关系。

## 8.1.3 内燃机实际循环的简化

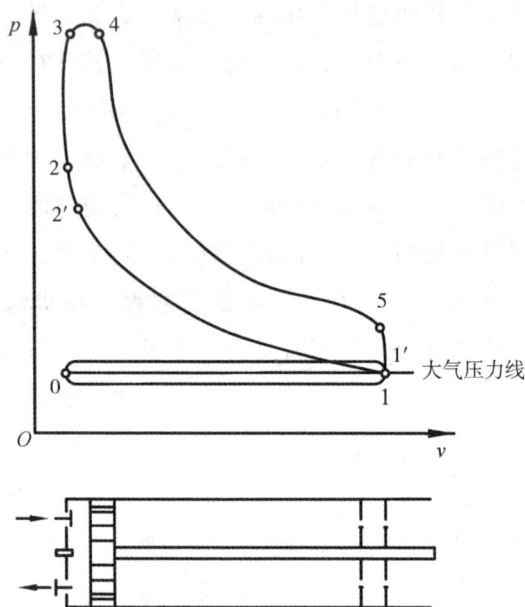

图 8-1 四冲程柴油机的示功图

以四冲程柴油机为例讨论如何对内燃机的实际循环进行简化。通过柴油机性能试验台得到气缸内压力和容积的变化关系，绘制成曲线，如图 8-1 所示，称为示功图。四冲程柴油机工作循环的过程主要有：

(1) 活塞从上止点运动至下止点，此时进气门处于开启状态，排气门关闭，气缸内容积突然增大，造成压力下降，将空气吸入气缸，该过程为进气冲程（0-1）。

(2) 关闭进气门，活塞由下止点回行至上止点，对气缸内气体进行压缩，此过程中气缸内气体压力上升，体积减小，为压缩冲程（1-2）。气缸壁夹层内有冷却水对气缸进行冷却，所以压缩冲程并非绝热过程。在压缩过程中，当活塞在接近上止点前的 2′时，柴油被高压油泵加压由喷油器喷入气缸，此时空气的压力达 3～5 MPa，温度达到 600～800 ℃。超过了柴油的自燃温度（3 MPa 时柴油的自燃温度约为 205 ℃）。由于柴油机的转速较高，同时柴油燃烧也需要一个短暂过程，所以柴油并没有立即燃烧，而是在活塞接近到上止点 2 时才燃烧起来。从喷油到燃烧的这个过程称为柴油机滞燃期。

（3）柴油经喷油器喷入气缸具有很好的雾化效果，在空气中形成油气混合物。该油气混合物在由活塞顶、气缸盖、上止点处的气缸壁构成的燃烧室内燃烧。在燃烧室相对小空间内，燃烧十分迅猛，缸内气体压力迅速上升到 5～9 MPa，而活塞移动不明显，接近于定容过程（2-3）。燃料燃烧时对于气体工质处于吸热过程，由于此时视为容积不变，所以 2-3 过程称为工质定容吸热过程。

（4）活塞到达上止点 3 后开始右行，此时燃烧还没有结束，气缸内气体的压力变化不大，3-4 接近于定压过程。到点 4 时缸内气体的温度可高达 1700～1800 ℃。3-4 过程称为工质定压吸热过程。

（5）燃烧结束后，活塞在高温高压气体作用下向下止点运行，实现膨胀做功（4-5），做功的同时向冷却水放热，所以不是完全绝热过程。这个过程称为工质膨胀做功冲程。

（6）活塞到达点 5 时，气缸内气体的压力下降到 0.3～0.5 MPa，温度约为 500 ℃。打开排气门，一部分废气将排入大气，气缸内的压力突然下降，这个过程接近于定容降压过程（5-1）。然后活塞由下止点向上止点运行，废气在活塞作用下被排出气缸，该过程称为排气冲程（1′-0）。

经过上述全部热力过程完成柴油机动力循环。

该四冲程柴油机循环有进气、排气，显然是开式的，而且是不可逆循环。循环中工质的成分、质量也在变化。为了方便进行热力学分析，在忽略次要因素基础上对实际循环进行合理的抽象、概括和简化，将实际循环理想化，具体方法如下：

（1）把燃料燃烧视为气体工质吸热，那么定容燃烧与定压燃烧过程分别简化为工质从高温热源可逆定容与可逆定压吸热的过程。

（2）假定循环中工质化学成分不变，把工质简化为空气，作理想气体处理，比热容取定值。

（3）忽略实际过程的摩擦阻力及进、排气门的节流损失，认为进、排气压力相同，进、排气推动功相抵消（图 8-1 中 0-1 和 1′-0 重合）。

把排气过程简化为向低温热源可逆定容放热过程，可将该开式视为闭式。这样气缸内可视为一定质量不变的空气在进行封闭循环。

（4）忽略膨胀过程和压缩过程中气体与冷却水发生的热交换，将这两个过程简化为可逆绝热过程。

经过对实际柴油机循环的简化、抽象和概括后得到理想化的可逆循环，如图 8-2 所示，这个循环被称为四冲程柴油机混合加热循环（萨巴德循环）。

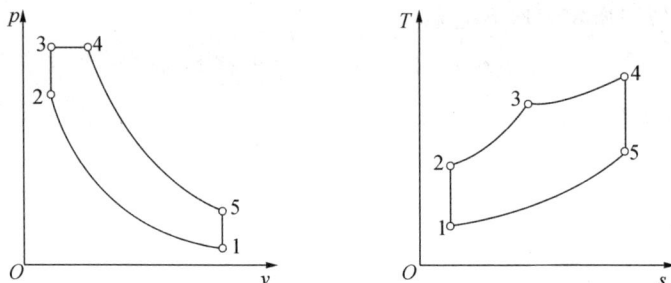

图 8-2　四冲程柴油机混合加热循环

# 8.2　活塞式内燃机的理想循环

## 8.2.1　混合加热理想循环

图 8-2 所示为四冲程柴油机混合加热循环，循环中的 1-2 过程为可逆绝热压缩过程；2-3 过程为可逆定容吸热过程；3-4 过程为可逆定压吸热过程；4-5 过程为可逆绝热膨胀做功过程；5-1 过程为可逆定容放热过程。为了分析循环热效率，引入内燃机特性参数：

压缩比：

$$\varepsilon = v_1 / v_2 \tag{8-1}$$

压缩比 $\varepsilon$ 表示工质压缩过程中体积被压缩的程度。

定容升压比：

$$\lambda = p_3 / p_2 \tag{8-2}$$

定容升压比 λ 表示工质定容吸热过程中压力升高的程度。

定压预胀比：

$$\rho = v_4 / v_3 \tag{8-3}$$

定压预胀比 $\rho$ 表示工质定压吸热过程体积膨胀的程度。

在混合加热循环中，对于 1 kg 工质从高温热源的吸热量 $q_1$ 为

$$q_1 = q_{1,v} + q_{1,p} \tag{8-4}$$

$q_{1,v}$ 和 $q_{1,p}$ 分别为可逆定容吸热量和可逆定压吸热量：

$$q_{1,v} = c_v (T_3 - T_2) \tag{8-5}$$

$$q_{1,p} = c_p (T_4 - T_3) \tag{8-6}$$

代入式（8-4）得

$$q_1 = c_v (T_3 - T_2) + c_p (T_4 - T_3) \tag{8-7}$$

1 kg 工质向低温热源的放热量 $q_2$ 为

$$q_2 = c_v (T_5 - T_1) \tag{8-8}$$

将 $q_1$ 和 $q_2$ 代入热效率的计算公式，有

$$\eta_t = 1 - \frac{q_2}{q_1} = 1 - \frac{c_v (T_5 - T_1)}{c_v (T_3 - T_2) + c_p (T_4 - T_3)}$$

$$= 1 - \frac{T_5 - T_1}{(T_3 - T_2) + k (T_4 - T_3)} \tag{8-9}$$

对于可逆绝热过程 1-2，有

$$T_2 = T_1 \left( \frac{v_1}{v_2} \right)^{k-1} = T_1 \, \varepsilon^{k-1} \tag{8-10}$$

对于可逆定容过程 2-3，有

$$T_3 = T_2 \frac{p_3}{p_2} = T_2 \lambda \tag{8-11}$$

对于可逆定压过程 3-4，有

$$T_4 = T_3 \frac{v_4}{v_3} = T_3 \rho = T_1 \, \varepsilon^{k-1} \lambda \rho \tag{8-12}$$

对于可逆绝热过程 4-5，有

$$T_5 = T_4 \left( \frac{v_4}{v_5} \right)^{k-1} = T_4 \left( \frac{\rho v_3}{v_1} \right)^{k-1} = T_4 \left( \frac{\rho v_2}{v_1} \right)^{k-1} = T_1 \lambda \, \rho^k \tag{8-13}$$

将 $T_1 \sim T_5$ 代入式（8-9），得

$$\eta_t = 1 - \frac{\lambda \rho^k - 1}{\varepsilon^{k-1} \left[ (\lambda - 1) + k\lambda (\rho - 1) \right]} \qquad (8\text{-}14)$$

当循环特性参数为已知时可用上式计算四冲程柴油机混合加热循环热效率。

分析循环特性参数对循环热效率的影响，可使用式（7-6），采用吸、放热平均温度计算热效率的公式 $\eta_t = 1 - \dfrac{\overline{T}_2}{\overline{T}_1}$，当压缩比 $\varepsilon$ 和定容升压比 $\lambda$ 增大时都可以提高吸热平均温度 $\overline{T}_1$，从而提高循环热效率；当定压预胀比 $\rho$ 增大时，吸热平均温度 $\overline{T}_1$ 和放热平均温度 $\overline{T}_2$ 都将被提高。但提高 $\overline{T}_1$ 是定压过程，而提高 $\overline{T}_2$ 是定容过程。定容过程比定压过程的斜率大，所以 $\overline{T}_2$ 较 $\overline{T}_1$ 被提高的更多，可得定压预胀比 $\rho$ 增大时，循环热效率将降低。

### 8.2.2 定容加热理想循环

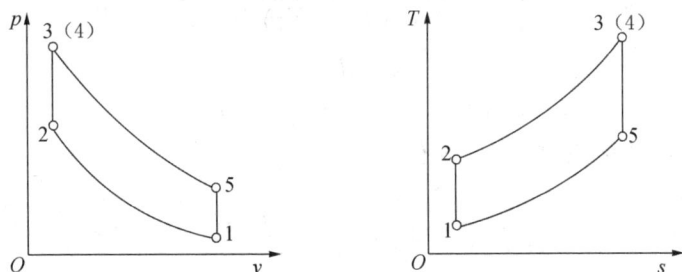

图 8-3  定容加热理想循环

当汽油机工作时，进入气缸的是汽油与空气的混合物，经活塞压缩到上止点时被火花塞点燃后迅速燃烧。这个过程中活塞位置基本不变，可以认为只有定容燃烧过程，即气体工质只有定容吸热过程，没有定压吸热。此时图 8-2 中的 4 点与 3 点合为一点，$v_4 = v_3$，所以定压预胀比 $\rho = 1$。定容加热理想循环如图 8-3 所示，该循环又称为奥托循环。

将定压预胀比 $\rho=1$ 代入式（8-14），得

$$\eta_t = 1 - \frac{1}{\varepsilon^{k-1}} \tag{8-15}$$

定容加热理想循环热效率只取决于压缩比 $\varepsilon$，随着压缩比 $\varepsilon$ 的增大而增大。为提高定容加热理想循环热效率，应提高压缩比，但定容加热理想循环主要用于汽油机，如果压缩比过高会引起气缸爆震现象。

### 8.2.3　定压加热理想循环

在早期的低速柴油机中，当柴油机喷入气缸时燃料燃烧，活塞向下止点移动，气缸内的压力近似不变，可视为定压燃烧，对于气体工质只有定压吸热过程。图 8-2 中的 3 点与 2 点合为一点，$p_3=p_2$，所以定容升压比 $\lambda=1$。定容加热理想循环如图 8-4 所示，该循环又称为狄塞尔循环。

将定容升压比 $\lambda=1$ 代入式（8-14）得

$$\eta_t = 1 - \frac{1}{\varepsilon^{k-1}} \frac{\rho^k - 1}{k(\rho - 1)} \tag{8-16}$$

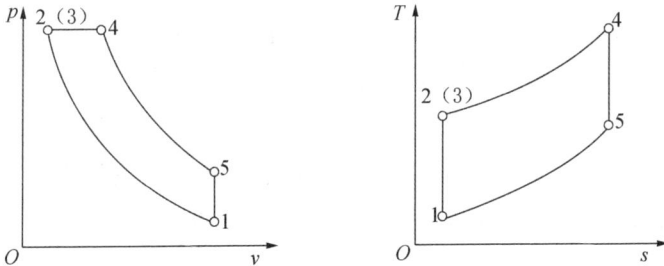

**图 8-4　定压加热理想循环**

在早期的低速柴油机中主要采用这种循环，目前已被混合加热循环所取代。

# 8.3 活塞式内燃机理想循环热效率比较

在上一节介绍了 3 种活塞式内燃机理想循环,那么这 3 种理想循环的热效率是什么关系呢? 为了比较循环热效率,要预设一定的条件,即在相同的条件下分析热效率的大小关系。定容加热循环、混合加热循环、定压加热循环变量的角标分别为 $V$, m, $p$。

1. 3 种理想循环的进气状态、最高压力、最高温度相同

进气状态相同说明内燃机使用的环境相同; 最高压力、最高温度相同说明内燃机机械强度与热强度相同。在这样的预设条件下,把 3 种理想循环画在同一个 $T$-$s$ 图中,如图 8-5 所示。1-2-3-4-5-1 为混合加热循环; 1-2'-4-5-1 为定容加热循环; 1-2''-4-5-1 为定压加热循环。$T$-$s$ 图过程线下方面积为热量,可见 3 种理想循环的吸热量的关系为

$$q_{1, V} < q_{1, m} < q_{1, p}$$

同时可以看出 3 种理想循环的放热量是相同的,有

$$q_{2, V} = q_{2, m} = q_{2, p}$$

根据热效率的计算公式 $\eta_t = 1 - q_2/q_1$ 得

$$\eta_{t, V} < \eta_{t, m} < \eta_{t, p} \tag{8-17}$$

在进气状态、最高压力和最高温度相同的条件下,定压加热循环的热效率最高; 混合加热循环的热效率次之; 定容加热循环的热效率最低。在这样的条件下柴油机的循环热效率高于汽油机。

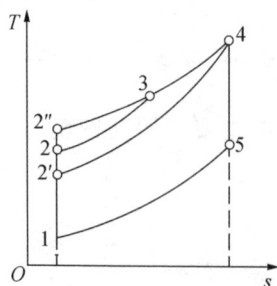

图 8-5 进气状态、最高压力、最高温度相同时热效率比较

2. 3 种理想循环的进气状态、最高压力、吸热量彼此相同

在相同的使用环境下，当内燃机的机械强度相同时，如果工质的吸热量 $q_1$ 也相同，那么循环热效率的大小取决于工质的放热量 $q_2$，即放热量 $q_2$ 大的热效率小。同样也是在这样的预设条件下，把 3 种理想循环画在同一个 $T\text{-}s$ 图中，如图 8-6 所示。1-2-3-4-5-1 为混合加热循环；1-2'-3'-4'-1 为定容加热循环；1-2"-3"-4"-1 为定压加热循环。可见 3 种理想循环放热量的关系为

$$q_{2,\,v} > q_{2,\,m} > q_{2,\,p}$$

根据预设比较条件 3 种理想循环的吸热量是相同的，有

$$q_{1,\,v} = q_{1,\,m} = q_{1,\,p}$$

根据热效率的计算公式 $\eta_t = 1 - q_2 / q_1$ 得

$$\eta_{t,\,v} < \eta_{t,\,m} < \eta_{t,\,p} \tag{8-18}$$

在"进气状态、最高压力、吸热量彼此相同"这样的预设条件下得出了与"进气状态、最高压力和最高温度相同"条件下热效率大小关系相同的结论，即定压加热循环的热效率最高，混合加热循环的热效率次之，定容加热循环的热效率最低，再一次得出柴油机的循环热效率高于汽油机。

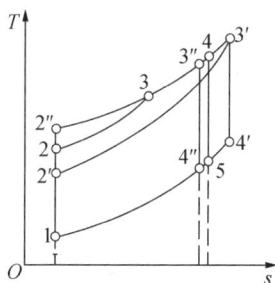

图 8-6　进气状态、最高压力、吸热量相同时热效率比较

实际工程应用中，柴油机的压缩比通常比汽油机高很多，所以柴油机的热效率高于汽油机，且燃油经济性也比较好，并且柴油储运比汽油安全。但高压缩比要求柴油机的强度要比汽油机高，所以通常比较笨重，造成柴油机的机械效率较低，同时噪声和振动也比相同功率的汽油机要大。所以柴油机通常用于功率较大的动力机械，如载重卡车、铁路

内燃机车、轮船、发电站等等。

# 8.4 燃气轮机装置循环

## 8.4.1 燃气轮机装置工作流程

燃气轮机装置主要由压气机、燃烧室和燃气轮机三个基本装置构成，如图 8-7 所示，图 8-8 为简化后的燃气轮机装置流程示意图。对于内燃机的工质压缩、燃料燃烧、工质吸热、做功、排气等工作过程都在气缸内完成。燃气轮机装置也是将热能转化为机械能的动力装置，但与内燃机不同的是其工质的各个工作过程是在压气机、燃烧室和燃气轮机等不同装置中进行的。

燃气轮机装置是以油燃烧产生的燃气和空气组成的混合物为工质的热能动力设备。首先给启动电机通电，启动电机带动轴流式压气机开始工作，空气被吸入轴流式压气机中被压缩到某一压力。压缩后的空气将分成两部分，一部分进入燃烧室，这时燃油由燃油泵加压后被射油器喷入燃烧室，雾化后燃油与压缩空气混合后发生自燃，产生的燃气温度和压力迅速升高，温度可达 2000 ℃ 左右。另外一部分压缩空气（约占总量的 60%～80%）经通道与高温燃气混合，混合后使温度降低到适当的工作温度，然后进入燃气轮机。在燃气轮机中，工质首先经喷管膨胀降压提速，将部分热能转变为动能，然后高速气流冲入动叶片组成的通道，推动叶片使转子转动产生机械能。机械能一部分给轴流式压气机提供动力，剩余的机械能对外输出用来发电或驱动机器。最后废气从燃气轮机中排出进入大气环境，完成循环。

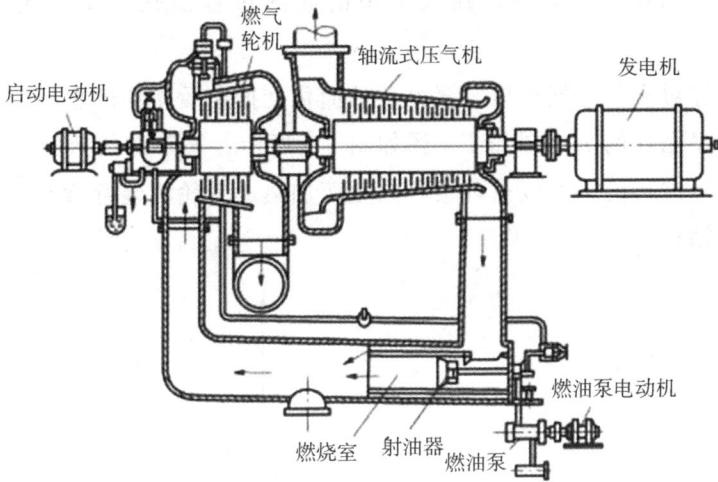

图 8-7 燃气轮机装置简图

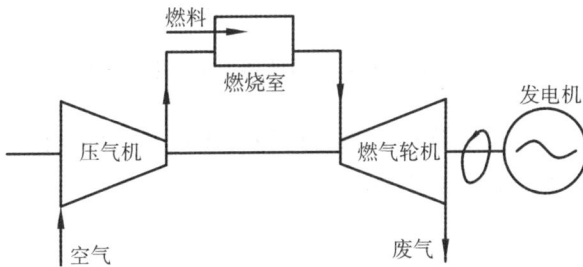

图 8-8 燃气轮机装置流程图

从整个工作流程可见，燃气轮机循环是开式的，并且是不可逆的。

## 8.4.2 燃气轮机装置定压加热理想循环（布雷顿循环）

与研究内燃机采用相同的方法，需要对燃气轮机实际循环进行抽象、简化，做理想化处理：

（1）忽略燃料燃烧产生物的影响，把工质假设为空气，比热容取定值，这时工质可视为理想气体。

（2）工质经历的所有热力过程理想化为可逆过程。

（3）将压气机压缩和燃气轮机膨胀做功简化为绝热过程。

（4）燃烧室中燃料燃烧、工质吸热简化为定压吸热过程。

（5）烟被排入大气，在大气中的放热过程简化为工质定压放热过程。

经过对实际燃气轮机装置循环的简化、抽象后得到理想化的可逆循环，理想循环的 $p\text{-}v$ 图和 $T\text{-}s$ 图如图 8-9 所示。循环的加热过程是在定压条件下进行的，所以循环被称为定压加热燃气轮机装置循环，也称为布雷登循环。

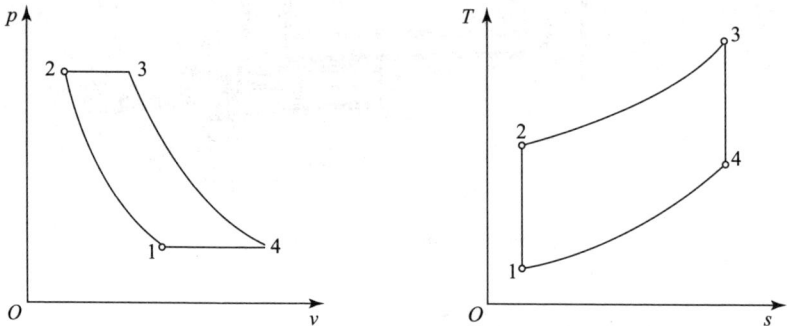

**图 8-9　燃气轮机理想循环 $p\text{-}v$ 图与 $T\text{-}s$ 图**

下面对燃气轮机装置理想热力循环的热效率进行分析：

1 kg 工质在循环中的吸热量为

$$q_1 = c_p (T_3 - T_2) \tag{8-19}$$

1 kg 工质在循环中的放热量为

$$q_2 = c_p (T_4 - T_1) \tag{8-20}$$

根据动力循环热效率的计算公式，有

$$\eta_t = 1 - \frac{q_2}{q_1} = 1 - \frac{c_p (T_4 - T_1)}{c_p (T_3 - T_2)} = 1 - \frac{T_1 (T_4 / T_1 - 1)}{T_2 (T_3 / T_2 - 1)} \tag{8-21}$$

由可逆绝热压缩过程 1-2 与可逆绝热膨胀过程 3-4 得

$$\frac{T_2}{T_1} = \left(\frac{p_2}{p_1}\right)^{\frac{k-1}{k}} ; \quad \frac{T_3}{T_4} = \left(\frac{p_3}{p_4}\right)^{\frac{k-1}{k}}$$

因为 2-3 和 4-1 为定压过程，所以

$$p_2 = p_3 ; \quad p_1 = p_4$$

代入上式得

$$\frac{T_2}{T_1} = \frac{T_3}{T_4} \quad 或 \quad \frac{T_4}{T_1} = \frac{T_3}{T_2}$$

定义 $\pi = p_2 / p_1$ 为轴流式压气机增压比，有

$$\frac{T_2}{T_1} = \pi^{\frac{k-1}{k}} \tag{8-22}$$

得燃气轮机理想循环热效率为

$$\eta_t = 1 - \frac{T_1}{T_2} = 1 - \frac{1}{\pi^{\frac{k-1}{k}}} \tag{8-23}$$

由式（8-23）可知，燃气轮机装置理想循环的热效率与轴流式压气机增压比 $\pi$ 和工质绝热指数 $k$ 有关。由绝热指数 $k = c_p / c_v$，已将工质假定为空气，并且比热容取定值，那么 $k$ 也为定值，所以 $\eta_t$ 就只与增压比 $\pi$ 有关。热效率 $\eta_t$ 随着增压比 $\pi$ 的增大而增大。通常增压比 $\pi$ 值不能过高，主要因为：一是增压比 $\pi$ 值过高，压气机消耗的功会大幅增加；二是由绝热压缩温度与压力的关系公式 $T_2 / T_1 = (p_2 / p_1)^{\frac{k-1}{k}}$ 可知，增压比 $\pi$ 值升高，使空气进入燃烧室时温度也升高，当吸热量不变时，离开燃烧室的温度就会升高；而为了保证燃气轮机长期安全运转，燃气进入燃气轮机时不能超过限制的最高温度，也就是要求气体离开燃烧室的温度不能随意变化，所以增压比 $\pi$ 值不能随意增高。

燃气轮机装置是一种旋转式的，可以不间断、连续做功的动力装置。该装置是直接使用燃气作为工质进行吸热、做功、放热，而不是像蒸汽动力装置那样需要将热量由燃气传递给水（存在着较大的不可逆换热损失），不需要锅炉、冷凝器、冷却塔等庞大的换热设备；燃气轮机装置也没有像内燃机那样的曲柄连杆（每个气缸需要一套这样的机构）往复运动机构。燃气轮机通常转速很高，可以连续进气、做功、排气，可以制成大功率的动力装置。装置运转平稳、力矩均匀、结构紧凑、启动迅速，特别适用于航空发动机，也可以作为动力装置使用在铁路机车、舰船及发电站等民用设备上。

**思考题**

1. 实际的气体动力循环是否采用卡诺循环？为什么？

2. 气体动力循环的经济性指标是什么？写出其计算公式。

3. 对于四冲程内燃机主要包括哪些工作过程？

4. 内燃机特性参数主要包括哪几个参数？写出计算公式及回答公式中每个参数的意义。

5. 分别提高内燃机的压缩比 $\varepsilon$、定容升压比 $\lambda$、定压预胀比 $\rho$，是否都可以提高内燃机的热效率？

6. 在进气状态、最高压力和最高温度相同的条件下，对于混合加热循环、定压加热循环、定容加热循环，写出三个理想循环热效率的大小关系。

7. 在进气状态、最高压力、吸热量彼此相同的条件下，对于混合加热循环、定压加热循环、定容加热循环，写出三个理想循环热效率的大小关系。

8. 燃气轮机与内燃机相比有哪些特点？通常情况下，两种热机的热效率哪个更高一些？

9. 通过学习蒸汽动力装置、内燃机、燃气轮机，回答动力循环有哪些共同特点？


**习题**

8-1 某柴油机采用狄塞尔循环，已知进入气缸工质的压力为 0.09 MPa、温度为 30 ℃，柴油机压缩比为 15，当工质的绝热指数分别为 1.4 和 1.6 时，求压缩冲程结束瞬间的压力和温度，并计算循环的热效率是多少？

8-2 某柴油机采用混合加热循环，已知循环吸热量为 2600 kJ/kg，其中定容过程的吸热量是定压过程吸热量的 2 倍，压缩比为 15，压缩过程初始状态的压力为 101.33 kPa、温度为 37 ℃，计算循环每个点的压力、比体积、温度；并计算输出比净功和循环热效率。

8-3 如图 8-10 所示，某定容加热内燃机循环 1-2-3-4-1。已知 $p_1 = 0.1$ MPa，$t_1 = 30$ ℃，压缩比为 8。工质设为空气（比热容取定值），工质在循环中的吸热量为 1000 kJ/kg，计算：（1）循环 1-2-3-4-1 的输出循环净功；（2）循环热效率。

如果绝热膨胀做功在点 4 不停止，假设一直膨胀到点 $4'$，这样使 $p_{4'} = p_1$，计算：（1）循环 1-2-3-$4'$-1 的输出循环净功；（2）循环 1-2-3-$4'$-1 的热效率。讨论循环 1-2-3-$4'$-1 与原循环相比较在经济性上是否有利？在实际应用中是否可以采用这样的循环？

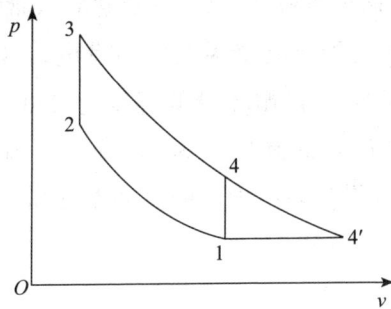

图 8-10　习题 8-3 附图

8-4　图 8-11 所示为某柴油机混合加热循环的 $T$-$s$ 图，工质视为空气（比热容取定值），已知 $t_1 = 30\ ℃$，$t_2 = 650\ ℃$，$t_3 = 920\ ℃$，$t_5 = 320\ ℃$。请画出循环的 $p$-$v$ 图，并计算相同温度界限卡诺循环的热效率和该混合加热循环热效率，比较大小关系，并讨论产生这样大小关系的原因。

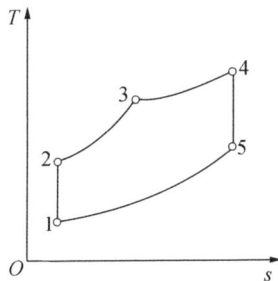

图 8-11　习题 8-4 附图

8-5　压力为 0.1 MPa、温度为 37 ℃ 的空气进入燃气轮机的压气机，压气机增压比为 8，空气被压缩后进入燃烧室，每千克空气在燃烧室中吸热量为 450 kJ，然后在燃气轮机中绝热膨胀做功，废气的压力为 0.1 MPa。计算 1 kg 工质的循环放热量及循环的最高温度、循环的热效

率。(空气比热容取常数)

8-6  压力为 0.96 MPa、温度为 35 ℃的空气进入燃气轮机的压气机，压气机增压比为 10，空气被压缩后进入燃烧室，吸热后温度上升至 850 ℃。计算压气机所消耗的比轴功、燃气轮机所做的比轴功、燃气轮机输出的比净功及循环热效率。(空气比热容取常数)

8-7  某电厂以燃气轮机装置为动力源发电，其向发电机输入的功率为 20 MW，燃气轮机装置循环最低温度为 290 K，最高为 1500 K，循环最低压力为 95 kPa，最高压力为 950 kPa。画出燃气轮机装置的 $p$-$v$ 图和 $T$-$s$ 图；计算燃气轮机做出的总功率和压气机消耗的功率及循环热效率。

# 第 9 章 制冷循环

## 9.1 逆向卡诺循环

可逆循环要求工质与热源之间进行等温吸热、等温放热。逆向卡诺循环是工作于温度分别为 $T_1$ 和 $T_2$ 的两个热源之间的逆向可逆循环，由两个可逆定温过程和两个可逆绝热过程组成。工质为理想气体时的 $p\text{-}v$ 图和 $T\text{-}s$ 图如图 9-1 所示。图中：$b\text{-}a$ 为定温放热；$a\text{-}d$ 为绝热膨胀；$d\text{-}c$ 为定温吸热；$c\text{-}b$ 为绝热压缩。

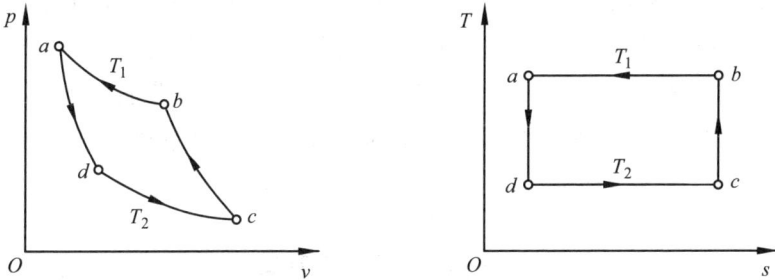

图 9-1 逆向卡诺循环

在制冷循环中大气环境通常作为循环的高温热源，温度记为 $T_0$，$T_1 = T_0$，排给高温热源的热量记为 $q_0$，$q_0 = q_1$。低温热源（如冷库）的温度记为 $T_c$，$T_c = T_2$，从低温热源吸收的热量记为 $q_c$，$q_c = q_2$。

由 $b\text{-}a$ 定温放热和 $d\text{-}c$ 定温吸热可得 $q_0 = T_0 \cdot \Delta s_{ab}$；$q_c = T_c \cdot \Delta s_{dc}$。由于 $\Delta s_{ab} = \Delta s_{dc}$，得逆向卡诺循环制冷系数

$$\varepsilon_c = \frac{q_c}{q_0 - q_c} = \frac{T_c}{T_0 - T_c} \tag{9-1}$$

该式表明：在一定环境温度下，冷库温度 $T_c$ 愈低，制冷系数就愈小。因此，为取得良好的经济效益，没有必要把冷库的温度定得超乎需要的低。这也是一切实际制冷循环遵循的原则。

逆向卡诺循环是理想的、经济性最高的制冷循环和热泵循环。由于种种困难，实际的制冷机和热泵难以按逆向卡诺循环工作，但逆向卡诺循环有着极为重要的理论价值，它为提高制冷机和热泵的经济性指出了方向。

# 9.2 空气压缩式制冷循环

以空气作为制冷工质不能按逆向卡诺循环运行，因为定温加热和定温放热不易实现。在空气压缩式制冷循环中，以两个定压过程来代替逆向卡诺循环的两个定温过程。图 9-2 是空气压缩式制冷装置示意图，$p\text{-}v$ 图和 $T\text{-}s$ 图如图 9-3 所示。图中 $T_c$ 为冷库中需要保持的温度，$T_0$ 为环境温度。从冷藏室出来的空气（1 点）的 $T_1 = T_c$，被压缩机绝热压缩到 2 点，温度已高于 $T_0$，在冷却器中定压条件下将热量传给冷却水，实现高温放热后到达点 3，$T_3 = T_0$；通入膨胀机绝热膨胀到点 4，此时的温度已低于 $T_c$，进入冷库在定压的条件下从冷藏室中完成低温吸收热量，从而完成循环。

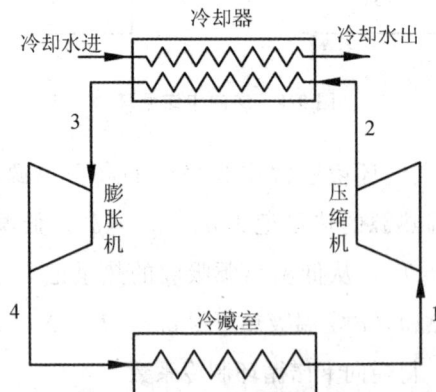

图 9-2 空气压缩式制冷循环装置流程图

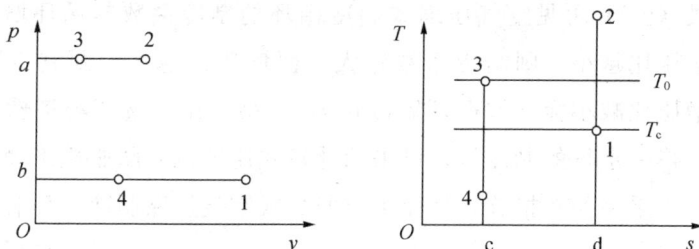

**图 9-3　空气压缩式制冷循环**

当空气的比热容取为定值，单位质量空气在冷却器中放热量为

$$q_0 = h_2 - h_3 = c_p(T_2 - T_3)$$

自冷藏室中的吸热量为

$$q_c = h_1 - h_4 = c_p(T_1 - T_4)$$

空气压缩式制冷循环的制冷系数为

$$\varepsilon = \frac{q_c}{q_0 - q_c} = \frac{T_1 - T_4}{(T_2 - T_3) - (T_1 - T_4)} = \frac{1}{\dfrac{T_2 - T_3}{T_1 - T_4} - 1}$$

过程 1-2 和 3-4 为定熵过程，得

$$\frac{T_2}{T_1} = \left(\frac{p_2}{p_1}\right)^{\frac{k-1}{k}} = \frac{T_3}{T_4}$$

将上式代入制冷系数表达式可得

$$\varepsilon = \frac{1}{\dfrac{T_3}{T_4} - 1} = \frac{T_4}{T_3 - T_4} = \frac{T_1}{T_2 - T_1} = \frac{1}{\left(\dfrac{p_2}{p_1}\right)^{\frac{k-1}{k}} - 1} = \frac{1}{\pi^{\frac{k-1}{k}} - 1} \quad (9-2)$$

式中：$\pi = p_2 / p_1$，称为循环增压比。

在相同的冷藏室温度 $T_1$ 和环境温度 $T_3$ 条件下，逆向卡诺循环的制冷系数为

$$\varepsilon_c = \frac{T_1}{T_3 - T_1} = \frac{1}{\dfrac{T_3}{T_1} - 1}$$

因为 $T_3 < T_2$，与式（9-2）对比可见空气压缩式制冷循环的制冷系数小于逆向卡诺循环的制冷系数。

由式（9-2）可见空气压缩式制冷循环的制冷系数与循环增压比 $\pi$ 有关，增压比越小，则制冷系数越大，而增压比越大，则制冷系数越小。而增压比减小会导致循环制冷量 $q_c$ 减小。在不破坏经济性的条件下，为获得一定量的制冷量，可采用叶轮式压缩机和膨胀机来增加空气的流量，并采用回热措施，从而组成回热式空气压缩制冷循环装置，克服以上缺点。

回热式空气压缩制冷循环装置示意图及 $T\text{-}s$ 图如图 9-4 和图 9-5 所示。自冷藏室出来的空气（温度为 $T_1 = T_c$）在进入压缩机之前先进入回热器中被加热升温到高温热源的温度（温度为 $T_2 =$ 环境温度 $T_0$），升温后进入叶轮式压缩机升温、升压到 $T_3$、$p_3$。此时温度已高于环境温度 $T_0$，进入冷却器在定压的条件下将热量放给大气环境，降温至 $T_4$（$T_4 = T_0$），在进入膨胀机之前先进入回热器中进一步在定压的条件下放热降温至 $T_5$（$T_5 = T_c$）。之后进入叶轮式膨胀机实现可逆绝热膨胀，降压至 $p_6$、降温至 $T_6$。最后进入冷藏室实现定压吸热，完成制冷过程，升温至 $T_1$，实现理想的空气压缩式回热循环。

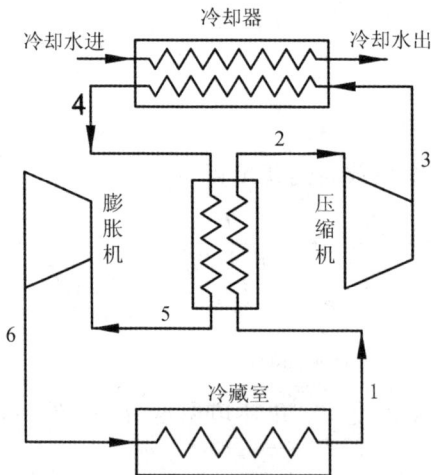

**图 9-4　回热式空气压缩制冷装置流程图**

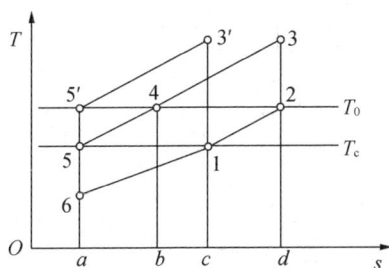

**图 9-5 回热式空气压缩制冷循环的 *T-s* 图**

由回热式空气压缩制冷循环的 *T-s* 图，由于 $T_2 = T_4$、$T_1 = T_5$，所以空气在回热器中 1-2 过程的吸热量等于在回热器中 4-5 过程的放热量。与不采用回热式空气压缩制冷循环相比，制冷过程仍然是 6-1，即制冷量 $q_c$ 不变，而向外界环境的放热过程由原来的 3'-5' 变成 3-4，但 $T_3 = T_{3'}$、$T_4 = T_{5'}$，所以两循环的 $q_0$ 也相同，从而它们的制冷系数也是相同的。但是循环增压比由 $p_{3'}/p_1$ 下降到 $p_3/p_2$，为采用叶轮式压气机和膨胀机提供了可能。叶轮式压气机和膨胀机的流量较活塞式压缩机大，因而在不改变单位质量空气制冷量的条件下增加了单位时间内的制冷量。

**例 9-1** 某采用理想回热的压缩气体制冷装置，如图 9-5 所示，工质为某种理想气体，循环增压比 $\pi = 6$，冷库温度 $T_c = -45$ ℃，环境温度为 300 K，若输入功率为 5 kW，计算：①循环制冷量。②循环制冷系数。③若循环制冷系数及制冷量不变，但不采用回热措施。此时，循环的增压比应该是多少？该气体比热容可取定值，$c_p = 0.815$ kJ/(kg·K)；$k = 1.3$。

**解：**

$$T_3 = T_2 \pi^{\frac{\kappa-1}{\kappa}} = T_0 \pi^{\frac{\kappa-1}{\kappa}} = 300 \times 6^{\frac{1.3-1}{1.3}} = 453.62 \text{ K}$$

$$T_5 = T_1 = T_c = (-45 + 273.15)\text{K} = 228.15 \text{ K}$$

$$T_6 = T_5 \left(\frac{1}{\pi}\right)^{\frac{\kappa-1}{\kappa}} = 228.14 \text{ K} \times \left(\frac{1}{6}\right)^{\frac{1.3-1}{1.3}} = 150.88 \text{ K}$$

制冷量 $q_c = c_p (T_1 - T_6) = 0.815$ KJ/ (kg·K) (228.14 − 150.88) K = 62.97KJ/kg

$$T'_3 = T_3 \qquad T'_3 = T_1 \left[\frac{p_{3'}}{p_1}\right]^{\frac{\kappa-1}{\kappa}}$$

未采用回热增压比 $\pi' = \dfrac{p_{3'}}{p_1} = \left[\dfrac{T_{3'}}{T_1}\right]^{\frac{k}{k-1}} = \left(\dfrac{453.62}{228.15}\right)^{\frac{1.3}{1.3-1}} = 19.7$

制冷系数 $\varepsilon = \dfrac{1}{\pi'^{\frac{k-1}{k}} - 1} = \dfrac{1}{19.7^{\frac{1.3-1}{1.3}} - 1} = 1.01$

# 9.3 蒸汽压缩式制冷循环

空气压缩式制冷循环的工质性质决定了不能实现定温吸热和定温排热过程，其制冷循环较大地偏离了逆向卡诺循环，从而降低了经济性，并且空气压缩式制冷循环单位质量工质的制冷量也较小。如果采用低沸点物质（一个大气压下，其沸点 $t_s \leqslant 0\ ℃$）作为制冷剂，可以利用在定温定压下汽化吸热和凝结放热，实现定温吸热和定温放热过程，从而克服空气压缩式制冷循环的缺点，提高制冷量和经济性。目前，蒸汽压缩式制冷循环是应用较为广泛的一种制冷循环。

图 9-6、图 9-7 分别是蒸汽压缩式制冷循环装置流程图和理想循环 $T$-$s$ 图。其装置主要包括蒸发器、压缩机、冷凝器、节流阀。工作原理如下：1-2 为绝热压缩过程，即从蒸发器出来的干饱和蒸汽被压缩机绝热压缩升压、升温至状态点 2；2-4 定压放热过程，此过程在冷凝器中进行，首先蒸汽由过热状态定压冷却成为干饱和蒸汽状态（3 点），然后由干饱和蒸汽状态保持压力不变、定温凝结为饱和液体（4 点）；4-5 绝热节流过程，饱和液通过节流阀在降压的同时进行降温，由于此过程是不可逆过程，工质熵增加后到达状态 5，其不可逆过程线用虚线表示；5-1 定压定温蒸发吸热过程，即制冷过程，完成吸热后成为干饱和蒸汽，从而完成了蒸汽压缩式制冷循环 1-2-3-4-5-1。

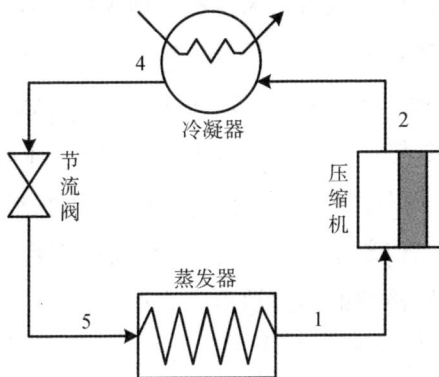

图 9-6　压缩蒸汽制冷装置流程图

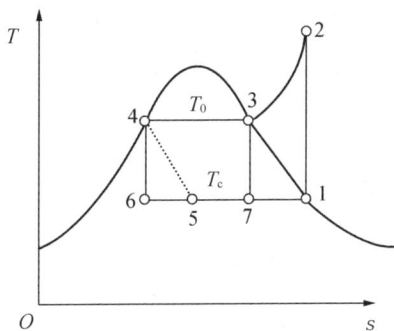

图 9-7　压缩蒸汽制冷循环的 *T-s* 图

当完成一个循环后，1 kg 制冷工质在蒸发器中完成的制冷量（吸热量）为

$$q_c = h_1 - h_5 = h_1 - h_4$$

在冷凝器中的放热量为

$$q_0 = h_2 - h_4$$

压缩机耗功即循环耗净功为

$$w_c = h_2 - h_1 = w_{net}$$

制冷系数

$$\varepsilon = \frac{q_c}{w_{net}} = \frac{h_1 - h_4}{h_2 - h_1} \qquad (9-3)$$

蒸汽压缩式制冷循环的制冷量、放热量和循环功量都与状态点间的

比焓差有关系，因此使用压力为纵坐标、焓为横坐标的制冷剂的压焓图进行计算时较为方便，通常纵坐标采用对数坐标。蒸汽压缩式制冷循环的压焓图如图 9-8 所示。由状态 1 的 $p_1$ 或 $T_1$ 可在图上确定干饱和蒸汽状态点 1，由通过 1 点的等熵线与压力为 $p_2$ 的等压线的交点确定出状态点 2，压力为 $p_2$ 的等压线与饱和液线的交点为状态点 4，过点 4 作垂线与压力为 $p_1$ 的等压线的交点为点 5，从而确定出各点的焓值。上述各点的焓值也可由制冷剂的热力性质表查取。

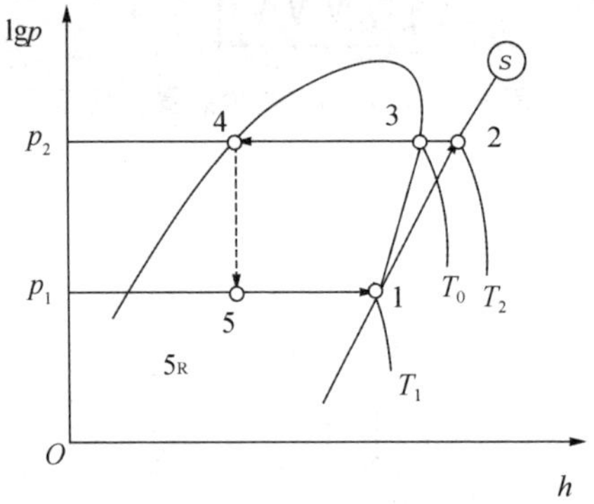

图 9-8　lg$p$-$h$ 图

蒸汽压缩式制冷循环在理论上可以实现逆向卡诺制冷循环，如图 9-7 中循环 7-3-4-6-7。但点 7 是湿饱和蒸汽状态，即饱和液与干饱和蒸汽的混合物，对这样两相物质的压缩有难以克服的缺点，由于液体的不可压缩性，会造成缸内压力上升到不可允许的程度，对压缩机是不利的。为避免上述缺点，同时为增加制冷量，使制冷剂汽化到干饱和蒸汽状态 1，采用节流阀（或称膨胀阀）代替膨胀机，这样不但可以简化设备，还可以提高装置运行的可靠性。

# 9.4　蒸汽喷射制冷循环

由前面所讨论的各种制冷循环可见制冷工质从蒸发器出来后都需要被压缩机进行压缩升温、升压。而蒸汽喷射制冷循环中不采用压缩机，即不消耗外功，它是以消耗温度较高的热能为代价来实现制冷循环的。所消耗的水蒸气压力通常在 0.3～1 MPa 范围内，制冷温度在 3～10 ℃范围内。

图 9-9 为蒸汽喷射制冷循环装置示意图，图 9-9 为其 $T$-$s$ 图。蒸汽喷射制冷循环装置由喷管、混合室和扩压管组成喷射器来代替压缩机。制冷装置中还包括提供蒸汽的锅炉、冷凝器、节流阀和蒸发器等装置。

水在锅炉中被加热后形成较高温度与较高压力的蒸汽（状态 1），在喷管中绝热膨胀到较低压力，此时具有了较高的流速（状态 2）。形成的高速气流在混合室中与蒸发器出来的低压蒸汽（状态 $1_R$）混合形成速度降低的气流（状态 $2_m$）进入扩压管进行升压减速，即 $2_m$-3 过程，之后在冷凝器中进行凝结放热过程 3-4。凝结水一路由水泵加压后进入锅炉加热汽化成高温高压蒸汽，当忽略水泵所消耗功时 4 点和 5 点重合，此加压及加热过程为 4-5-6-1；另一路经节流阀降压、降温（4-$5_R$）后进入蒸发器完成制冷过程（$5_R$-$1_R$），变成低温低压的蒸汽（状态 $1_R$）后被送入混合室，完成蒸汽喷射制冷循环过程。

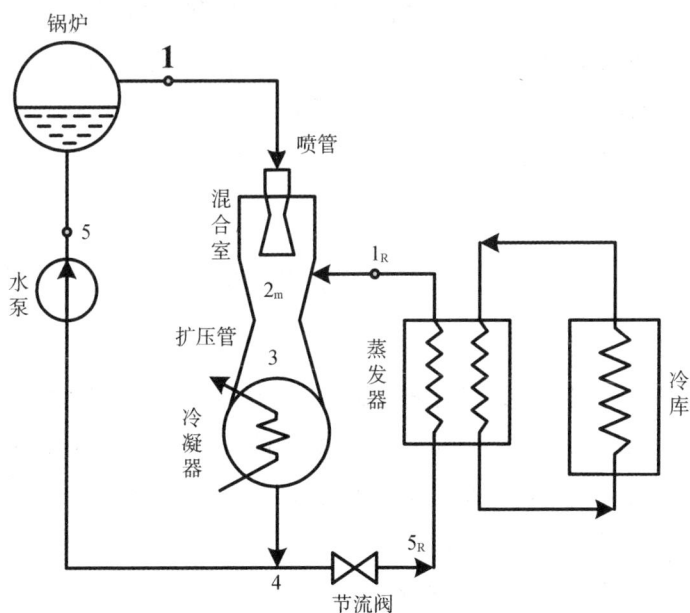

图 9-9　蒸汽喷射制冷循环装置示意图

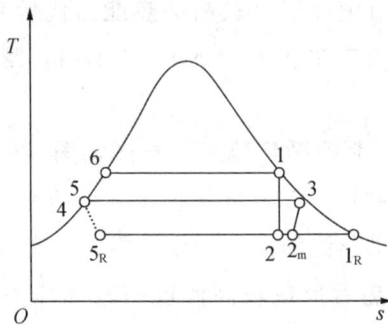

图 9-10　蒸汽喷射制冷循环装置的 $T\text{-}s$ 图

如果忽略水泵所消耗的功，整个制冷装置是不消耗外功的，只消耗热量 $Q_1$，该热量是锅炉提供的。蒸发器中制冷的效果是将热量 $Q_2$ 从冷库转移到大气环境介质中。蒸汽喷射制冷循环装置的经济性指标用热利用系数 $\xi$ 来衡量，即

$$\xi = \frac{Q_2}{Q_1} \tag{9-4}$$

蒸汽混合过程中的不可逆损失很大，所以热利用系数 $\xi$ 一般都较低。但由于在装置中并没有使用压气机，可以采用低压水蒸气作为制冷剂，所以在有较好蒸汽供应的条件下可考虑使用该装置。因为采用水作为制冷剂，所以仅适用于空调、冷藏，不适用于冷冻。

# 9.5　热泵循环

热泵循环与制冷循环的原理相同，两种循环都是消耗外能来实现热量从低温热源转移向高温热源，但两者的工作温度范围和达到的效果不同。前已述及，制冷循环是以大气环境为高温热源（温度 $T_0$）、冷库或空调的房间为低温热源（温度 $T_c$）的循环，循环的效果是从冷库或空调的房间移走热量，使其温度维持 $T_c$ 不变。而热泵循环主要用来冬季对房屋进行供暖，它是以供暖房屋为高温热源（温度 $T_R$）、以室外大气环境为低温热源（$T_0$），循环效果是房屋内空气获得热能，维持 $T_R$ 不变。

所以热泵是将热量从如环境大气、地下土层等这样的低温热源向供暖房屋输送热量的装置。蒸汽压缩式热泵循环装置与 $T$-$s$ 可参照蒸汽压缩式制冷循环，两者仅工作的温度界限不同。

热泵的经济性指标是供热系数 $\varepsilon'$，等于冷凝器的放热量 $q_H$ 与压缩机消耗的功 $w_{net}$ 之比，即

$$\varepsilon' = \frac{q_H}{w_{net}} \qquad (9\text{-}5)$$

由热平衡方程式 $q_H = q_L + w_{net}$，得供热系数与制冷系数的关系为

$$\varepsilon' = \frac{q_L + w_{net}}{w_{net}} = 1 + \varepsilon \qquad (9\text{-}6)$$

由于冷凝器的放热量 $q_H$ 大于压缩机消耗的功 $w_{net}$，所以热泵供热系数恒大于 1，这使得热泵的供热经济性高于其他常规供暖装置(如电暖气)。热泵循环不但可以把压缩机所消耗的机械能转移到室内，还可以把在低温热源所吸收的热量也转移到室内供暖。因此热泵是一种较合理的供暖装置，取代锅炉供暖有利于保护大气环境，但如果由于室外温度很低就会造成高温热源与低温热源间的温差很大，使供暖的经济性降低。而且热泵供暖装置的造价较其他采暖装置高出很多，使得热泵技术的推广受到了很大障碍，但随着全球性的节约能源和保护环境的发展趋势，热泵技术会越来越受到重视。

**思考题**

1. 逆向卡诺循环是理想的、经济性最高的制冷循环，但空气压缩式与蒸汽压缩式制冷循环均不采用逆向卡诺循环，为什么？

2. 空气压缩式制冷循环通常要采用回热措施，是为了提高制冷系数吗？

3. 蒸汽压缩式制冷循环中采用节流阀代替膨胀机，而在空气压缩式制冷循环却没有这么做，为什么？

4. 空气压缩式与蒸汽压缩式制冷循环的区别与联系是什么？

5. 为提高家用空调与电冰箱的经济性，从热力学的角度考虑在使

用过程中需要注意哪些问题？

6. 用电暖气取暖和用热泵取暖相比较，哪一个比较经济？

7. 热泵与制冷机的区别与联系是什么？

**习题**

9-1　制冷装置以 R22 为制冷剂，蒸发器保持在零下 18 ℃，压缩机吸入的是干饱和蒸汽，冷凝温度为 35 ℃，工质在冷凝器中被冷却为饱和液后进入节流阀。设制冷量为 1 kJ/s，计算制冷系数、制冷剂流量和压缩机的功率。

9-2　氨蒸气压缩制冷循环装置，蒸发温度为零下 15 ℃；冷凝温度为 35 ℃，进入压缩机的是干饱和氨蒸气，制冷量是 30000 kJ/h。求压缩机的功率和制冷循环制冷剂的质量流量。

9-3　蒸汽压缩式制冷循环以氨为制冷剂，动力由一台小型柴油机提供。制冷循环冷凝温度为 50 ℃，蒸发温度为 −30 ℃，柴油机热效率为 30%。求：（1）每千克制冷工质的吸热量、放热量和所需的机械能；（2）该制冷循环的制冷系数；（3）在柴油机中每千克工质从高温热源吸收的热量。

9-4　逆向卡诺制冷循环，制冷系数为 4，求高温热源与低温热源温度之比？若输入功率为 1.8 kW，求制冷量为多少（单位：kW）？如果将此系统改作热泵循环，高、低温热源温度及功率维持不变，求供热系数及能提供的热量。

9-5　气体压缩式制冷循环，空气进入压气机时的状态为 $p_1 = 0.1$ MPa、$t_1 = -23.15$ ℃，在压气机内定熵压缩到 $p_2 = 0.35$ MPa。离开冷却器时空气温度 $t_3 = 27.15$ ℃。若 $t_c = -23.15$ ℃、$t_0 = 27.15$ ℃，求制冷系数 ε 及 1 kg 空气的制冷量 $q_c$。

9-6　压缩式热泵循环采用空气为制冷工质，热泵从室外大气环境中吸热，向室内房间供热，室内温度保持在 23 ℃。大气环境的温度为零下 10 ℃，此热泵的供热量为 8 kW，压缩机的增压比 π 为 11，计算此热泵的供热系数和消耗的功率。

　　9-7　热泵以 R12 为工质，当冬季采暖时压缩机入口状态为干饱和蒸气，进入节流阀前工质已在冷凝器中被冷凝成为饱和液状态。房间外温度为零下 20 ℃。如果室内温度要保证在 23 ℃，求热泵的供热系数。如果室内温度要保持在 28 ℃，供热系数是多少？与原供热系数是升高了，还是降低了？讨论原因。

# 第 10 章 气体与蒸汽的可逆流动

## 10.1 稳定流动基本概念和方程

稳定流动是指流体在流经空间任意一点时，其全部参数（状态参数、运动参数）都不随时间而改变的流动。工程中，流体在管道内的任一截面上不同点，其流速、压力、温度等参数有所差异，为简化计算常取截面上某参数的平均值作为该截面上各点该参数的值，这样该流动被简化为沿流动方向上的一维问题。实际工质的流动都是接近稳定流动的。

### 10.1.1 连续性方程

如图 10-1 所示，工质在流道中做稳定流动，则不同截面的质量流量应为定值，不随时间而变。设流经截面 1-1 和 2-2 的质量流量分别为 $q_{m1}$，$q_{m2}$，流速为 $c_{f1}$ 和 $c_{f2}$，比体积为 $v_1$ 和 $v_2$，流道横截面积为 $A_1$，$A_2$。

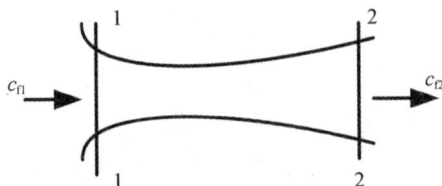

**图 10-1 一维稳定流动**

$$q_{m1} = q_{m2} = q_m = \frac{A_1 c_{f1}}{v_1} = \frac{A_2 c_{f2}}{v_2} = \cdots = \frac{A c_f}{v} = 常数 \quad (10\text{-}1)$$

微分形式

$$\frac{\mathrm{d}A}{A} + \frac{\mathrm{d}c_{\mathrm{f}}}{c_{\mathrm{f}}} - \frac{\mathrm{d}v}{v} = 0 \qquad (10\text{-}1a)$$

稳定流动的连续性方程式描述了流道内截面面积 $A$、流体的流速 $c_{\mathrm{f}}$、比体积 $v$ 之间的关系。对于不可压缩流体 $\mathrm{d}v = 0$，流速 $c_{\mathrm{f}}$ 与截面面积 $A$ 成反比，即流速增大时流道截面积应减小；流速减小时流道截面应扩张。而对于可压缩气体，工质流速的变化不仅取决于流道截面积，而且还与工质的比体积变化有关。

### 10.1.2　稳定流动能量方程式

气体或蒸汽在流道内做稳定流动应服从稳定流动能量方程式，即热力学第一定律的稳定流动开口系统能量方程式：

$$q = (h_2 - h_1) + \frac{c_{\mathrm{f}2}^{2} - c_{\mathrm{f}1}^{2}}{2} + g(z_2 - z_1) + w_{\mathrm{i}}$$

对于所研究的流道位置高度相差较小时，位能的变化很小，将其忽略不计。在工质流动中气体与外界交换的热量也忽略不计，工质不对外做功，则稳定流动能量方程式简化为

$$h_2 + \frac{c_{\mathrm{f}2}^{2}}{2} = h_1 + \frac{c_{\mathrm{f}1}^{2}}{2} = h + \frac{c_{\mathrm{f}}^{2}}{2} = 常数 \qquad (10\text{-}2)$$

式（10-2）表明工质在流道中做稳定流动过程中，每一截面上工质的焓与动能之和为一常数。当气体动能增加时，其焓值应下降。

### 10.1.3　过程方程式

气体在稳定流动过程中气体与外界交换的热量忽略不计，同时假设无摩擦和扰动，则流动过程视为可逆绝热过程，任意两截面之间气体的状态参数应符合可逆绝热过程的关系式。

$$p_1 v_1^{k} = p_2 v_2^{k} = p v^{k} = C$$

微分形式

$$\frac{\mathrm{d}p}{p} + k\frac{\mathrm{d}v}{v} = 0$$

$$\frac{T_2}{T_1} = \left(\frac{p_2}{p_1}\right)^{\frac{k-1}{k}}$$

$$\frac{T_2}{T_1} = \left(\frac{v_1}{v_2}\right)^k$$

### 10.1.4 声速方程

声速是微弱扰动在连续介质中所产生的压力波传播的速度。拉普拉斯声速方程为

$$c = \sqrt{\left(\frac{\partial p}{\partial \rho}\right)_s} = \sqrt{-v^2\left(\frac{\partial p}{\partial v}\right)_s}$$

据式 $\dfrac{\mathrm{d}p}{p} + k\dfrac{\mathrm{d}v}{v} = 0$，对于理想气体定熵过程有

$$\left(\frac{\partial p}{\partial v}\right)_s = -k\frac{p}{v}$$

所以

$$c = \sqrt{kpv} = \sqrt{kR_g T} \tag{10-3}$$

工质流动过程中，流经各个截面上时气体的状态参数不断地变化着，所以不同截面上的工质声速也在不断变化，因此声速不是一个不变的常数，取决于气体的性质与状态，声速是状态参数。为了区分不同截面上的声速，引入"当地声速"的定义。"当地声速"是指所研究的流道某一截面上的声速。通常把某一截面上气体的流速与同一截面声速（当地声速）作比较，其比值称为马赫数，用符号 $Ma$ 表示。

$$Ma = \frac{c_f}{c} \tag{10-4}$$

马赫数是研究气体流动的重要特性参数，可表明同一截面上气流的速度与当地声速的关系。当 $Ma < 1$，为亚声速，此时气流速度小于当地声速；当 $Ma = 1$ 时，气流速度已与当地声速相同；当 $Ma > 1$ 时，气流为超声速，此时气流速度大于当地声速。

上述连续性方程式、可逆绝热过程方程式、稳定流动能量方程式和声速方程式是分析可逆绝热一维稳定流动的基本方程组。

## 10.2　滞止参数

气体在绝热流动过程中，因受到某种物体的阻碍使流速降低为零的过程称为绝热滞止过程。气体在绝热滞止时的状态为滞止状态，此时的状态参数称为滞止参数。

据能量方程式（10-2），任一截面上气体的焓和流动的动能之和恒为常数，即焓值随流速的减小而增大，在滞止点速度降为零，焓值达到最大值，称为滞止焓，用 $h_0$ 表示，它等于流体的焓与动能的总和。

$$h_0 = h_2 + \frac{c_{f2}^2}{2} = h_1 + \frac{c_{f1}^2}{2} = h + \frac{c_f^2}{2} \tag{10-5}$$

将理想气体的比热容取定值时，式（10-5）可写成

$$c_p T_0 = c_p T_1 + \frac{c_{f1}^2}{2} = c_p T_2 + \frac{c_{f2}^2}{2} = c_p T + \frac{c_f^2}{2}$$

则

$$T_0 = T + \frac{c_f^2}{2 c_p} \tag{10-6}$$

式中：$T_0$ 称为滞止温度。气流滞止时的压力称为滞止压力，用 $p_0$ 表示。由绝热过程参数之间关系得

$$p_0 = p \left( \frac{T_0}{T} \right)^{\frac{k}{k-1}} \tag{10-7}$$

## 10.3　喷管的计算

若已知气体在喷管进口截面处的状态参数和喷管出口截面外的工作压力，即背压 $p_b$，在给定流量等条件下进行喷管设计计算，选择喷管的外形及确定喷管的几何尺寸。

### 10.3.1 喷管截面的变化规律

喷管的设计应该使喷管在给定的进口状态和出口压力下，尽可能获得更多的动能。要求喷管的形状符合流动过程的规律，不产生任何能量损失，使气体在喷管中进行绝热流动，即定熵流动。这时喷管截面积的变化和气体流速变化、状态变化之间的关系，可由上述喷管流动基本方程式求得。

对于喷管定熵稳定流动过程，根据热力学第一定律

$$q = (h_2 - h_1) + \frac{1}{2}(c_{f2}^2 - c_{f1}^2)$$

和热力学第一定律解析式

$$q = (h_2 - h_1) - \int_1^2 v \, \mathrm{d}p$$

可得

$$\frac{1}{2}(c_{f2}^2 - c_{f1}^2) = -\int_1^2 v \, \mathrm{d}p \tag{10-8}$$

式（10-8）表明气体在膨胀中产生的技术功未向外传出，而是全部转变为气流的动能，这也正好符合了物理学的动能定理。

将式（10-8）写成微分形式：

$$c_f \mathrm{d}c_f = -v \mathrm{d}p \tag{10-9}$$

将式（10-9）两侧乘以 $1/c_f^2$，右侧分子分母乘以 $k$，$p$ 得

$$\frac{\mathrm{d}c_f}{c_f} = -\frac{kpv}{k c_f^2} \frac{\mathrm{d}p}{p} \tag{10-10}$$

利用声速公式及马赫数的定义式得

$$\frac{kpv}{k c_f^2} = \frac{c^2}{k c_f^2} = \frac{1}{kMa^2} \tag{10-11}$$

将式（10-10）移项整理得

$$\frac{\mathrm{d}p}{p} = -kMa^2 \frac{\mathrm{d}c_f}{c_f} \tag{10-12}$$

从式（10-12）可见，$\mathrm{d}c_f$ 和 $\mathrm{d}p$ 的符号是始终相反的。因为压力降低时技术功为正，则气流动能增加，流速也增加；压力升高时技术功是

负的，气流动能应减少，流速也应降低。

将绝热过程方程式的微分式 $\dfrac{\mathrm{d}p}{p} + k \dfrac{\mathrm{d}v}{v} = 0$ 代入式（10-12），可得

$$\frac{\mathrm{d}v}{v} = Ma^2 \frac{\mathrm{d}c_f}{c_f} \tag{10-13}$$

最后将式（10-13）代入连续性方程式 $\dfrac{\mathrm{d}A}{A} + \dfrac{\mathrm{d}c_f}{c_f} - \dfrac{\mathrm{d}v}{v} = 0$ 整理可得

$$\frac{\mathrm{d}A}{A} = (Ma^2 - 1) \frac{\mathrm{d}c_f}{c_f} \tag{10-14}$$

式（10-14）表明，喷管截面积与气流速度之间的变化规律取决于马赫数 $Ma$。若使气流速度增加，此时 $\mathrm{d}c_f > 0$。

当 $Ma < 1$ 时，即为亚声速流动时要求 $\mathrm{d}A < 0$，说明亚声速气流若要加速，其流经喷管的各个截面积应逐渐收缩。这样喷管称为渐缩喷管，如图 10-2(a) 所示。

当 $Ma = 1$ 时，气流速度等于声速，$\mathrm{d}A = 0$。

当 $Ma > 1$ 时，若使气流速度增加则要求 $\mathrm{d}A > 0$，说明对于超声速气流若要加速，其流经喷管的各个截面积应逐渐扩大。这样的喷管称为渐扩喷管，如图 10-2(b) 所示。

由式（10-14）分析可知，通过渐缩喷管气流的最大速度只能达到声速。要想使气流速度由亚声速连续增加至超声速，其截面的变化应该是先收缩后扩大，即渐缩喷管后连接渐扩喷管，这样的喷管称为缩放喷管，也叫作拉伐尔喷管，如图 10-2(c) 所示。气流在缩放喷管的渐缩部分时处于亚声速流动，在渐扩部分应处于超声速流动，其喉部截面是气流从 $Ma < 1$ 向 $Ma > 1$ 的转换面，所以喉部截面也叫临界截面，截面上各参数均称临界参数，临界参数用相应参数加下标"cr"表示，如临界压力 $p_{cr}$、临界温度 $T_{cr}$、临界比体积 $v_{cr}$ 和临界流速 $c_{f, cr}$ 等。临界截面上 $c_{f, cr} = c$，即 $Ma = 1$，所以

$$c_{f, cr} = \sqrt{k p_{cr} v_{cr}} \tag{10-15}$$

从上述分析可知在渐缩喷管中气体流速的最大值只能达到当地声速，而且只可能出现在出口截面上；要使气体流速由亚声速转变到超声

速，必须采用缩放喷管，缩放喷管的喉部截面是临界截面，其速度等于当地声速。

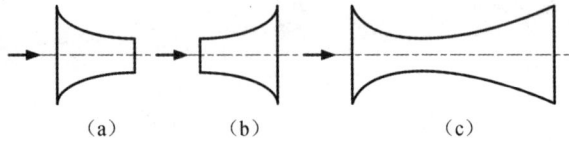

图 10-2　喷管示意图

### 10.3.2　流速计算及其分析

1. 流速计算公式

根据式（10-5）$h_0 = h_2 + \dfrac{c_{f2}^2}{2} = h_1 + \dfrac{c_{f1}^2}{2} = h + \dfrac{c_f^2}{2}$，可得气体在喷管做绝热流动时任一截面上的流速计算公式：

$$c_f = \sqrt{2(h_0 - h)}$$

喷管出口截面流速

$$c_{f2} = \sqrt{2(h_0 - h_2)} = \sqrt{2(h_1 - h_2) + c_{f1}^2} \qquad (10\text{-}15)$$

式中：$c_{f1}$ 和 $c_{f2}$ 分别为喷管进、出口截面上的气流速度，m/s；$h_1$，$h_2$，$h_0$ 分别为喷管进、出口截面上气流的焓值和滞止焓，J/kg。

一般情况下喷管进口流速 $c_{f1}$ 与出口流速 $c_{f2}$ 相比很小，可以忽略不计，则出口截面气体流速为

$$c_{f2} \approx \sqrt{2(h_1 - h_2)}$$

式（10-16）是由能量方程式得出的，所以流动过程是否可逆及气体是理想气体还是实际气体都是适用的。如果为理想气体可逆绝热流动，即定熵流动，则可根据定熵流动的过程方程式和始末参数间关系求得 $T_2$，从而求得出口截面上的速度 $c_{f2}$。

2. 状态参数对流速的影响

假定气体为理想气体，取定值比热容，且流动可逆，有 $h_0 - h_2 = c_p(T_0 - T_2)$，$c_p = \dfrac{kR_g}{k-1}$，代入式（10-16）得

$$c_{f2} = \sqrt{\frac{2k}{k-1} R_g T_0 \left(1 - \frac{T_2}{T_0}\right)}$$

$$= \sqrt{\frac{2k}{k-1} R_g T_0 \left[1 - \left(\frac{p_2}{p_0}\right)^{\frac{k-1}{k}}\right]} \qquad (10\text{-}17)$$

$$= \sqrt{\frac{2k}{k-1} p_0 v_0 \left[1 - \left(\frac{p_2}{p_0}\right)^{\frac{k-1}{k}}\right]}$$

可见喷管出口截面的流速取决于工质的性质、进口截面处工质的状态与进、出口截面处工质的压力比 $p_2/p_1$。当工质与进口截面处的状态确定时，喷管出口流速只取决于压力比 $p_2/p_1$，并且随 $p_2/p_1$ 的减小而增大。当马赫数 $Ma = 1$ 时的截面称为临界截面，该截面处的压力为临界压力 $p_{cr}$、流速为临界流速 $c_{f,cr}$。压力比 $p_{cr}/p_1$ 称为临界压力比，用 $\nu_{cr}$ 表示。临界流速计算公式为

$$c_{f,cr} = \sqrt{\frac{2k}{k-1} p_0 v_0 \left[1 - \left(\frac{p_{cr}}{p_0}\right)^{\frac{k-1}{k}}\right]} = \sqrt{k p_{cr} v_{cr}}$$

由过程方程式 $p_0 v_0^k = p_{cr} v_{cr}^k$，可求得临界压力比为

$$\nu_{cr} = \frac{p_{cr}}{p_0} = \left(\frac{2}{k+1}\right)^{\frac{k}{k-1}}$$

由于 $k = \frac{c_p}{c_v}$，可见临界压力比仅取决于气体的热力性质。当比热容为定值时对于双原子理想气体：$k = 1.4$，$\nu_{cr} = 0.528$；三原子理想气体：$k = 1.3$，$\nu_{cr} = 0.546$；过热水蒸气：$k = 1.3$，$\nu_{cr} = 0.546$；干饱和水蒸气：$k = 1.135$，$\nu_{cr} = 0.577$。

临界压力比是喷管设计计算的一个重要参数，是选择喷管形状的重要依据。当 $p_2/p_1 \geqslant \nu_{cr}$，即 $p_2 \geqslant p_{cr}$ 时，应选择渐缩喷管；当 $p_2/p_1 < \nu_{cr}$，即 $p_2 < p_{cr}$ 时，应选择缩放喷管。

3. 流量计算

由气体稳定流动的连续性方程 $q_m = \frac{A c_f}{v}$ 可知，气体通过喷管任何截面的质量流量都相等，所以可按任一个截面计算流量。但各种形式喷管

的流量大小都受其最小截面控制，所以常常按最小截面（即收缩喷管的出口截面、缩放喷管的喉部截面）来计算流量，即

$$q_m = \frac{A_2 c_{f2}}{v_2} \ 或 \ q_m = \frac{A_{cr} c_{f,\,cr}}{v_{cr}}$$

式中：$A_2$，$A_{cr}$ 分别为收缩喷管出口截面面积和缩放喷管喉部截面面积，$m^2$；$c_{f2}$、$c_{f,\,cr}$ 分别为收缩喷管出口截面上的速度和缩放喷管喉部截面上的速度，$m/s$；$v_2$，$v_{cr}$ 分别为收缩喷管出口截面上气体的比体积和缩放喷管喉部截面上气体的比体积， $m^3/kg$。

假定气体工质为理想气体，比热容取定值，下面研究喷管中气体流量随工作参数变化的关系。将式（10-17）和绝热过程方程式 $p_1 v_1^k = p_2 v_2^k$ 代入式 $q_m = \dfrac{A c_f}{v}$，化简整理后得

$$q_m = A_2 \sqrt{\frac{2k}{k-1} p_0 v_0 \left[1 - \left(\frac{p_2}{p_0}\right)^{\frac{k-1}{k}}\right]} \qquad (10\text{-}18)$$

由式（10-18）可知，当 $A_2$ 及 $p_1$，$v_1$ 保持不变，也即 $A_2$ 和进口截面参数保持不变时，流量仅随出口截面压力与进口压力之比而变，如图10-3所示。

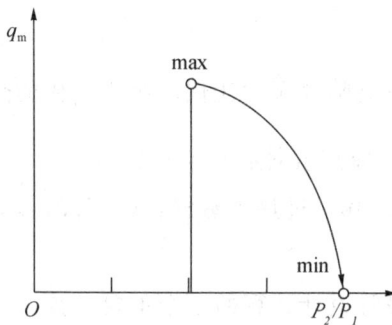

图 10-3 喷管流量 $q_m$

对于收缩喷管，当喷管出口截面外压力，即背压 $p_b$ 从大于临界压力 $p_{cr}$ 开始逐渐降低时，出口截面上的压力 $p_2$ 也将逐渐下降并且在数值上与背压 $p_b$ 相等，此时流量 $q_m$ 逐渐增大；当背压等于临界压力时，即 $p_b = p_{cr}$，$p_2$ 仍等于 $p_b$，此时 $q_m$ 达到最大值，如图 10-3 max 点所示。

当背压 $p_b$ 继续下降时，气流将要继续膨胀，气流的速度要增至超声速，气流的截面要逐渐扩大，而渐缩喷管不能提供气流膨胀所需的空间，所以出口截面压力 $p_2$ 将不随之下降，仍维持等于 $p_{cr}$，$q_m$ 也保持不变。所以气流在渐缩喷管中只能膨胀到 $p_2 = p_{cr}$ 为止，出口截面上的流速也最大只能达到当地声速 $c_{f2} = c_{f,cr} = \sqrt{k p_{cr} v_{cr}}$。

**例 10-1**　有压缩空气通过一段收缩管道排入大气，在收缩管道的进口处流速很低，测得此处压强为 690 kPa，温度为 282 ℃；管道外大气压为 101.2 kPa。如要求每秒排送 1 kg 的压缩空气，求：（1）管道进口处的密度为多少？（2）管道出口面积应设计为多大？（3）管道出口的流速为多少？

**解：**

由已知条件在收缩管道的进口处流速很低，可将此时的状态视为滞止状态，得

$$p_0 = 690 \text{ kPa}$$
$$T_0 = 273 + 282 = 555 \text{ K}$$
$$\rho_0 = \frac{1}{v_0} = \frac{p_0}{R_g T_0} = \frac{690000}{287 \times 555} = 4.33 \text{ kg/m}^3$$
$$p_{cr} = 0.528 p_0 = 0.528 \times 690 = 364.32 \text{ kPa}$$

因为临界压力 $p_{cr} = 364.32$ kPa 大于背压大气压，所以出口已达到临界状态。

$$T_{cr} = 0.8333 T_0 = 0.8333 \times 555 = 462.5 \text{ K}$$
$$\rho_{cr} = \frac{1}{v_{cr}} = \frac{p_{cr}}{R_g T_{cr}} = \frac{364320}{287 \times 462.5} = 2.74 \text{ kg/m}^3$$
$$u_{cr} = c_{cr} = 20.1 \sqrt{T_{cr}} = 20.1 \times \sqrt{462.5} = 432.3 \text{ m/s}$$
$$q_m = \rho_{cr} A_{cr} u_{cr} \Rightarrow A_{cr} = \frac{q_m}{\rho_{cr} u_{cr}} = \frac{1}{2.74 \times 432.3} = 8.44 \text{ cm}^2$$

**例 10-2**　某空气的超声速喷管的喉部已达到临界状态，其质量流量 $q_m = 0.08$ kg/s，出口马赫数 $Ma = 3$，滞止压强 $p_0 = 88300$ Pa，滞止温度 $T_0 = 300$ K。求：（1）喉部面积；（2）临界压强、临界密度、临界温度；（3）出口断面面积；（4）出口断面上的压强、密度和温度。

**解：** 示意图如图 10-4 所示。

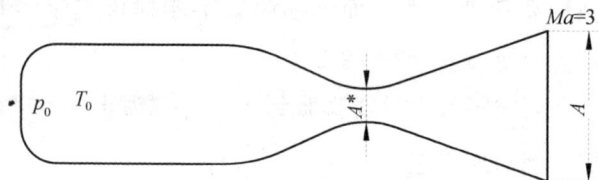

图 10-4 超声速喷管示意图

$$p_{cr} = 0.528 p_0 = 0.528 \times 88300 = 46622.4 \text{ Pa}$$

$$T_{cr} = 0.8333 T_0 = 0.8333 \times 300 = 250 \text{ K}$$

$$\rho_{cr} = \frac{1}{v_{cr}} = \frac{p_{cr}}{R_g T_{cr}} = \frac{46622.4}{287 \times 250} = 0.65 \text{ kg/m}^3$$

$$u_{cr} = c_{cr} = 20.1 \sqrt{T_{cr}} = 20.1 \sqrt{250} = 1005 \text{ m/s}$$

$$q_m = \rho_{cr} u_{cr} A_{cr}$$

$$A_{cr} = \frac{q_m}{\rho_{cr} u_{cr}} = \frac{0.08}{0.65 \times 1005} = 1.22 \times 10^{-4} \text{ m}^2$$

$$Ma = \frac{u}{c} \Rightarrow u = cMa = 3c = 3 \times 20.1 \sqrt{T} = 60.3 \sqrt{T}$$

$$c_p T_0 = c_p T + \frac{u^2}{2} = 1003T + 1818T = 2821T$$

$$T = \frac{c_p T_0}{2821} = \frac{1003 \times 300}{2821} = 106.7 \text{ K}$$

$$p = p_0 \left( \frac{T}{T_0} \right)^{\frac{k}{k-1}} = 88300 \times \left( \frac{106.7}{300} \right)^{\frac{1.4}{1.4-1}} = 2369.3 \text{ Pa}$$

$$\rho = \frac{1}{v} = \frac{p}{R_g T} = \frac{2369.3}{287 \times 106.7} = 0.077 \text{ kg/m}^3$$

$$u = 60.3 \sqrt{T} = 60.3 \sqrt{106.7} = 622.87 \text{ m/s}$$

$$A = \frac{q_m}{\rho u} = \frac{0.08}{0.077 \times 622.87} = 1.67 \times 10^{-3} \text{ m}^2$$

# 10.4　绝热节流

　　流体在流经阀门、孔板流量计等设备时其压力将会降低，这种流动过程称为节流现象。如果在节流过程中流体与外界没有热量交换，称为绝热节流。

　　节流过程中存在耗散效应，是不可逆过程。流体流经节流孔口的前后时存在着强烈的扰动及涡流，分析孔口附近的流动状况具有一定难度。在距离孔口两侧一定距离的两个截面，如图 10-5 中截面 1-1 和 2-2，流体为平衡状态。在绝热及忽略位能变化的条件下，由稳定流动能量方程式可得

$$h_1 + \frac{1}{2}c_{\mathrm{f1}}^2 = h_2 + \frac{1}{2}c_{\mathrm{f2}}^2$$

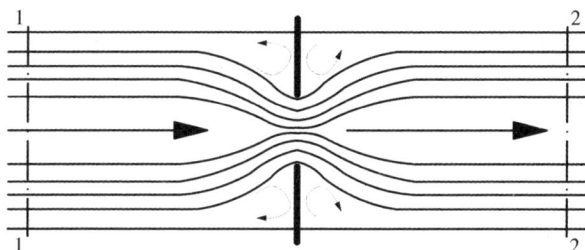

**图 10-5　绝热节流**

　　流体在距孔口两侧一定距离的两个截面上的流动速度相差较小，即动能差与焓差相差较小，动能差可以忽略不计，可得

$$h_1 = h_2 \tag{10-19}$$

　　式（10-19）表明，流体经节流过程后其焓值仍为原值，但不能把节流过程看作定焓的流动过程。也就是说并不是 1-1 截面和 2-2 截面间的不同截面其焓值都相等，因为这时的流动状态处于不平衡状态不能确定截面的焓值。

　　绝热节流虽然是绝热过程，但它是不可逆过程，存在耗散效应，过程中有熵产，经节流后的熵值应增大，即

$$s_1 > s_2 \qquad\qquad (10\text{-}20)$$

理想气体的焓值是温度的单值函数，因为 1-1 截面和 2-2 截面的焓值相等，所以两截面的温度也相等，即 $T_1 = T_2$。其他状态参数可由理想的状态方程式求得。实际气体节流过程的状态参数的变化较为复杂，此处不予阐述，请查阅相关资料。

# 10.5  有摩阻的绝热流动

前面所讨论的是气流在喷管内的可逆绝热流动，即忽略了流动过程的不可逆损失。对于在喷管内的实际流动，由于存在摩擦将发生能量耗散，摩擦损耗的能量转化为热能被气流所吸收，使其焓值比可逆流动的焓值有所增大，即

$$h_{2'} > h_2$$

对于气体流经喷管的稳定流动能量方程式并不要求过程是否是可逆流动，也可用于气体的不可逆绝热流动，能量方程式为

$$h_0 = h_1 + \frac{1}{2}c_{f1}^2 = h_2 + \frac{1}{2}c_{f2}^2 = h_{2'} + \frac{1}{2}c_{f2'}^2$$

式中，$h_0$ 为滞止焓；$h_1$，$h_2$ 分别为气流可逆绝热流动时在喷管进、出口截面上的焓值；$\frac{1}{2}c_{f1}^2$，$\frac{1}{2}c_{f2}^2$ 分别为气流可逆绝热流动时在喷管进、出口截面上的动能；$h_{2'}$ 和 $\frac{1}{2}c_{f2'}^2$ 分别为气流不可逆绝热流动时在喷管出口截面上的焓值和动能。

因为 $h_{2'} > h_2$，所以不可逆流动出口动能将小于可逆流动出口动能，其减小量等于焓值的增大量，即

$$h_{2'} - h_2 = \frac{1}{2}c_{f2}^2 - \frac{1}{2}c_{f2'}^2$$

工程上使用速度系数 $\varphi$ 和能量损失系数 $\zeta$ 来表示气流在喷管出口处速度的下降和动能的减少。速度系数 $\varphi$ 的定义为

$$\varphi = \frac{c_{f2'}^2}{c_{f2}^2} \qquad (10\text{-}21)$$

式中：$c_{f2'}$ 为气流不可逆绝热流动时在喷管出口截面上的速度；$c_{f2}$ 为理想可逆流动时喷管出口处的流速。

能量损失系数的定义为

$$\zeta = \frac{损失的动能}{理想动能} = \frac{c_{f2}^2 - c_{f2'}^2}{c_{f2}^2} = 1 - \varphi^2 \qquad (10\text{-}22)$$

速度系数一般在 $0.92 \sim 0.98$ 之间，以喷管的型式、材料及加工精度等而定。计算时可先按理想情况求出喷管出口截面速度 $c_{f2}$，再根据速度系数 $\varphi$ 的定义式求得 $c_{f2'}$。

**思考题**

1. 当地声速就是本地区的声速，这种说法对吗？

2. 对收缩喷管进行计算时一定要考虑出口截面外的背压，为什么？

3. 收缩喷管出口截面上工质的压力最低可达临界压力，此说法是否正确？为什么？

4. 当马赫数小于 1 时为得到超声速气流喷管应做成什么形状？当马赫数大于 1 时为使气流速度增加，喷管又应做成什么形状？

5. 绝热节流是等焓流动过程，这种说法对吗？为什么？

6. 描述流体流动的方程组主要包括哪些方程？

**习题**

10-1　滞止压力为 0.7 MPa、滞止温度为 360 K 的空气，可逆绝热流经一收缩喷管，在喷管截面积为 $2.6 \times 10^{-3}$ m² 处，气流的马赫数为 0.6。若喷管背压为 0.4 MPa，求喷管的出口截面积 $A_2$。空气的比热容取定值，$c_p = 1004$ J/(kg·K)。

10-2　某种混合气体 $R_g = 0.3183$ kJ/(kg·K)、$c_p = 1.159$ kJ/(kg·K)，以 810 ℃、0.7 MPa 及 100 m/s 的速度流入一绝热收缩喷管，若喷管背压 $p_b = 0.2$ MPa、速度系数 $\varphi = 0.92$、喷管出口截面积为 2400 mm²，求：喷管流量及摩擦引起的做功能力损失。（$T_0 = 300$ K）

10-3 压力 $p_1=0.5$ MPa，温度 $t_1=80$ ℃，速度忽略不计的空气稳定流入渐缩喷管，喷管出口处压力为 $p_2=0.3$ MPa。喷管后接水平放置的等截面管道，测得直管道出口截面处空气流的压力 $p_3=0.27$ MPa，温度 $t_3=15$ ℃。求：（1）喷管出口处空气的温度和流速；（2）平直管道出口处空气的流速；（3）平直管道与外界交换的热量。

10-4 空气可逆绝热流经某个缩放喷管，进口截面的压力为 0.73 MPa，温度为 180 ℃，截面面积为 268 $cm^2$，速度近似为零。出口截面上的压力为 0.22 MPa，质量流量为 1.63 kg/s。求：（1）喷管喉部与出口截面的面积；（2）空气在出口截面上的流速。

10-5 水蒸气以 95 m/s 的速度流入喷管，进口截面处的压力和温度分别为 3.63 和 462 ℃，可逆绝热膨胀到 2.48 MPa 流出喷管。试确定喷管的形状与尺寸。

# 第 11 章　化学热力学基础

前面各章所讨论的内容都只与物理变化有关，未涉及有化学反应的过程。实际上许多热力学过程都涉及化学反应问题，最为熟知的是燃料燃烧过程。其他如水处理、化工过程、物体内热质传递、能量转换也都包括化学热力学过程。本章将运用热力学第一定律与第二定律分析研究具有化学反应的热力学系统，讨论燃料燃烧反应中能量转化的规律、化学反应的方向、化学平衡等问题。

## 11.1　概述

如在以前章节中所讨论的一样，研究热力过程首先需要确定热力系统，研究有化学反应过程的能量转换也同样需要选择热力系统。热力系统也分为闭口系统、开口系统等，但此时的系统包含有化学反应。经历了化学反应后的热力系统其工质的组成和成分都会发生变化，而对于没有化学反应的热力系统只有开口系统，即与外界有质量交换时系统的组分与成分才发生变化。前面所学习的简单可压缩系统进行的是物理变化过程，确定其状态的独立状态参数只需两个。而对于有化学反应的热力系统，其物质的成分和浓度会发生变化，所以确定其平衡状态通常都需要两个以上的独立状态参数。有化学反应过程的热力系统可在定温定压或定温定容等条件下进行。

化学反应中热力系统与外界交换的热量称为反应热。向外界放出热量的反应称为放热反应；从外界吸收热量的反应称为吸热反应。例如，氢气燃烧时向外界放出热量，是放热反应，乙炔生成的过程从外界吸收热量，是吸热反应。

$$2H_2 + O_2 = 2H_2O$$
$$2C + H_2 = C_2H_2$$

反应热不是状态参数，它是与经历的过程有关的量，不仅与系统的初、终态有关，还与经历的过程有关。化学反应系统与外界交换的功包括体积变化功、电功等，交换功写成

$$W_{tot} = W + W_u$$

式中：$W_{tot}$ 为总功；$W_u$ 为有用功；$W$ 为体积变化功。以化学反应为主要目的的热力过程，体积变化功一般是不能利用的，所以涉及化学反应的热力过程中有用功不包含体积变化功。化学反应过程中热力系统与外界交换的功同样也是过程量，不是状态参数。

功和反应热符号正负的约定仍和无化学反应的过程一样：系统吸热为正，放热为负；系统对外做功为正，外界对系统做功为负。

在化学反应过程中形成了新的分子，原有的分子被破坏了，物系的化学能应发生变化，热力学能变化应包括化学内能（也称化学能）。化学反应物系物质的量可能增加、减少或者保持不变。

与前面讨论的物理状态变化过程一样，热力系统在完成有化学反应的过程后，当使过程沿相反方向进行时能够使物系和外界都完全恢复到原来状态，不留下任何变化，这样的理想过程就是可逆过程，否则是不可逆过程。而一切含有化学反应的实际过程都是不可逆的，可逆过程仅是理想的极限。少数特殊条件下的化学反应，如蓄电池的放电和充电，接近可逆，而像燃烧反应则是强烈的不可逆过程。

与无化学反应的热力系统过程一样，若正向反应对外做出有用功，那么在逆向反应中外界必须对反应物系做功。对于可逆过程，其正向反应做出的有用功应与逆向反应时所需加入的功绝对值相同，符号相反。可逆正向反应做出的有用功最大，其逆向反应时所需输入的有用功的绝对值最小。

## 11.2　热力学第一定律在有化学反应系统内的应用

热力学第一定律是普遍的定律，同样适用于有化学反应的过程。它是对化学过程进行能量平衡分析的理论基础。

### 11.2.1　热力学第一定律解析式

1. 热力学第一定律解析式

化学反应过程中热力学第一定律解析式可表达成如下形式：

$$Q = U_2 - U_1 + W_{tot} \tag{11-1}$$

式中：反应的总功 $W_{tot} = W + W_u$；$Q$ 是系统与外界交换的热量，这里是反应热；热力学能 $U$ 包括内热能 $U_{th}$ 和化学能 $U_{ch}$。

如果热力系统在定温定容条件下发生化学反应，因为体积不变，所以体积变化功 $W = 0$，则有

$$Q = U_2 - U_1 + W_{u,v} \tag{11-2}$$

式中：$W_{u,v}$ 为系统在定温定容条件下的有用功。

如果热力系统在定温定压条件下反应，因为压力不变，所以体积变化功 $W = p(V_2 - V_1)$，用 $W_{u,p}$ 表示定温定压条件下的有用功，有

$$Q = U_2 - U_1 + W_{u,p} + p(V_2 - V_1) \tag{11-3}$$

由焓的定义 $H = U + pV$，式（11-3）可写成

$$Q = H_2 - H_1 + W_{u,p} \tag{11-3a}$$

上述公式均由热力学第一定律得出，不论对于系统是开口系统、闭口系统，还是可逆与不可逆过程都是适用的。

2. 热效应和反应焓、生成焓

对于不可逆过程，如果系统与外界没有功量上的交换，那么对于定温定容反应和定温定压反应热力学第一定律可写成

$$Q_V = U_2 - U_1 \tag{11-4}$$

$$Q_p = H_2 - H_1 \tag{11-5}$$

此时的热量称为反应的热效应，则 $Q_V$ 和 $Q_p$ 分别称为定容热效应

和定压热效应。对于定温定压反应的热效应等于系统反应前后焓值的差，这个焓差 $\Delta H$ 称为反应焓。

对于单质元素的化合反应，当生成 1 mol 化合物时的热效应称为该化合物的生成热。当反应在定温定压条件下进行时，其热效应等于焓差，将定温定压下的生成热又称为生成焓，用 $\Delta H_f$ 表示。当化合物分解时，由 1 mol 的化合物分解成单质时的热效应称为该化合物的分解热。可见，生成热与分解热的绝对值相等，符号相反。

在不同的温度与压力条件下有不同的热效应，规定 $p = 101325$ Pa、$t = 298.15$ K 为标准状态，在标准状态下的热效应称为标准热效应，标准定容热效应和标准定压热效应分别用 $Q_V^0$ 和 $Q_p^0$ 表示。标准燃烧焓和标准生成焓在定义是在标准状态下的燃烧热和生成热，分别用 $\Delta H_c^0$ 和 $\Delta H_f^0$ 表示。稳定单质元素的标准生成焓规定为零。

## 11.2.2 盖斯定律

从反应热的定义式上看它是热力学能与体积功的和，是反应系统与外界交换的热量，它是过程量，而不是状态量。而热效应是在定温时系统与外界没有功量交换的条件下的反应热，对于定温定容反应和定温定压反应其值分别为热力学能的变化和焓的变化，所以热效应是状态量。此结论于 1840 年由俄国学者盖斯由实验测得，称为盖斯定律。

有些化学反应的热效应很难使用测量的方法得出，可以使用盖斯定律通过间接的方法得到其数值。例如，碳不完全燃烧的反应方程式为

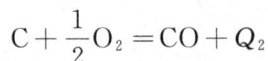

$$C + \frac{1}{2}O_2 = CO + Q_2$$

因为碳燃烧时的生成物不仅有 $CO$，还有 $CO_2$，这一反应的热效应难以直接测得，但可通过下列两个反应并借助于盖斯定律将其热效应求得（参见图 11-1）。

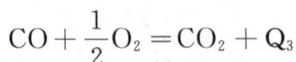

$$C + O_2 = CO_2 + Q_1$$

$$CO + \frac{1}{2}O_2 = CO_2 + Q_3$$

据盖斯定律，$Q_1 = Q_2 + Q_3$。于是

$$Q_2 = Q_1 - Q_3$$

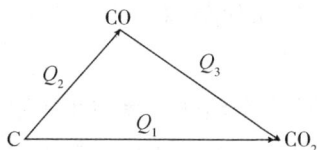

图 11-1 反应热效应

# 11.3 绝热理论燃烧温度

当化学反应物完全燃烧时理论上所需要的空气量称为理论空气量，而超出理论空气量的部分称为过量空气，所提供的实际空气量与所需的理论空气量之比称为过量空气系数。为了使化学反应的燃烧充分，通常提供比理论空气量更多的空气，尽管多余的空气没有参与燃烧，但对燃烧过程产生一定助燃的影响。

假设化学反应物完全燃烧，反应前后系统的动能和位能的变化忽略不计且没有对外做出有用功，如果燃烧反应在接近绝热的条件下进行，那么燃烧产生的热量全部被燃烧产物吸收，此时燃烧产物所达到的最高温度定义为绝热理论燃烧温度，用 $T_{ad}$ 表示。

图 11-2 中，点 $A$ 为系统的总焓，等于化学反应物在点 1 的总焓 $H_1$。由盖斯定律

$$H_{ad} - H_1 = (H_{ad} - H_b) + \Delta H^0 - (H_1 - H_a) = 0 \qquad (11\text{-}6)$$

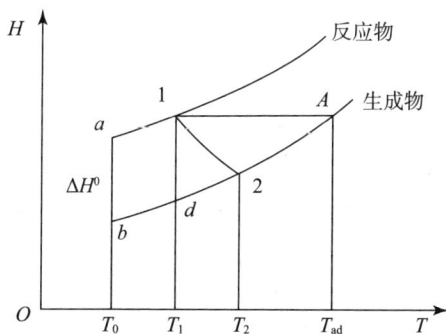

11-2 绝热理论燃烧温度

生成物的焓差与反应物的焓差分别取决于生成物和反应物的温度变化。$\Delta H^0$ 是标准状态下的反应热效应，可以通过标准生成焓数据或燃烧焓数据计算得到。

在化学反应中不可能完全绝热，反应也不可能进行完全燃烧，所产生的化合物在高温时也可能分解，所以实际上燃烧产物所达到的温度总是要低于绝热理论燃烧温度。

# 11.4　化学平衡与平衡移动原理

### 11.4.1　化学平衡

在化学反应中，当反应物分子生成生成物分子的时候，生成物分子同时也在进行着反向的重新生成原有反应物分子的过程，也就是说正、反两个方向过程在同时进行着。用化学式可表示为

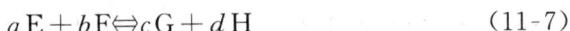

$$aE + bF \Leftrightarrow cG + dH \tag{11-7}$$

式中：E，F 代表反应物；G，H 代表生成物。

刚开始反应时自左向右的正向反应速度大于反向反应速度，则此时的反应方向是自左向右进行。这时 E、F 仍可叫作反应物，而 G、H 则为生成物。

化学反应的速度可用单位时间内反应物质浓度的变化来度量，即

$$w = \frac{\mathrm{d}c}{\mathrm{d}\tau}$$

式中：$w$ 表示化学反应的瞬时速度；$c$ 表示某一反应物质的物质的量浓度；$\tau$ 表示时间。

化学反应的速度取决于反应物质的浓度及反应的温度。多数化学反应当反应温度升高时反应的速度迅速增加。当反应进行的温度不变时，由化学反应的质量作用定律化学反应的速度与发生反应的所有反应物的浓度的乘积成正比。

设化学反应刚刚开始进时正向反应的速度远远大于逆向反应速度，

那么此时的反应方向是自左向右。随着反应的进行，正向反应速度 $w_1$ 递减而反向反应速度 $w_2$ 逐渐增大。到达某一时刻时正、反向反应的速度趋于相等，即达到了化学平衡。达到化学平衡时反应物和生成物的浓度将不再随时间改变，但此时正、反方向的反应却没有停止，而是保持着动态平衡。

### 11.4.2  平衡移动原理

化学平衡的研究表明化学平衡不但与温度有关，还与如压力变化等因素有关，列-查德里原理指出当外界条件，如压力、温度等发生变化时，物系的反应条件也将随之变化，此时平衡将被打破，反应移动的方向是朝着削弱外来作用的影响的方向进行，此即平衡移动原理。

例如当外界作用在物系上的压力增大时，物系内的压力也将随之增大，由列-查德里原理，物系中使物质的量减小这一方向的反应必将加强，即物系容积减小的反应将被加强，从而可以削弱系统压力的升高。由于压力升高的作用使平衡将发生移动，当到达某一压力时又建立了一个新的化学平衡。

由前面所学习的热力学第二定律对过程方向的论述可知平衡移动原理与之是相符的。

## 11.5   化学反应方向判据及平衡条件

根据热力学第二定律可以判断出热力过程进行的方向、条件及限度的问题，其中本质是方向性的问题，此定律对含化学反应的过程同样适用。下面根据热力学第二定律讨论定温定压反应和定温定容反应进行的方向及进行程度方面的问题。

### 11.5.1  定温定容反应和定温定压反应方向判据和平衡条件

对于包括化学反应在内的任何过程，由热力学第二定律均有

$$dS \geqslant \frac{\delta Q}{T} \tag{11-8}$$

化学反应主要是在定温定压和定温定容条件下进行，下面对这两种过程反应方向的判据及平衡条件做一阐述。

由热力学第一定律有

$$\delta Q = dU + \delta W_{tot}$$

代入式（11-8）得

$$dS \geqslant \frac{dU + \delta W_{tot}}{T}$$

$$T dS - dU \geqslant \delta W_{tot}$$

在定温反应中，由于温度不变，有

$$T dS - dU = d(TS - U)$$

即

$$-d(U - TS) \geqslant \delta W_{tot} \tag{11-9}$$

$U - TS = F$，称为亥姆霍兹函数。式（11-9）可写成

$$-dF \geqslant \delta W_{tot} \tag{11-10}$$

能够自发进行的反应都是不可逆反应，因此反应系统的亥姆霍兹函数 $F$ 都是向减小的方向反应的，也就是说只有 $F$ 减小时定温定容反应才能自发地进行，$F$ 增大的反应要求有外界帮助。$dF < 0$ 是定温定容自发过程方向的判据。

对于定温定压反应，有

$$\delta W_{tot} = \delta W_{u, p} + \delta W = \delta W_{u, p} + p dV = \delta W_{u, p} + d(pV)$$

将之代入式（11-9）得

$$-d(H - TS) \geqslant \delta W_{u, p} \tag{11-11}$$

$H - TS$ 称为吉布斯函数，式（11-11）可写为

$$-dG \geqslant \delta W_{u, p} \tag{11-12}$$

实际上能够自发进行的定温定压反应都是使物系的 $G$ 减小，所得到的有用功小于最大有用功，甚至等于零。

$$dG < 0 \tag{11-13}$$

作为定温定压反应能自发进行的判据。

### 11.5.2　化学势

下面讨论多元系化学势的概念。化学反应系统有两个以上的独立状态参数，将吉布斯函数 $G$ 和亥姆霍兹函数 $F$ 表示为

$$G = G(T, p, n_1, n_2, \cdots, n_r)$$

$$F = F(T, V, n_1, n_2, \cdots, n_r)$$

微分形式

$$\mathrm{d}G = \left(\frac{\partial G}{\partial T}\right)_{p, n_i} \mathrm{d}T + \left(\frac{\partial G}{\partial p}\right)_{T, n_i} \mathrm{d}p + \sum_{i=1}^{r} \left(\frac{\partial G}{\partial n_i}\right)_{T, p, n_{j(j \neq i)}} \mathrm{d}n_i$$

$$\mathrm{d}F = \left(\frac{\partial F}{\partial T}\right)_{V, n_i} \mathrm{d}T + \left(\frac{\partial F}{\partial V}\right)_{T, n_i} \mathrm{d}p + \sum_{i=1}^{r} \left(\frac{\partial F}{\partial n_i}\right)_{T, V, n_{j(j \neq i)}} \mathrm{d}n_i$$

又

$$\left(\frac{\partial G}{\partial T}\right)_p = -S, \quad \left(\frac{\partial G}{\partial p}\right)_T = V, \quad \left(\frac{\partial F}{\partial T}\right)_V = -S, \quad \left(\frac{\partial F}{\partial V}\right)_T = -p$$

所以

$$\mathrm{d}G = -S\mathrm{d}T + V\mathrm{d}p + \sum_{i=1}^{r} \left(\frac{\partial G}{\partial n_i}\right)_{T, p, n_{j(j \neq i)}} \mathrm{d}n_i \qquad (11\text{-}14)$$

$$\mathrm{d}F = -S\mathrm{d}T - p\mathrm{d}V + \sum_{i=1}^{r} \left(\frac{\partial F}{\partial n_i}\right)_{T, V, n_{j(j \neq i)}} \mathrm{d}n_i \qquad (11\text{-}15)$$

因为

$$G = H - TS = (U - TS) + pV = F + pV$$

$$\mathrm{d}G = \mathrm{d}F + p\mathrm{d}V + V\mathrm{d}p$$

将式（11-15）代入上式，得到

$$\mathrm{d}G = -S\mathrm{d}T + V\mathrm{d}p + \sum_{i=1}^{r} \left(\frac{\partial F}{\partial n_i}\right)_{T, V, n_{j(j \neq i)}} \mathrm{d}n_i$$

上式与式（11-14）相比得

$$\left(\frac{\partial G}{\partial n_i}\right)_{T, p, n_{j(j \neq i)}} = \left(\frac{\partial F}{\partial n_i}\right)_{T, V, n_{j(j \neq i)}}$$

设　　　$$\mu_i = \left(\frac{\partial G}{\partial n_i}\right)_{T, p, n_{j(j \neq i)}} = \left(\frac{\partial F}{\partial n_i}\right)_{T, V, n_{j(j \neq i)}} \qquad (11\text{-}16)$$

$\mu_i$ 也被称为化学势。对于多组元物质体系，在定温定压条件下若

保持其他组分的物质的量不变，当加入 1 mol 的第 $i$ 种物质时所引起体系吉布斯函数 $G$ 的变化量，与在定温定容条件下加入 1 mol 的第 $i$ 种物质所引起体系亥姆霍兹函数 $F$ 的变化量相同。将 $\mu_i$ 表达式代入式（11-14）和式（11-15）得

$$dG = -SdT + Vdp + \sum_{i=1}^{r} \mu_i dn_i \qquad (11\text{-}17)$$

$$dF = -SdT - pdV + \sum_{i=1}^{r} \mu_i dn_i \qquad (11\text{-}18)$$

在定温定压和定温定容的反应过程中，则

$$dG = \sum_{i=1}^{r} \mu_i dn_i \qquad (11\text{-}19)$$

$$dF = \sum_{i=1}^{r} \mu_i dn_i \qquad (11\text{-}20)$$

由定温定容反应和定温定压反应方向及化学平衡的判据，当 $dG \leqslant 0$ 和 $dF \leqslant 0$ 时有

$$\sum_{i=1}^{r} \mu_i dn_i \leqslant 0 \qquad (11\text{-}21)$$

因此可将式（11-21）作为定温定压和定温定容单相化学反应的反应方向及化学平衡的普遍判据。

对于单相系统的化学反应

$$\pi_a A_a + \pi_b B_b \rightarrow \pi_c C_c + \pi_d D_d$$

参与反应的反应物和生成物的物质的量变化量之比应等于相应组元的化学计量系数之比，即

$$\frac{dn_a}{\pi_a} = \frac{dn_b}{\pi_b} = \frac{dn_c}{\pi_c} = \frac{dn_d}{\pi_d} = d\varepsilon$$

可写成

$$dn_i = \pi_i d\varepsilon \qquad (11\text{-}22)$$

式中：$\varepsilon$ 称为化学反应度；$\pi_i$ 为化学计量系数。

将式（11-19）代入式（11-18）得

$$\sum_{i=1}^{r} \mu_i \pi_i \leqslant 0 \qquad (11\text{-}23)$$

$\sum\limits_{i=1}^{r}\mu_i\pi_i$ 为总化学势。化学反应总是朝着系统总化学势减小的方向进行，并且当系统的总化学势达到最小值时反应达到平衡。

**思考题**

1. 为什么平衡移动原理与热力学第二定律对过程方向的论述是相符的？

2. 甲烷分别在定温定压与定温定容条件下燃烧，什么条件下放出的热量比较多？

3. 燃烧反应系统温度提高，那么燃烧过程的化学燃烧损失是增大还是减少？

4. 在进行化学反应的物系中是否受到有两个独立的状态参数保持不变则变化过程就不可能进行的限制？

5. 实际的化学反应都有正向反应与逆向反应，两个方向在同时进行，这样的反应是否是可逆反应？

**习题**

11-1　对于化学反应 $CH_{4(g)}+H_2O\rightarrow CO_{(g)}+3H_{2(g)}$，利用生成焓数据计算在 302 K 时的标准反应热。

11-2　辛烷（$C_8H_{18}$）在 92% 理论空气量下燃烧。若燃烧产生物为 $CO_2$，$CO$，$H_2O$，$N_2$，确定燃烧方程，并计算空燃比。

11-3　$H_2O(g)$ 和 $CH_4(g)$ 的标准生成焓分别为 $\Delta H^0_{f,H_2O(g)}=-2.25\times10^5$ J/mol，$\Delta H^0_{f,CH_4(g)}=-7.36\times10^4$ J/mol，298 K 时 $CH_4(g)$ 的低热值为 $\Delta H^0_{b,CH_4(g)}=-6.6\times10^5$ J/mol。求 300 K 时反应 $C(s)+2H_2O(g)=CO_2(g)+2H_2(g)$ 的 $Q_p$ 和 $Q_v$。

11-4　在碳燃料电池中，碳完全反应 $C+O_2\rightarrow CO_2$，求此反应在标准状态下的最大有用功。

11-5　2.5 mol 的 CO 和 12 mol 的空气反应，在 1 个大气压、3010 K 下达到化学平衡。求平衡时各种气体的组成。

# 参考文献

[1] 戴锅生. 传热学 [M]. 2版. 北京：高等教育出版社，1999.

[2] 刘桂玉，等. 工程热力学 [M]. 北京：高等教育出版社，1998.

[3] 曾丹苓，等. 工程热力学 [M]. 3版. 北京：高等教育出版社，2002.

[4] 陶文铨. 传热学 [M]. 4版. 北京：高等教育出版社，2015.

# 附　录

附表 1　常用单位换算[1]

| 序号 | 物理量 | 符号 | 定义式 | 我国法定单位 | 米制工程单位 | | 备注 |
|---|---|---|---|---|---|---|---|
| 1 | 质量 | $m$ | | kg<br>1<br>9.087 | $kgf \cdot s^2 / m$<br>0.1020<br>1 | | |
| 2 | 温度 | $T$ 或 $t$ | | K<br>$T = t + T_0$ | ℃<br>$t = T - T_0$ | | $T_0 = 273.15 K$ |
| 3 | 力 | $F$ | $ma$ | N<br>1<br>9.807 | kgf<br>0.1020<br>1 | | |
| 4 | 压力（即压强） | $p$ | $\dfrac{F}{A}$ | Pa<br>1<br>$9.807 \times 10^4$ | at 或 $kgf / cm^2$<br>$1.0197 \times 10^{-5}$<br>1 | | 1 atm=1.033 at<br>$=1.003 \times 10^4$ kgf/m²<br>$=1.013 \times 10^5$ Pa |
| 5 | 密度 | $\rho$ | $\dfrac{m}{V}$ | kg / m³<br>1<br>9.807 | $kgf \cdot s^2 / m^4$<br>0.1020<br>1 | | |
| 6 | 能量<br>功量<br>热量 | $W$　$Q$ | $Fr$　$\Phi\tau$ | J<br>$1 \times 10^3$<br>$4.187 \times 10^3$ | kcal<br>0.2388<br>1 | | |
| 7 | 功率<br>热流量 | $P$　$\Phi$ | $W/\tau$ 或<br>$Q/\tau$ | W<br>1<br>9.807<br>1.163 | kgf·m/s<br>0.1020<br>10.1186 | kcal/h<br>0.8598<br>8.4341 | |

续表

| 序号 | 物理量 | 符号 | 定义式 | 我国法定单位 | 米制工程单位 | 备注 |
|---|---|---|---|---|---|---|
| 8 | 比热容 | $c$ | $\dfrac{Q}{m\Delta t}$ | J/（kg·K）<br>1<br>4.187 | kcal/（kg·℃）<br>0.2388<br>1 | |
| 9 | 动力黏度 | $\eta$ | $\rho\upsilon$ | Pa·s 或 kg/（m·s）<br>1<br>9.807 | kgf·s/m²<br>0.1020<br>1 | $\upsilon$：动力黏度，单位均为 m²/s |

**附表 2　常用气体的平均比定压热容[2] $c_p \big|_{0℃}^{t}$ / [ kJ / ( kg · K ) ]**

| 温度/℃ | 气体 | | | | | | |
|---|---|---|---|---|---|---|---|
| | $O_2$ | $N_2$ | CO | $CO_2$ | $H_2O$ | $SO_2$ | 空气 |
| 0 | 0.915 | 1.039 | 1.040 | 0.815 | 1.859 | 0.607 | 1.004 |
| 100 | 0.923 | 1.040 | 1.042 | 0.866 | 1.873 | 0.636 | 1.006 |
| 200 | 0.935 | 1.043 | 1.046 | 0.910 | 1.894 | 0.662 | 1.012 |
| 300 | 0.950 | 1.049 | 1.054 | 0.949 | 1.919 | 0.687 | 1.019 |
| 400 | 0.965 | 1.057 | 1.063 | 0.983 | 1.948 | 0.708 | 1.028 |
| 500 | 0.979 | 1.066 | 1.075 | 1.013 | 1.978 | 0.724 | 1.039 |
| 600 | 0.993 | 1.076 | 1.086 | 1.040 | 2.009 | 0.737 | 1.050 |
| 700 | 1.005 | 1.087 | 1.098 | 1.064 | 2.042 | 0.754 | 1.061 |
| 800 | 1.016 | 1.097 | 1.109 | 1.085 | 2.075 | 0.762 | 1.071 |
| 900 | 1.026 | 1.108 | 1.120 | 1.104 | 2.110 | 0.775 | 1.081 |
| 1000 | 1.035 | 1.118 | 1.130 | 1.122 | 2.144 | 0.783 | 1.091 |
| 1100 | 1.043 | 1.127 | 1.140 | 1.138 | 2.177 | 0.791 | 1.100 |
| 1200 | 1.051 | 1.136 | 1.149 | 1.153 | 2.211 | 0.795 | 1.108 |
| 1300 | 1.058 | 1.145 | 1.158 | 1.166 | 2.243 | — | 1.117 |
| 1400 | 1.065 | 1.153 | 1.166 | 1.178 | 2.274 | — | 1.124 |
| 1500 | 1.071 | 1.160 | 1.173 | 1.189 | 2.305 | — | 1.131 |
| 1600 | 1.077 | 1.167 | 1.180 | 1.200 | 2.335 | — | 1.138 |
| 1700 | 1.083 | 1.174 | 1.187 | 1.209 | 2.363 | — | 1.144 |
| 1800 | 1.089 | 1.180 | 1.192 | 1.218 | 2.391 | — | 1.150 |
| 1900 | 1.094 | 1.186 | 1.198 | 1.226 | 2.417 | — | 1.156 |
| 2000 | 1.099 | 1.191 | 1.203 | 1.233 | 2.442 | — | 1.161 |
| 2100 | 1.104 | 1.197 | 1.208 | 1.241 | 2.466 | — | 1.166 |
| 2200 | 1.109 | 1.201 | 1.213 | 1.247 | 2.489 | — | 1.171 |
| 2300 | 1.114 | 1.206 | 1.218 | 1.253 | 2.512 | — | 1.176 |
| 2400 | 1.118 | 1.210 | 1.222 | 1.259 | 2.533 | — | 1.180 |
| 2500 | 1.123 | 1.214 | 1.226 | 1.264 | 2.554 | — | 1.184 |
| 2600 | 1.127 | — | — | — | 2.574 | — | — |
| 2700 | 1.131 | — | — | — | 2.594 | — | — |
| 2800 | — | — | — | — | 2.612 | — | — |
| 2900 | — | — | — | — | 2.630 | — | — |
| 3000 | — | — | — | — | — | — | — |

附表3　常用气体的平均比定容热容[2] $c_V \mid_0^t$ /〔kJ/（kg·K）〕

| 温度/℃ | 气体 | | | | | | |
|---|---|---|---|---|---|---|---|
| | $O_2$ | $N_2$ | CO | $CO_2$ | $H_2O$ | $SO_2$ | 空气 |
| 0 | 0.655 | 0.742 | 0.743 | 0.626 | 1.398 | 0.477 | 0.716 |
| 100 | 0.663 | 0.744 | 0.745 | 0.677 | 1.411 | 0.507 | 0.719 |
| 200 | 0.675 | 0.747 | 0.749 | 0.721 | 1.432 | 0.532 | 0.724 |
| 300 | 0.690 | 0.752 | 0.757 | 0.760 | 1.457 | 0.557 | 0.732 |
| 400 | 0.705 | 0.760 | 0.767 | 0.794 | 1.486 | 0.578 | 0.741 |
| 500 | 0.719 | 0.769 | 0.777 | 0.824 | 1.516 | 0.595 | 0.752 |
| 600 | 0.733 | 0.779 | 0.789 | 0.851 | 1.547 | 0.607 | 0.762 |
| 700 | 0.745 | 0.790 | 0.801 | 0.875 | 1.581 | 0.621 | 0.773 |
| 800 | 0.756 | 0.801 | 0.812 | 0.896 | 1.614 | 0.632 | 0.784 |
| 900 | 0.766 | 0.811 | 0.823 | 0.916 | 1.618 | 0.615 | 0.794 |
| 1000 | 0.775 | 0.821 | 0.834 | 0.933 | 1.682 | 0.653 | 0.804 |
| 1100 | 0.783 | 0.830 | 0.843 | 0.950 | 1.716 | 0.662 | 0.813 |
| 1200 | 0.791 | 0.839 | 0.857 | 0.964 | 1.749 | 0.666 | 0.821 |
| 1300 | 0.798 | 0.848 | 0.861 | 0.977 | 1.781 | — | 0.829 |
| 1400 | 0.805 | 0.856 | 0.869 | 0.989 | 1.813 | — | 0.837 |
| 1500 | 0.811 | 0.863 | 0.876 | 1.001 | 1.843 | — | 0.844 |
| 1600 | 0.817 | 0.870 | 0.883 | 1.011 | 1.873 | — | 0.851 |
| 1700 | 0.823 | 0.877 | 0.889 | 1.020 | 1.902 | — | 0.857 |
| 1800 | 0.829 | 0.883 | 0.896 | 1.029 | 1.929 | — | 0.863 |
| 1900 | 0.834 | 0.889 | 0.901 | 1.037 | 1.955 | — | 0.869 |
| 2000 | 0.839 | 0.894 | 0.906 | 1.045 | 1.980 | — | 0.874 |
| 2100 | 0.844 | 0.900 | 0.911 | 1.052 | 2.005 | — | 0.879 |
| 2200 | 0.849 | 0.905 | 0.916 | 1.058 | 2.028 | — | 0.884 |
| 2300 | 0.854 | 0.909 | 0.921 | 1.064 | 2.050 | — | 0.889 |
| 2400 | 0.858 | 0.914 | 0.925 | 1.070 | 2.072 | — | 0.893 |
| 2500 | 0.863 | 0.918 | 0.929 | 1.075 | 2.093 | — | 0.897 |
| 2600 | 0.868 | — | — | — | 2.113 | — | — |
| 2700 | 0.872 | — | — | — | 2.132 | — | — |
| 2800 | — | — | — | — | 2.151 | — | — |
| 2900 | — | — | — | — | 2.168 | — | — |
| 3000 | — | — | — | — | — | — | — |

附表 4　空气的热力性质[2]

| T/K | t/℃ | h/(kJ/kg) | u/(kJ/kg) | s⁰/[kJ/(kg·K)] |
|---|---|---|---|---|
| 200 | -73.15 | 200.13 | 142.72 | 6.2950 |
| 220 | -53.15 | 220.18 | 157.03 | 6.3905 |
| 240 | -33.15 | 240.22 | 171.34 | 6.4777 |
| 260 | -13.15 | 260.28 | 185.65 | 6.5580 |
| 280 | 6.85 | 280.35 | 199.98 | 6.6323 |
| 300 | 26.85 | 300.43 | 214.32 | 6.7016 |
| 320 | 46.85 | 320.53 | 228.68 | 6.7665 |
| 340 | 66.85 | 340.66 | 243.07 | 6.8275 |
| 360 | 86.85 | 360.81 | 257.48 | 6.8851 |
| 380 | 106.85 | 381.01 | 271.94 | 6.9397 |
| 400 | 126.85 | 401.25 | 286.43 | 6.9916 |
| 450 | 176.85 | 452.07 | 322.91 | 7.1113 |
| 500 | 226.85 | 503.30 | 359.79 | 7.2193 |
| 550 | 276.85 | 555.01 | 397.15 | 7.3178 |
| 600 | 326.85 | 607.26 | 435.04 | 7.4087 |
| 650 | 376.85 | 660.09 | 473.52 | 7.4933 |
| 700 | 426.85 | 713.51 | 512.59 | 7.5725 |
| 750 | 476.85 | 767.53 | 552.26 | 7.6470 |
| 800 | 526.85 | 822.15 | 592.53 | 7.7175 |
| 850 | 576.85 | 877.35 | 633.37 | 7.7844 |
| 900 | 626.85 | 933.10 | 674.77 | 7.8482 |
| 950 | 676.85 | 989.38 | 716.70 | 7.9090 |
| 1000 | 726.85 | 1046.16 | 759.13 | 7.9673 |
| 1200 | 926.85 | 1277.73 | 933.29 | 8.1783 |
| 1400 | 1126.85 | 1515.18 | 1113.34 | 8.3612 |
| 1600 | 1326.85 | 1757.19 | 1297.94 | 8.5228 |
| 1800 | 1526.85 | 2002.78 | 1486.12 | 8.6674 |
| 2000 | 1726.85 | 2251.28 | 1677.22 | 8.7983 |
| 2200 | 1926.85 | 2502.20 | 1870.73 | 8.9179 |
| 2400 | 2126.85 | 2755.17 | 2066.29 | 9.0279 |
| 2600 | 2326.85 | 3009.91 | 2263.63 | 9.1299 |
| 2800 | 2526.85 | 3266.21 | 2462.52 | 9.2248 |
| 3000 | 2726.85 | 3523.87 | 2662.78 | 9.3137 |
| 3200 | 2926.85 | 3782.75 | 2864.25 | 9.3972 |
| 3400 | 3126.85 | 4042.71 | 3066.80 | 9.4762 |

附表 5　饱和水与饱和水蒸气的热力性质(按温度排列)[2]

| 温度 | 压力 | 比体积 | | 比焓 | | 汽化潜热 | 比熵 | |
|---|---|---|---|---|---|---|---|---|
| | | 液体 | 蒸汽 | 液体 | 蒸汽 | | 液体 | 蒸汽 |
| t | p | v' | v" | h' | h" | r | s' | s" |
| ℃ | MPa | m³/kg | m³/kg | kJ/kg | kJ/kg | kJ/kg | kJ/(kg · K) | kJ/(kg · K) |
| 0.00 | 0.0006112 | 0.00100022 | 206.154 | -0.05 | 2500.51 | 2500.6 | -0.0002 | 9.1544 |
| 0.01 | 0.0006117 | 0.00100021 | 206.012 | 0.00 | 2500.53 | 2500.5 | 0.0000 | 9.1541 |
| 1 | 0.0006571 | 0.00100018 | 192.464 | 4.18 | 2502.35 | 2498.2 | 0.0153 | 9.1278 |
| 2 | 0.0007059 | 0.00100013 | 179.787 | 8.39 | 2504.19 | 2495.8 | 0.0306 | 9.1014 |
| 3 | 0.0007580 | 0.00100009 | 168.041 | 12.61 | 2506.03 | 2493.4 | 0.0459 | 9.0752 |
| 4 | 0.0008135 | 0.00100008 | 157.151 | 16.82 | 2507.87 | 2491.1 | 0.0611 | 9.0493 |
| 5 | 0.0008725 | 0.00100008 | 147.048 | 21.02 | 2509.71 | 2488.7 | 0.0763 | 9.0236 |
| 6 | 0.0009352 | 0.00100010 | 137.670 | 25.22 | 2511.55 | 2486.3 | 0.0913 | 8.9982 |
| 7 | 0.0010019 | 0.00100014 | 128.961 | 29.42 | 2513.39 | 2484.0 | 0.1063 | 8.9730 |
| 8 | 0.0010728 | 0.00100019 | 120.868 | 33.62 | 2515.23 | 2481.6 | 0.1213 | 8.9480 |
| 9 | 0.0011480 | 0.00100026 | 113.342 | 37.81 | 2517.06 | 2479.3 | 0.1362 | 8.9233 |
| 10 | 0.0012279 | 0.00100034 | 106.341 | 42.00 | 2518.90 | 2476.9 | 0.1510 | 8.8988 |
| 11 | 0.0013126 | 0.00100043 | 99.825 | 46.19 | 2520.74 | 2474.5 | 0.1658 | 8.8745 |

续表

| 温度 | 压力 | 比体积 | | 比焓 | | 汽化潜热 | 比熵 | |
|---|---|---|---|---|---|---|---|---|
| $t$ | $p$ | 液体 $v'$ | 蒸汽 $v''$ | 液体 $h'$ | 蒸汽 $h''$ | $r$ | 液体 $s'$ | 蒸汽 $s''$ |
| ℃ | MPa | m³/kg | m³/kg | kJ/kg | kJ/kg | kJ/kg | kJ/(kg·K) | kJ/(kg·K) |
| 12 | 0.0014025 | 0.00100054 | 99.756 | 50.38 | 2522.57 | 2472.2 | 0.1805 | 8.8504 |
| 13 | 0.0014977 | 0.00100066 | 88.101 | 54.57 | 2524.41 | 2469.8 | 0.1952 | 8.8265 |
| 14 | 0.0015985 | 0.00100080 | 82.828 | 58.76 | 2526.24 | 2467.5 | 0.2098 | 8.8029 |
| 15 | 0.0017053 | 0.00100094 | 77.910 | 62.95 | 2528.07 | 2465.1 | 0.2243 | 8.7794 |
| 16 | 0.0018183 | 0.00100110 | 73.320 | 67.13 | 2529.90 | 2462.8 | 0.2388 | 8.7562 |
| 17 | 0.0019377 | 0.00100127 | 69.034 | 71.32 | 2531.72 | 2460.4 | 0.2533 | 8.7331 |
| 18 | 0.0020640 | 0.00100145 | 65.029 | 75.50 | 2533.55 | 2458.1 | 0.2677 | 8.7103 |
| 19 | 0.0021975 | 0.00100165 | 61.287 | 79.68 | 2535.37 | 2455.7 | 0.2820 | 8.6877 |
| 20 | 0.0023385 | 0.00100185 | 57.786 | 83.86 | 2537.20 | 2453.3 | 0.2963 | 8.6652 |
| 22 | 0.0026444 | 0.00100229 | 51.445 | 92.23 | 2540.84 | 2448.6 | 0.3247 | 8.6210 |
| 24 | 0.0029846 | 0.00100276 | 45.884 | 100.59 | 2544.47 | 2443.9 | 0.3530 | 8.5774 |
| 26 | 0.0033625 | 0.00100328 | 40.997 | 108.95 | 2548.10 | 2439.2 | 0.3810 | 8.5347 |
| 28 | 0.0037814 | 0.00100383 | 36.694 | 117.32 | 2551.73 | 2434.4 | 0.4089 | 8.4927 |

续表

| 温度 | 压力 | 比体积 | | 比焓 | | 汽化潜热 | 比熵 | |
|---|---|---|---|---|---|---|---|---|
| | | 液体 | 蒸汽 | 液体 | 蒸汽 | | 液体 | 蒸汽 |
| $t$ | $p$ | $v'$ | $v''$ | $h'$ | $h''$ | $r$ | $s'$ | $s''$ |
| ℃ | MPa | m³/kg | m³/kg | kJ/kg | kJ/kg | kJ/kg | kJ/(kg·K) | kJ/(kg·K) |
| 30 | 0.0042451 | 0.00100442 | 32.899 | 125.68 | 2555.35 | 2429.7 | 0.4366 | 8.4514 |
| 35 | 0.0056263 | 0.00100605 | 25.222 | 146.59 | 2564.38 | 2417.8 | 0.5050 | 8.3511 |
| 40 | 0.0073811 | 0.00100789 | 19.529 | 167.50 | 2573.36 | 2405.9 | 0.5723 | 8.2551 |
| 45 | 0.0095897 | 0.00100993 | 15.2636 | 188.42 | 2582.30 | 2393.9 | 0.6386 | 8.1630 |
| 50 | 0.0123446 | 0.00101216 | 12.0365 | 209.33 | 2591.19 | 2381.9 | 0.7038 | 8.0745 |
| 55 | 0.015752 | 0.00101455 | 9.5723 | 230.24 | 2600.02 | 2369.8 | 0.7680 | 7.9896 |
| 60 | 0.019933 | 0.00101713 | 7.6740 | 251.15 | 2608.79 | 2357.6 | 0.8312 | 7.9080 |
| 65 | 0.025024 | 0.00101986 | 6.1992 | 272.08 | 2617.48 | 2345.4 | 0.8935 | 7.8295 |
| 70 | 0.031178 | 0.00102276 | 5.0443 | 293.01 | 2626.10 | 2333.1 | 0.9550 | 7.7540 |
| 75 | 0.038565 | 0.00102582 | 4.1330 | 313.96 | 2634.63 | 2320.7 | 1.0156 | 7.6812 |
| 80 | 0.047376 | 0.00102903 | 3.4086 | 334.93 | 2643.06 | 2308.1 | 1.0753 | 7.6112 |
| 85 | 0.057818 | 0.00103240 | 2.8288 | 355.92 | 2651.40 | 2295.5 | 1.1343 | 7.5436 |
| 90 | 0.070121 | 0.00103593 | 2.3616 | 376.94 | 2659.63 | 2282.7 | 1.1926 | 7.4783 |

续表

| 温度 t (℃) | 压力 p (MPa) | 比体积 液体 v' (m³/kg) | 比体积 蒸汽 v" (m³/kg) | 比焓 液体 h' (kJ/kg) | 比焓 蒸汽 h" (kJ/kg) | 汽化潜热 r (kJ/kg) | 比熵 液体 s' kJ/(kg·K) | 比熵 蒸汽 s" kJ/(kg·K) |
|---|---|---|---|---|---|---|---|---|
| 95 | 0.084533 | 0.00103961 | 1.9827 | 397.98 | 2667.73 | 2269.7 | 1.2501 | 7.4154 |
| 100 | 0.101325 | 0.00104344 | 1.6736 | 419.06 | 2675.71 | 2256.6 | 1.3069 | 7.3545 |
| 110 | 0.143243 | 0.00105156 | 1.2106 | 461.33 | 2691.26 | 2229.9 | 1.4186 | 7.2386 |
| 120 | 0.198483 | 0.00106031 | 0.89219 | 503.76 | 2706.18 | 2202.4 | 1.5277 | 7.1297 |
| 130 | 0.270018 | 0.00106968 | 0.66873 | 546.38 | 2720.39 | 2174.0 | 1.6346 | 7.0272 |
| 140 | 0.361190 | 0.00107972 | 0.50900 | 589.21 | 2733.81 | 2144.6 | 1.7393 | 6.9302 |
| 150 | 0.47571 | 0.00109046 | 0.39286 | 632.28 | 2746.35 | 2114.1 | 1.8420 | 6.8381 |
| 160 | 0.61766 | 0.00110193 | 0.30709 | 675.62 | 2757.92 | 2082.3 | 1.9429 | 6.7502 |
| 170 | 0.79147 | 0.00111420 | 0.24283 | 719.25 | 2768.42 | 2049.2 | 2.0420 | 6.6661 |
| 180 | 1.00193 | 0.00112732 | 0.19403 | 763.22 | 2777.74 | 2014.5 | 2.1396 | 6.5852 |
| 190 | 1.25417 | 0.00114136 | 0.15650 | 807.56 | 2785.80 | 1978.2 | 2.2358 | 6.5071 |
| 200 | 1.55366 | 0.00115641 | 0.12732 | 852.34 | 2792.47 | 1940.1 | 2.3307 | 6.4312 |
| 210 | 1.90617 | 0.00117258 | 0.10438 | 897.62 | 2797.65 | 1900.0 | 2.4245 | 6.3571 |

续表

| 温度 | 压力 | 比体积 | | 比焓 | | 汽化潜热 | 比熵 | |
|---|---|---|---|---|---|---|---|---|
| $t$ | $p$ | 液体 $v'$ | 蒸汽 $v''$ | 液体 $h'$ | 蒸汽 $h''$ | $r$ | 液体 $s'$ | 蒸汽 $s''$ |
| ℃ | MPa | m³/kg | m³/kg | kJ/kg | kJ/kg | kJ/kg | kJ/(kg·K) | kJ/(kg·K) |
| 220 | 2.31783 | 0.00119000 | 0.086157 | 943.46 | 2801.20 | 1857.7 | 2.5175 | 6.2846 |
| 230 | 2.79505 | 0.00120882 | 0.071553 | 989.95 | 2803.00 | 1813.0 | 2.6096 | 6.2130 |
| 240 | 3.34459 | 0.00122922 | 0.059743 | 1037.2 | 2802.88 | 1765.7 | 2.7013 | 6.1422 |
| 250 | 3.97351 | 0.00125145 | 0.050112 | 1085.3 | 2800.66 | 1715.4 | 2.7926 | 6.0716 |
| 260 | 4.68923 | 0.00127579 | 0.042195 | 1134.3 | 2796.14 | 1661.8 | 2.8837 | 6.0007 |
| 270 | 5.49956 | 0.00130262 | 0.035637 | 1184.5 | 2789.05 | 1604.5 | 2.9751 | 5.9292 |
| 280 | 6.41273 | 0.00133242 | 0.030165 | 1236.0 | 2779.08 | 1543.1 | 3.0668 | 5.8564 |
| 290 | 7.43746 | 0.00136582 | 0.025565 | 1289.1 | 2765.81 | 1476.7 | 3.1594 | 5.7817 |
| 300 | 8.58308 | 0.00140369 | 0.021669 | 1344.0 | 2748.71 | 1404.7 | 3.2533 | 5.7042 |
| 310 | 9.85970 | 0.00144728 | 0.018343 | 1401.2 | 2727.01 | 1325.9 | 3.3490 | 5.6226 |
| 320 | 11.278 | 0.00149844 | 0.015479 | 1461.2 | 2699.72 | 1238.5 | 3.4475 | 5.5356 |
| 330 | 12.851 | 0.00156008 | 0.012987 | 1524.9 | 2665.30 | 1140.4 | 3.5500 | 5.4408 |
| 340 | 14.593 | 0.00163728 | 0.010790 | 1593.7 | 2621.32 | 1027.6 | 3.6586 | 5.3345 |

续表

| 温度 | 压力 | 比体积 | | 比焓 | | 汽化潜热 | 比熵 | |
| --- | --- | --- | --- | --- | --- | --- | --- | --- |
| $t$ | $p$ | 液体 $v'$ | 蒸汽 $v''$ | 液体 $h'$ | 蒸汽 $h''$ | $r$ | 液体 $s'$ | 蒸汽 $s''$ |
| ℃ | MPa | m³/kg | m³/kg | kJ/kg | kJ/kg | kJ/kg | kJ/(kg·K) | kJ/(kg·K) |
| 350 | 16.521 | 0.00174008 | 0.008812 | 1670.3 | 2563.39 | 893.0 | 3.7773 | 5.2104 |
| 360 | 18.657 | 0.00189423 | 0.006958 | 1761.1 | 2481.68 | 720.6 | 3.9155 | 5.0536 |
| 370 | 21.033 | 0.00221480 | 0.004982 | 1891.7 | 2338.79 | 447.1 | 4.1125 | 4.8076 |
| 371 | 21.286 | 0.00227969 | 0.004735 | 1911.8 | 2314.11 | 402.3 | 4.1429 | 4.7674 |
| 372 | 21.542 | 0.00236530 | 0.004451 | 1936.1 | 2282.99 | 346.9 | 4.1796 | 4.7173 |
| 373 | 21.802 | 0.00249600 | 0.004087 | 1968.8 | 2237.98 | 269.2 | 4.2292 | 4.6458 |
| 373.99 | 22.064 | 0.00310600 | 0.003106 | 2085.9 | 2085.9 | 0.0 | 4.4092 | 4.4092 |

临界参数：$T_{cr}=647.14$ K，$h_{cr}=2085.9$ kJ/kg，$p_{cr}=22.064$ MPa，$s_{cr}=4.4092$ kJ/(kg·K)，$v_{cr}=0.003106$ m³/kg

① 精确值应为 0.000612 kJ/kg。

附表 6　饱和水与饱和水蒸气的热力性质(按压力排列)[2]

| 压力 | 温度 | 比体积 | | 比焓 | | 汽化潜热 | 比熵 | |
| p | t | 液体 v' | 蒸汽 v" | 液体 h' | 蒸汽 h" | r | 液体 s' | 蒸汽 s" |
| MPa | ℃ | m³/kg | m³/kg | kJ/kg | kJ/kg | kJ/kg | kJ/(kg·K) | kJ/(kg·K) |
|---|---|---|---|---|---|---|---|---|
| 0.0010 | 6.9491 | 0.0010001 | 129.185 | 29.21 | 2513.29 | 2484.1 | 0.1056 | 8.9735 |
| 0.0020 | 17.5403 | 0.0010014 | 67.008 | 73.58 | 2532.71 | 2459.1 | 0.2611 | 8.7220 |
| 0.0030 | 24.1142 | 0.0010028 | 45.666 | 101.07 | 2544.68 | 2443.6 | 0.3546 | 8.5758 |
| 0.0040 | 28.9533 | 0.0010041 | 34.796 | 121.30 | 2553.45 | 2432.2 | 0.4221 | 8.4725 |
| 0.0050 | 32.8793 | 0.0010053 | 28.191 | 137.72 | 2560.55 | 2422.8 | 0.4761 | 8.3930 |
| 0.0060 | 36.1663 | 0.0010065 | 23.738 | 151.47 | 2566.48 | 2415.0 | 0.5208 | 8.3283 |
| 0.0070 | 38.9967 | 0.0010075 | 20.528 | 163.31 | 2571.56 | 2408.3 | 0.5589 | 8.2737 |
| 0.0080 | 41.5075 | 0.0010085 | 18.102 | 173.81 | 2576.06 | 2402.3 | 0.5924 | 8.2266 |
| 0.0090 | 43.7901 | 0.0010094 | 16.204 | 183.36 | 2580.15 | 2396.8 | 0.6226 | 8.1854 |
| 0.010 | 45.7988 | 0.0010103 | 14.673 | 191.76 | 2583.72 | 2392.0 | 0.6490 | 8.1481 |
| 0.015 | 53.9705 | 0.0010140 | 10.022 | 225.93 | 2598.21 | 2372.3 | 0.7548 | 8.0065 |
| 0.020 | 60.0650 | 0.0010172 | 7.6497 | 251.43 | 2608.90 | 2357.5 | 0.8320 | 7.9068 |
| 0.025 | 64.9726 | 0.0010198 | 6.2047 | 271.96 | 2617.43 | 2345.5 | 0.8932 | 7.8298 |

续表

| 压力 | 温度 | 比体积 | | 比焓 | | 汽化潜热 | 比熵 | |
| --- | --- | --- | --- | --- | --- | --- | --- | --- |
| | | 液体 | 蒸汽 | 液体 | 蒸汽 | | 液体 | 蒸汽 |
| $p$ | $t$ | $v'$ | $v''$ | $h'$ | $h''$ | $r$ | $s'$ | $s''$ |
| MPa | ℃ | m³/kg | m³/kg | kJ/kg | kJ/kg | kJ/kg | kJ/(kg·K) | kJ/(kg·K) |
| 0.030 | 69.1041 | 0.0010222 | 5.2296 | 289.26 | 2624.56 | 2335.3 | 0.9440 | 7.7671 |
| 0.040 | 75.8720 | 0.0010264 | 3.9939 | 317.61 | 2636.10 | 2318.5 | 1.0260 | 7.6688 |
| 0.050 | 81.3388 | 0.0010299 | 3.2409 | 340.55 | 2645.31 | 2304.8 | 1.0912 | 7.5928 |
| 0.060 | 85.9496 | 0.0010331 | 2.7324 | 359.91 | 2652.97 | 2293.1 | 1.1454 | 7.5310 |
| 0.070 | 89.9556 | 0.0010359 | 2.3654 | 376.75 | 2659.55 | 2282.8 | 1.1921 | 7.4789 |
| 0.080 | 93.5107 | 0.0010385 | 2.0876 | 391.71 | 2665.33 | 2273.6 | 1.2330 | 7.4339 |
| 0.090 | 96.7121 | 0.0010409 | 1.8698 | 405.20 | 2670.48 | 2265.3 | 1.2696 | 7.3943 |
| 0.10 | 99.634 | 0.0010432 | 1.6943 | 407.52 | 2675.14 | 2257.6 | 1.3028 | 7.3589 |
| 0.12 | 104.810 | 0.0010473 | 1.4287 | 439.37 | 2683.26 | 2243.9 | 1.3609 | 7.2978 |
| 0.14 | 109.318 | 0.0010510 | 1.2368 | 458.44 | 2690.22 | 2231.8 | 1.4110 | 7.2462 |
| 0.16 | 113.326 | 0.0010544 | 1.09159 | 475.42 | 2696.29 | 2220.9 | 1.4552 | 7.2016 |
| 0.18 | 116.941 | 0.0010576 | 0.97767 | 490.76 | 2701.69 | 2210.9 | 1.4946 | 7.1623 |
| 0.20 | 120.240 | 0.0010605 | 0.88585 | 504.78 | 2706.53 | 2201.7 | 1.5303 | 7.1272 |

续表

| 压力 $p$ | 温度 $t$ | 比体积 液体 $v'$ | 比体积 蒸汽 $v''$ | 比焓 液体 $h'$ | 比焓 蒸汽 $h''$ | 汽化潜热 $r$ | 比熵 液体 $s'$ | 比熵 蒸汽 $s''$ |
|---|---|---|---|---|---|---|---|---|
| MPa | ℃ | m³/kg | m³/kg | kJ/kg | kJ/kg | kJ/kg | kJ/(kg·K) | kJ/(kg·K) |
| 0.25 | 127.444 | 0.0010672 | 0.71879 | 535.47 | 2716.83 | 2181.4 | 1.6075 | 7.0528 |
| 0.30 | 133.556 | 0.0010732 | 0.60587 | 561.58 | 2725.26 | 2163.7 | 1.6721 | 6.9921 |
| 0.35 | 138.891 | 0.0010786 | 0.52427 | 584.45 | 2732.37 | 2147.9 | 1.7278 | 6.9407 |
| 0.40 | 143.642 | 0.0010835 | 0.46246 | 604.87 | 2738.49 | 2133.6 | 1.7769 | 6.8961 |
| 0.50 | 151.867 | 0.0010925 | 0.37486 | 640.35 | 2748.59 | 2108.2 | 1.8610 | 6.8214 |
| 0.60 | 158.863 | 0.0011006 | 0.31563 | 670.67 | 2756.66 | 2086.0 | 1.9315 | 6.7600 |
| 0.70 | 164.983 | 0.0011079 | 0.27281 | 697.32 | 2763.29 | 2066.0 | 1.9925 | 6.7079 |
| 0.80 | 170.444 | 0.0011148 | 0.24037 | 721.20 | 2768.86 | 2047.7 | 2.0464 | 6.6625 |
| 0.90 | 175.389 | 0.0011212 | 0.21491 | 742.90 | 2773.59 | 2030.7 | 2.0948 | 6.6222 |
| 1.00 | 179.916 | 0.0011272 | 0.19438 | 762.84 | 2777.67 | 2014.8 | 2.1388 | 6.5859 |
| 1.10 | 184.100 | 0.0011330 | 0.17747 | 781.35 | 2781.21 | 1999.9 | 2.1792 | 6.5529 |
| 1.20 | 187.995 | 0.0011385 | 0.16328 | 798.64 | 2784.29 | 1985.7 | 2.2166 | 6.5225 |
| 1.30 | 191.644 | 0.0011438 | 0.15120 | 814.89 | 2786.99 | 1927.1 | 2.2515 | 6.4944 |

续表

| 压力 | 温度 | 比体积 | | 比焓 | | 汽化潜热 | 比熵 | |
|------|------|--------|--------|--------|--------|----------|--------|--------|
| | | 液体 | 蒸汽 | 液体 | 蒸汽 | | 液体 | 蒸汽 |
| $p$ | $t$ | $v'$ | $v''$ | $h'$ | $h''$ | $r$ | $s'$ | $s''$ |
| MPa | ℃ | m³/kg | m³/kg | kJ/kg | kJ/kg | kJ/kg | kJ/(kg·K) | kJ/(kg·K) |
| 1.40 | 195.078 | 0.0011489 | 0.14079 | 830.24 | 2789.37 | 1959.1 | 2.2841 | 6.4683 |
| 1.50 | 198.327 | 0.0011538 | 0.13172 | 844.82 | 2791.46 | 1946.6 | 2.3149 | 6.4437 |
| 1.60 | 201.410 | 0.0011586 | 0.12375 | 858.69 | 2793.29 | 1934.6 | 2.3440 | 6.4206 |
| 1.70 | 204.346 | 0.0011633 | 0.11668 | 871.96 | 2794.91 | 1923.0 | 2.3716 | 6.3988 |
| 1.80 | 207.151 | 0.0011679 | 0.11037 | 884.67 | 2796.33 | 1911.7 | 2.3979 | 6.3781 |
| 1.90 | 209.838 | 0.0011723 | 0.104707 | 896.88 | 2797.58 | 1900.7 | 2.4230 | 6.3583 |
| 2.00 | 212.417 | 0.0011767 | 0.099588 | 908.64 | 2798.66 | 1890.0 | 2.4471 | 6.3395 |
| 2.20 | 217.289 | 0.0011851 | 0.090700 | 930.97 | 2800.41 | 1869.4 | 2.4924 | 6.3041 |
| 2.40 | 221.829 | 0.0011933 | 0.083244 | 951.91 | 2801.67 | 1849.8 | 2.5344 | 6.2714 |
| 2.60 | 226.085 | 0.0012013 | 0.076898 | 971.67 | 2802.51 | 1830.8 | 2.5736 | 6.2409 |
| 2.80 | 230.096 | 0.0012090 | 0.071427 | 990.41 | 2803.01 | 1812.6 | 2.6105 | 6.2123 |
| 3.00 | 233.893 | 0.0012166 | 0.066662 | 1008.2 | 2803.19 | 1794.9 | 2.6454 | 6.1854 |
| 3.50 | 242.597 | 0.0012348 | 0.057054 | 1049.6 | 2802.51 | 1752.9 | 2.7250 | 6.1238 |

续表

| 压力 $p$ | 温度 $t$ | 比体积 | | 比焓 | | 汽化潜热 $r$ | 比熵 | |
|---|---|---|---|---|---|---|---|---|
| | | 液体 $v'$ | 蒸汽 $v''$ | 液体 $h'$ | 蒸汽 $h''$ | | 液体 $s'$ | 蒸汽 $s''$ |
| MPa | ℃ | m³/kg | m³/kg | kJ/kg | kJ/kg | kJ/kg | kJ/(kg·K) | kJ/(kg·K) |
| 4.00 | 250.394 | 0.0012524 | 0.049771 | 1087.2 | 2800.53 | 1713.4 | 2.7962 | 6.0688 |
| 5.00 | 263.980 | 0.0012862 | 0.039439 | 1154.2 | 2793.64 | 1639.5 | 2.9201 | 5.9724 |
| 6.00 | 275.625 | 0.0013190 | 0.032440 | 1213.3 | 2783.82 | 1570.5 | 3.0266 | 5.8885 |
| 7.00 | 285.869 | 0.0013515 | 0.027371 | 1266.9 | 2771.72 | 1504.8 | 3.1210 | 5.8129 |
| 8.00 | 295.048 | 0.0013843 | 0.023520 | 1316.5 | 2757.70 | 1441.2 | 3.2066 | 5.7430 |
| 9.00 | 303.385 | 0.0014177 | 0.020485 | 1363.1 | 2741.92 | 1378.9 | 3.2854 | 5.6771 |
| 10.00 | 311.037 | 0.0014522 | 0.018026 | 1407.2 | 2724.46 | 1317.2 | 3.3591 | 5.6139 |
| 11.00 | 318.118 | 0.0014881 | 0.015987 | 1449.6 | 2705.34 | 1255.7 | 3.4287 | 5.5525 |
| 12.00 | 324.715 | 0.0015260 | 0.014263 | 1490.7 | 2684.50 | 1193.8 | 3.4952 | 5.4920 |
| 13.00 | 330.894 | 0.0015662 | 0.012780 | 1530.8 | 2661.80 | 1131.0 | 3.5594 | 5.4318 |
| 14.00 | 336.707 | 0.0016097 | 0.011486 | 1570.4 | 2637.07 | 1066.7 | 3.6220 | 5.3711 |
| 15.00 | 342.196 | 0.0016571 | 0.010340 | 1609.8 | 2610.01 | 1000.2 | 3.6836 | 5.3091 |
| 16.00 | 347.396 | 0.0017099 | 0.009311 | 1649.4 | 2580.21 | 930.8 | 3.7451 | 5.2450 |

续表

| 压力 | 温度 | 比体积 | | 比焓 | | 汽化潜热 | 比熵 | |
| | | 液体 | 蒸汽 | 液体 | 蒸汽 | | 液体 | 蒸汽 |
| $p$ | $t$ | $v'$ | $v''$ | $h'$ | $h''$ | $r$ | $s'$ | $s''$ |
| MPa | ℃ | m³/kg | m³/kg | kJ/kg | kJ/kg | kJ/kg | kJ/(kg·K) | kJ/(kg·K) |
|---|---|---|---|---|---|---|---|---|
| 17.00 | 352.334 | 0.0017701 | 0.008373 | 1690.0 | 2547.01 | 857.1 | 3.8073 | 5.1776 |
| 18.00 | 357.034 | 0.0018402 | 0.007503 | 1732.0 | 2509.45 | 777.4 | 3.8715 | 5.1051 |
| 19.00 | 361.514 | 0.0019258 | 0.006679 | 1776.9 | 2465.87 | 688.9 | 3.9395 | 5.0250 |
| 20.00 | 365.789 | 0.0020379 | 0.005870 | 1827.2 | 2413.05 | 585.9 | 4.0153 | 4.9322 |
| 21.00 | 369.868 | 0.0022073 | 0.005012 | 1889.2 | 2341.67 | 352.4 | 4.1088 | 4.8124 |
| 22.00 | 373.752 | 0.0027040 | 0.003684 | 2013.0 | 2084.02 | 71.0 | 4.2969 | 4.4066 |
| 22.064 | 373.99 | 0.003106 | 0.003106 | 2085.9 | 2085.9 | 0.0 | 4.4092 | 4.4092 |

### 附表 7  未饱和水与过热水蒸气的热力性质[2]

| $p$ | 0.001 MPa ($t_s=6.949\ ℃$) | | | 0.005 MPa ($t_s=32.879\ ℃$) | | |
|---|---|---|---|---|---|---|
| | $v'$ | $h'$ | $s'$ | $v'$ | $h'$ | $s'$ |
| | 0.001001 | 29.21 | 0.1056 | 0.0010053 | 137.72 | 0.4761 |
| | m³/kg | kJ/kg | kJ/(kg·K) | m³/kg | kJ/kg | kJ/(kg·K) |
| | $v''$ | $h''$ | $s''$ | $v''$ | $h''$ | $s''$ |
| | 129.185 | 2513.3 | 8.9735 | 28.191 | 2560.6 | 8.3930 |
| | m³/kg | kJ/kg | kJ/(kg·K) | m³/kg | kJ/kg | kJ/(kg·K) |
| $t$ | $v$ | $h$ | $s$ | $v$ | $h$ | $s$ |
| ℃ | m³/kg | kJ/kg | kJ/(kg·K) | m³/kg | kJ/kg | kJ/(kg·K) |
| 0 | 0.001002 | -0.05 | -0.0002 | 0.0010002 | -0.05 | -0.0002 |
| 10 | 130.598 | 2519.0 | 8.9938 | 0.0010003 | 42.01 | 0.1510 |
| 20 | 135.226 | 2537.7 | 9.0588 | 0.0010018 | 83.87 | 0.2963 |
| 40 | 144.475 | 2575.2 | 9.1823 | 28.854 | 2574.0 | 8.4366 |
| 60 | 153.717 | 2612.7 | 9.2984 | 30.712 | 2611.8 | 8.5537 |
| 80 | 162.956 | 2650.3 | 9.4080 | 32.556 | 2649.7 | 8.6639 |
| 100 | 172.192 | 2688.0 | 9.5120 | 34.418 | 2687.5 | 8.7682 |
| 120 | 181.426 | 2725.9 | 9.6109 | 36.269 | 2725.5 | 8.8674 |
| 140 | 190.660 | 2764.0 | 9.7054 | 38.118 | 2763.7 | 8.9620 |
| 160 | 199.893 | 2802.3 | 9.7959 | 39.967 | 2802.0 | 9.0526 |
| 180 | 209.126 | 2840.7 | 9.8827 | 41.815 | 2840.5 | 9.1396 |
| 200 | 218.358 | 2879.4 | 9.9662 | 43.662 | 2879.2 | 9.2232 |
| 220 | 227.590 | 2918.3 | 10.0468 | 45.510 | 2918.2 | 9.3038 |
| 240 | 236.821 | 2957.5 | 10.1246 | 47.357 | 2957.3 | 9.3816 |
| 260 | 246.053 | 2996.8 | 10.1998 | 49.204 | 2996.7 | 9.4569 |
| 280 | 255.284 | 3036.4 | 10.2727 | 51.051 | 3036.3 | 9.5298 |
| 300 | 264.515 | 3076.2 | 10.3434 | 52.898 | 3076.1 | 9.6005 |
| 350 | 287.592 | 3176.8 | 10.5117 | 57.514 | 3176.7 | 9.7688 |
| 400 | 310.669 | 3278.9 | 10.6692 | 62.131 | 3278.8 | 9.9264 |
| 450 | 333.7 | 3382.4 | 10.8176 | 66.747 | 3382.4 | 10.0747 |
| 500 | 356.823 | 3487.5 | 10.9581 | 71.362 | 3487.5 | 10.2153 |
| 550 | 379.900 | 3594.4 | 11.0921 | 75.978 | 3594.4 | 10.3493 |
| 600 | 402.976 | 3703.4 | 11.2206 | 80.594 | 3703.4 | 10.4778 |

| $p$ | 0.001 MPa（$t_s$＝6.949 ℃） | | | 0.005 MPa（$t_s$＝32.879 ℃） | | |
|---|---|---|---|---|---|---|
| | $v'$ | $h'$ | $s'$ | $v'$ | $h'$ | $s'$ |
| | 0.001001 | 29.21 | 0.1056 | 0.0010053 | 137.72 | 0.4761 |
| | m³/kg | kJ/kg | kJ/(kg・K) | m³/kg | kJ/kg | kJ/(kg・K) |
| | $v''$ | $h''$ | $s''$ | $v''$ | $h''$ | $s''$ |
| | 129.185 | 2513.3 | 8.9735 | 28.191 | 2560.6 | 8.3930 |
| | m³/kg | kJ/kg | kJ/(kg・K) | m³/kg | kJ/kg | kJ/(kg・K) |
| $t$ | $v$ | $h$ | $s$ | $v$ | $h$ | $s$ |
| ℃ | m³/kg | kJ/kg | kJ/(kg・K) | m³/kg | kJ/kg | kJ/(kg・K) |
| 0 | 0.0010002 | -0.04 | -0.0002 | 0.0010002 | 0.05 | -0.0002 |
| 10 | 0.0010003 | 42.01 | 0.1510 | 0.0010003 | 42.10 | 0.1510 |
| 20 | 0.0010018 | 83.87 | 0.2963 | 0.0010018 | 83.96 | 0.2963 |
| 40 | 0.0010079 | 167.51 | 0.5723 | 0.0010078 | 167.59 | 0.5723 |
| 60 | 15.336 | 2610.8 | 8.2313 | 0.0010171 | 251.22 | 0.8312 |
| 80 | 16.268 | 2648.9 | 8.3422 | 0.0010290 | 334.97 | 1.0753 |
| 100 | 17.196 | 2686.9 | 8.4471 | 1.6961 | 2675.9 | 7.3609 |
| 120 | 18.124 | 2725.1 | 8.5466 | 1.7931 | 2716.3 | 7.4665 |
| 140 | 19.050 | 2763.3 | 8.6414 | 1.8889 | 2756.2 | 7.5654 |
| 160 | 19.976 | 2801.7 | 8.7322 | 1.9838 | 2795.8 | 7.6590 |
| 180 | 20.901 | 2840.2 | 8.8192 | 2.0783 | 2835.3 | 7.7482 |
| 200 | 21.826 | 2879.0 | 8.9029 | 2.1723 | 2874.8 | 7.8334 |
| 220 | 22.750 | 2918.0 | 8.9835 | 2.2659 | 2914.3 | 7.9152 |
| 240 | 23.674 | 2957.1 | 9.0614 | 2.3594 | 2953.9 | 7.9940 |
| 260 | 24.598 | 2996.5 | 9.1367 | 2.4527 | 2993.7 | 8.0701 |
| 280 | 25.522 | 3036.2 | 9.2097 | 2.5458 | 3033.6 | 8.1436 |
| 300 | 26.446 | 3076.0 | 9.2805 | 2.6388 | 3073.8 | 8.2148 |
| 350 | 28.755 | 3176.6 | 9.4488 | 2.8709 | 3174.9 | 8.3840 |
| 400 | 31.063 | 3278.7 | 9.6064 | 3.1027 | 3277.3 | 8.5422 |
| 450 | 33.372 | 3382.3 | 9.7548 | 3.3342 | 3381.2 | 8.6909 |
| 500 | 35.680 | 3487.4 | 9.8953 | 3.5656 | 3486.5 | 8.8317 |
| 550 | 37.988 | 3594.3 | 10.0293 | 3.7968 | 3593.5 | 8.9659 |
| 600 | 40.296 | 3703.4 | 10.1579 | 4.0279 | 3702.7 | 9.0946 |

续表

| $p$ | 0.001 MPa（$t_s$＝6.949 ℃） | | | 0.005 MPa（$t_s$＝32.879 ℃） | | |
|---|---|---|---|---|---|---|
| | $v'$ | $h'$ | $s'$ | $v'$ | $h'$ | $s'$ |
| | 0.001001 | 29.21 | 0.1056 | 0.0010053 | 137.72 | 0.4761 |
| | m³/kg | kJ/kg | kJ/(kg·K) | m³/kg | kJ/kg | kJ/(kg·K) |
| | $v''$ | $h''$ | $s''$ | $v''$ | $h''$ | $s''$ |
| | 129.185 | 2513.3 | 8.9735 | 28.191 | 2560.6 | 8.3930 |
| | m³/kg | kJ/kg | kJ/(kg·K) | m³/kg | kJ/kg | kJ/(kg·K) |
| $t$ | $v$ | $h$ | $s$ | $v$ | $h$ | $s$ |
| ℃ | m³/kg | kJ/kg | kJ/(kg·K) | m³/kg | kJ/kg | kJ/(kg·K) |
| 0 | 0.0010000 | 0.46 | −0.0001 | 0.0009997 | 0.97 | −0.0001 |
| 10 | 0.0010001 | 42.49 | 0.1510 | 0.0009999 | 42.98 | 0.1509 |
| 20 | 0.0010016 | 84.33 | 0.2962 | 0.0010014 | 84.80 | 0.2961 |
| 40 | 0.0010077 | 167.94 | 0.5721 | 0.0010074 | 168.38 | 0.5719 |
| 60 | 0.0010169 | 251.56 | 0.8310 | 0.0010167 | 251.98 | 0.8307 |
| 80 | 0.0010288 | 335.29 | 1.0750 | 0.0010286 | 335.69 | 1.0747 |
| 100 | 0.0010432 | 419.36 | 1.3066 | 0.0010430 | 419.74 | 1.3062 |
| 120 | 0.0010601 | 503.97 | 1.5275 | 0.0010599 | 504.32 | 1.5270 |
| 140 | 0.0010796 | 589.30 | 1.7392 | 0.0010783 | 589.62 | 1.7386 |
| 160 | 0.38358 | 2767.2 | 6.8647 | 0.0011017 | 675.84 | 1.9424 |
| 180 | 0.40450 | 2811.7 | 6.9651 | 0.19443 | 2777.9 | 6.5864 |
| 200 | 0.42487 | 2854.9 | 7.0585 | 0.20590 | 2827.3 | 6.6931 |
| 220 | 0.44485 | 2897.3 | 7.1462 | 0.21686 | 2874.2 | 6.7903 |
| 240 | 0.46455 | 2939.2 | 7.2295 | 0.22745 | 2919.6 | 6.8804 |
| 260 | 0.48404 | 2980.8 | 7.3091 | 0.23779 | 2963.8 | 6.9650 |
| 280 | 0.50336 | 3022.2 | 7.3853 | 0.24793 | 3007.3 | 7.0451 |
| 300 | 0.52255 | 3063.6 | 7.4588 | 0.25793 | 3050.4 | 7.1216 |
| 350 | 0.57012 | 3167.0 | 7.6319 | 0.28247 | 3157.0 | 7.2999 |
| 400 | 0.61729 | 3271.1 | 7.7924 | 0.30658 | 3263.1 | 7.4638 |
| 420 | 0.63608 | 3312.9 | 7.8537 | 0.31615 | 3305.6 | 7.5260 |
| 440 | 0.65483 | 3354.9 | 7.9135 | 0.32568 | 3348.2 | 7.5866 |
| 450 | 0.66420 | 3376.0 | 7.9428 | 0.33043 | 3369.6 | 7.6163 |
| 460 | 0.67356 | 3397.2 | 7.9719 | 0.33518 | 3390.9 | 7.6456 |

| $p$ | 0.001 MPa（$t_s$＝6.949 ℃） | | | 0.005 MPa（$t_s$＝32.879 ℃） | | |
|---|---|---|---|---|---|---|
| | $v'$ | $h'$ | $s'$ | $v'$ | $h'$ | $s'$ |
| | 0.001001 | 29.21 | 0.1056 | 0.0010053 | 137.72 | 0.4761 |
| | m³/kg | kJ/kg | kJ/(kg·K) | m³/kg | kJ/kg | kJ/(kg·K) |
| | $v''$ | $h''$ | $s''$ | $v''$ | $h''$ | $s''$ |
| | 129.185 | 2513.3 | 8.9735 | 28.191 | 2560.6 | 8.3930 |
| | m³/kg | kJ/kg | kJ/(kg·K) | m³/kg | kJ/kg | kJ/(kg·K) |
| $t$ | $v$ | $h$ | $s$ | $v$ | $h$ | $s$ |
| ℃ | m³/kg | kJ/kg | kJ/(kg·K) | m³/kg | kJ/kg | kJ/(kg·K) |
| 480 | 0.69226 | 3439.6 | 8.0289 | 0.34465 | 3433.8 | 7.7033 |
| 500 | 0.71094 | 3482.2 | 8.0848 | 0.35410 | 3476.8 | 7.7597 |
| 550 | 0.75755 | 3589.9 | 8.2198 | 0.37764 | 3585.4 | 7.8958 |
| 600 | 0.80408 | 3699.6 | 8.3491 | 0.40109 | 3695.7 | 8.0259 |
| 0 | 0.0009987 | 3.01 | 0.0000 | 0.0009977 | 5.04 | 0.0002 |
| 10 | 0.0009989 | 44.92 | 0.1507 | 0.0009979 | 46.87 | 0.1506 |
| 20 | 0.0010005 | 86.68 | 0.2957 | 0.0009996 | 88.55 | 0.2952 |
| 40 | 0.0010066 | 170.15 | 0.5711 | 0.0010057 | 171.92 | 0.5704 |
| 60 | 0.0010158 | 253.66 | 0.8296 | 0.0010149 | 255.34 | 0.8286 |
| 80 | 0.0010276 | 377.28 | 1.0734 | 0.0010267 | 338.87 | 1.0721 |
| 100 | 0.0010420 | 421.24 | 1.3047 | 0.0010410 | 422.75 | 1.3031 |
| 120 | 0.0010587 | 505.73 | 1.5252 | 0.0010576 | 507.14 | 1.5234 |
| 140 | 0.0010781 | 590.92 | 1.7366 | 0.0010768 | 592.23 | 1.7345 |
| 160 | 0.0011002 | 677.01 | 1.9400 | 0.0010988 | 678.19 | 1.9377 |
| 180 | 0.0011256 | 764.23 | 2.1369 | 0.0011240 | 765.25 | 2.1342 |
| 200 | 0.0011549 | 852.93 | 2.3284 | 0.0011529 | 853.75 | 2.3253 |
| 220 | 0.0011891 | 943.65 | 2.5162 | 0.0011867 | 944.21 | 2.5125 |
| 240 | 0.068184 | 2823.4 | 6.2250 | 0.0012266 | 1037.3 | 2.6976 |
| 260 | 0.072828 | 2884.4 | 6.3417 | 0.0012751 | 1134.3 | 2.8829 |
| 280 | 0.077101 | 2940.1 | 6.4443 | 0.042228 | 2855.8 | 6.0864 |
| 300 | 0.084191 | 2992.4 | 6.5371 | 0.045301 | 2923.3 | 6.2064 |
| 350 | 0.090520 | 3114.4 | 6.7414 | 0.051932 | 3067.4 | 6.4477 |
| 400 | 0.099352 | 3230.1 | 6.9199 | 0.057804 | 3194.9 | 6.6446 |

续表

| $p$ | 0.001 MPa（$t_s$＝6.949 ℃） | | | 0.005 MPa（$t_s$＝32.879 ℃） | | |
|---|---|---|---|---|---|---|
| | $v'$ | $h'$ | $s'$ | $v'$ | $h'$ | $s'$ |
| | 0.001001 | 29.21 | 0.1056 | 0.0010053 | 137.72 | 0.4761 |
| | m³/kg | kJ/kg | kJ/(kg·K) | m³/kg | kJ/kg | kJ/(kg·K) |
| | $v''$ | $h''$ | $s''$ | $v''$ | $h''$ | $s''$ |
| | 129.185 | 2513.3 | 8.9735 | 28.191 | 2560.6 | 8.3930 |
| | m³/kg | kJ/kg | kJ/(kg·K) | m³/kg | kJ/kg | kJ/(kg·K) |
| $t$ | $v$ | $h$ | $s$ | $v$ | $h$ | $s$ |
| ℃ | m³/kg | kJ/kg | kJ/(kg·K) | m³/kg | kJ/kg | kJ/(kg·K) |
| 420 | 0.102787 | 3275.4 | 6.9864 | 0.060033 | 3243.6 | 6.7159 |
| 440 | 0.106180 | 3320.5 | 7.0505 | 0.062216 | 3291.5 | 6.7840 |
| 450 | 0.107864 | 3343.0 | 7.0817 | 0.063291 | 3315.2 | 6.8170 |
| 460 | 0.109540 | 3365.4 | 7.1125 | 0.064358 | 3338.8 | 6.8494 |
| 480 | 0.112870 | 3410.1 | 7.1728 | 0.066469 | 3385.6 | 6.9125 |
| 500 | 0.116174 | 3454.9 | 7.2314 | 0.068552 | 3432.2 | 6.9735 |
| 550 | 0.124349 | 3566.9 | 7.3718 | 0.073664 | 3548.0 | 7.1187 |
| 600 | 0.132427 | 3679.9 | 7.5051 | 0.078675 | 3663.9 | 7.2553 |
| 0 | 0.0009967 | 7.07 | 0.0003 | 0.0009952 | 10.09 | 0.0004 |
| 10 | 0.0009970 | 48.80 | 0.1504 | 0.0009956 | 51.70 | 0.1500 |
| 20 | 0.0009986 | 90.42 | 0.2948 | 0.0009973 | 93.22 | 0.2942 |
| 40 | 0.0010048 | 173.69 | 0.5696 | 0.0010035 | 176.34 | 0.5684 |
| 60 | 0.0010140 | 257.01 | 0.8275 | 0.0010127 | 259.53 | 0.8259 |
| 80 | 0.0010258 | 340.46 | 1.0708 | 0.0010244 | 342.85 | 1.0688 |
| 100 | 0.0010399 | 424.25 | 1.3016 | 0.0010385 | 426.51 | 1.2993 |
| 120 | 0.0010565 | 508.55 | 1.5216 | 0.0010549 | 510.68 | 1.5190 |
| 140 | 0.0010756 | 593.54 | 1.7325 | 0.0010738 | 595.50 | 1.7294 |
| 160 | 0.0010974 | 679.37 | 1.9353 | 0.0010953 | 681.16 | 1.9319 |
| 180 | 0.0011223 | 766.28 | 2.1315 | 0.0011199 | 767.84 | 2.1275 |
| 200 | 0.0011510 | 854.59 | 2.3222 | 0.0011481 | 855.88 | 2.3176 |
| 220 | 0.0011842 | 944.79 | 2.5089 | 0.0011807 | 945.71 | 2.5036 |
| 240 | 0.0012235 | 1037.6 | 2.6933 | 0.0012190 | 1038.0 | 2.6870 |
| 260 | 0.0012710 | 1134.0 | 2.8776 | 0.0012650 | 1133.6 | 2.8698 |

| $p$ | 0.001 MPa（$t_s$＝6.949 ℃） | | | 0.005 MPa（$t_s$＝32.879 ℃） | | |
|---|---|---|---|---|---|---|
| | $v'$ | $h'$ | $s'$ | $v'$ | $h'$ | $s'$ |
| | 0.001001 | 29.21 | 0.1056 | 0.0010053 | 137.72 | 0.4761 |
| | m³/kg | kJ/kg | kJ/(kg·K) | m³/kg | kJ/kg | kJ/(kg·K) |
| | $v''$ | $h''$ | $s''$ | $v''$ | $h''$ | $s''$ |
| | 129.185 | 2513.3 | 8.9735 | 28.191 | 2560.6 | 8.3930 |
| | m³/kg | kJ/kg | kJ/(kg·K) | m³/kg | kJ/kg | kJ/(kg·K) |
| $t$ | $v$ | $h$ | $s$ | $v$ | $h$ | $s$ |
| ℃ | m³/kg | kJ/kg | kJ/(kg·K) | m³/kg | kJ/kg | kJ/(kg·K) |
| 280 | 0.0013307 | 1235.7 | 3.0648 | 0.0013222 | 1234.2 | 3.0549 |
| 300 | 0.029457 | 2837.5 | 5.9291 | 0.0013975 | 1342.3 | 3.2469 |
| 350 | 0.035225 | 3014.8 | 6.2265 | 0.022415 | 2922.1 | 5.9423 |
| 400 | 0.039917 | 3157.3 | 6.4465 | 0.026402 | 3095.8 | 6.2109 |
| 450 | 0.044143 | 3286.2 | 6.6314 | 0.029735 | 3240.5 | 6.4184 |
| 500 | 0.048110 | 3408.9 | 6.7954 | 0.032750 | 3372.8 | 6.5954 |
| 520 | 0.049649 | 3457.0 | 6.8569 | 0.033900 | 3423.8 | 6.6605 |
| 540 | 0.051166 | 3504.8 | 6.9164 | 0.035027 | 3474.1 | 6.7232 |
| 550 | 0.051917 | 3528.7 | 6.9456 | 0.035582 | 3499.1 | 6.7537 |
| 560 | 0.052664 | 3552.4 | 6.9743 | 0.036133 | 3523.9 | 6.7837 |
| 580 | 0.054147 | 3600.0 | 7.0306 | 0.037222 | 3573.3 | 6.8423 |
| 600 | 0.055617 | 3647.5 | 7.0857 | 0.038297 | 3622.5 | 6.8992 |
| 0 | 0.0009933 | 14.10 | 0.0005 | 0.0009904 | 20.08 | 0.0006 |
| 10 | 0.0009938 | 55.55 | 0.1496 | 0.0009911 | 61.29 | 0.1488 |
| 20 | 0.0009955 | 96.95 | 0.2932 | 0.0009929 | 102.50 | 0.2919 |
| 40 | 0.0010018 | 179.86 | 0.5669 | 0.0009992 | 185.13 | 0.5645 |
| 60 | 0.0010109 | 262.88 | 0.8239 | 0.0010084 | 267.90 | 0.8207 |
| 80 | 0.0010226 | 346.04 | 1.0663 | 0.0010199 | 350.82 | 1.0624 |
| 100 | 0.0010365 | 429.53 | 1.2962 | 0.0010336 | 434.06 | 1.2917 |
| 120 | 0.0010527 | 513.52 | 1.5155 | 0.0010496 | 517.79 | 1.5103 |
| 140 | 0.0010714 | 598.14 | 1.7254 | 0.0010679 | 602.12 | 1.7195 |
| 160 | 0.0010926 | 683.56 | 1.9273 | 0.0010886 | 687.20 | 1.9206 |
| 180 | 0.0011167 | 769.96 | 2.1223 | 0.0011121 | 773.19 | 2.1147 |

续表

| $p$ | 0.001 MPa ( $t_s$＝6.949 ℃ ) | | | 0.005 MPa ( $t_s$＝32.879 ℃ ) | | |
|---|---|---|---|---|---|---|
| | $v'$ | $h'$ | $s'$ | $v'$ | $h'$ | $s'$ |
| | 0.001001 | 29.21 | 0.1056 | 0.0010053 | 137.72 | 0.4761 |
| | m³/kg | kJ/kg | kJ/(kg・K) | m³/kg | kJ/kg | kJ/(kg・K) |
| | $v''$ | $h''$ | $s''$ | $v''$ | $h''$ | $s''$ |
| | 129.185 | 2513.3 | 8.9735 | 28.191 | 2560.6 | 8.3930 |
| | m³/kg | kJ/kg | kJ/(kg・K) | m³/kg | kJ/kg | kJ/(kg・K) |
| $t$ | $v$ | $h$ | $s$ | $v$ | $h$ | $s$ |
| ℃ | m³/kg | kJ/kg | kJ/(kg・K) | m³/kg | kJ/kg | kJ/(kg・K) |
| 200 | 0.0011443 | 857.63 | 2.3116 | 0.0011389 | 860.36 | 2.3029 |
| 220 | 0.0011761 | 947.00 | 2.4966 | 0.0011695 | 949.07 | 2.4865 |
| 240 | 0.0012132 | 1038.6 | 2.6788 | 0.0012051 | 1039.8 | 2.6670 |
| 260 | 0.0012574 | 1133.4 | 2.8599 | 0.0012469 | 1133.4 | 2.8457 |
| 280 | 0.0013117 | 1232.5 | 3.0424 | 0.0012974 | 1230.7 | 3.0249 |
| 300 | 0.0013814 | 1338.2 | 3.2300 | 0.0013605 | 1333.4 | 3.2072 |
| 350 | 0.013218 | 2751.2 | 5.5564 | 0.0016645 | 1645.3 | 3.7275 |
| 400 | 0.017218 | 3001.1 | 5.9436 | 0.0099458 | 2816.8 | 5.5520 |
| 450 | 0.020074 | 3174.2 | 6.1919 | 0.0127013 | 3060.7 | 5.9025 |
| 500 | 0.022512 | 3322.3 | 6.3900 | 0.0147681 | 3239.3 | 6.1415 |
| 520 | 0.023418 | 3377.9 | 6.4610 | 0.0155046 | 3303.0 | 6.2229 |
| 540 | 0.024295 | 3432.1 | 6.5285 | 0.0162067 | 3364.0 | 6.2989 |
| 550 | 0.024724 | 3458.7 | 6.5611 | 0.0165471 | 3393.7 | 6.3352 |
| 560 | 0.025147 | 3485.2 | 6.5931 | 0.0168811 | 3422.9 | 6.3705 |
| 580 | 0.025978 | 3537.5 | 6.6551 | 0.0175328 | 3480.3 | 6.4385 |
| 600 | 0.026792 | 3589.1 | 6.7149 | 0.0181655 | 3536.3 | 6.5035 |
| 0 | 0.0009880 | 25.01 | 0.0006 | 0.0009857 | 29.92 | 0.0005 |
| 10 | 0.0009888 | 66.04 | 0.1481 | 0.0009866 | 70.77 | 0.1474 |
| 20 | 0.0009908 | 107.11 | 0.2907 | 0.0009887 | 111.71 | 0.2895 |
| 40 | 0.0009972 | 189.51 | 0.5626 | 0.0009951 | 193.87 | 0.5606 |
| 60 | 0.0010063 | 272.08 | 0.8182 | 0.0010042 | 276.25 | 0.8156 |
| 80 | 0.0010177 | 354.80 | 1.0593 | 0.0010155 | 358.78 | 1.0562 |
| 100 | 0.0010313 | 437.85 | 1.2880 | 0.0010290 | 441.64 | 1.2844 |

续表

| $p$ | 0.001 MPa ( $t_s$＝6.949 ℃ ) | | | 0.005 MPa ( $t_s$＝32.879 ℃ ) | | |
|---|---|---|---|---|---|---|
| | $v'$ | $h'$ | $s'$ | $v'$ | $h'$ | $s'$ |
| | 0.001001 | 29.21 | 0.1056 | 0.0010053 | 137.72 | 0.4761 |
| | m³/kg | kJ/kg | kJ/(kg · K) | m³/kg | kJ/kg | kJ/(kg · K) |
| | $v''$ | $h''$ | $s''$ | $v''$ | $h''$ | $s''$ |
| | 129.185 | 2513.3 | 8.9735 | 28.191 | 2560.6 | 8.3930 |
| | m³/kg | kJ/kg | kJ/(kg · K) | m³/kg | kJ/kg | kJ/(kg · K) |
| $t$ | $v$ | $h$ | $s$ | $v$ | $h$ | $s$ |
| ℃ | m³/kg | kJ/kg | kJ/(kg · K) | m³/kg | kJ/kg | kJ/(kg · K) |
| 120 | 0.0010470 | 521.36 | 1.5061 | 0.0010445 | 524.95 | 1.5019 |
| 140 | 0.0010650 | 605.46 | 1.7147 | 0.0010622 | 608.82 | 1.7100 |
| 160 | 0.0010854 | 690.27 | 1.9152 | 0.0010822 | 693.36 | 1.9098 |
| 180 | 0.0011084 | 775.94 | 2.1085 | 0.0011048 | 778.72 | 2.1024 |
| 200 | 0.0011345 | 862.71 | 2.2959 | 0.0011303 | 865.12 | 2.2890 |
| 220 | 0.0011643 | 950.91 | 2.4785 | 0.0011593 | 952.85 | 2.4706 |
| 240 | 0.0011986 | 1041.0 | 2.6575 | 0.0011925 | 1042.3 | 2.6485 |
| 260 | 0.0012387 | 1133.6 | 2.8346 | 0.0012311 | 1134.1 | 2.8239 |
| 280 | 0.0012866 | 1229.6 | 3.0113 | 0.0012766 | 1229.0 | 2.9985 |
| 300 | 0.0013453 | 1330.3 | 3.1901 | 0.0013317 | 1327.9 | 3.1742 |
| 350 | 0.0015981 | 1623.1 | 3.6788 | 0.0015522 | 1608.0 | 3.6420 |
| 400 | .0.0060014 | 2578.0 | 5.1386 | 0.0027929 | 2150.6 | 4.4721 |
| 450 | 0.0091666 | 2950.5 | 5.6754 | 0.0067363 | 2822.1 | 5.4433 |
| 500 | 0.0111229 | 3164.1 | 5.9614 | 0.0086761 | 3083.3 | 5.7934 |
| 520 | 0.0117897 | 3236.1 | 6.0534 | 0.0093033 | 3165.4 | 5.8982 |
| 540 | 0.0124156 | 3303.8 | 6.1377 | 0.0098825 | 3240.8 | 5.9921 |
| 550 | 0.0127161 | 3336.4 | 6.1775 | 0.0101580 | 3276.6 | 6.0359 |
| 560 | 0.0130095 | 3368.2 | 6.2160 | 0.0104254 | 3311.4 | 6.0780 |
| 580 | 0.0135778 | 3430.2 | 6.2895 | 0.0109397 | 3378.5 | 6.1576 |
| 600 | 0.0141249 | 3490.2 | 6.3591 | 0.0114310 | 3442.9 | 6.2321 |

说明：粗水平线之上为未饱和水，粗水平线之下为过热水蒸气

附表 8　氨（NH3）饱和液与饱和蒸气的热力性质[2]

| $t/℃$ | $p/kPa$ | 比焓 kJ/kg | | 比熵 kJ/(kg·K) | | 比体积 L/kg | |
|---|---|---|---|---|---|---|---|
| | | $h_f$ | $h_g$ | $s_f$ | $s_g$ | $v_f$ | $v_g$ |
| −60 | 21.99 | −69.5330 | 1373.19 | −0.10909 | 6.6592 | 1.4010 | 3685.08 |
| −55 | 30.29 | −47.5062 | 1382.01 | −0.00717 | 6.5454 | 1.4126 | 3474.22 |
| −50 | 41.03 | −25.4342 | 1390.64 | 0.09264 | 6.4382 | 1.4245 | 2616.51 |
| −45 | 54.74 | −3.3020 | 1399.07 | 0.19049 | 6.3369 | 1.4367 | 1998.91 |
| −40 | 72.01 | 18.9024 | 1407.26 | 0.28651 | 6.2410 | 1.4493 | 1547.36 |
| −35 | 93.49 | 41.1883 | 1415.20 | 0.38082 | 6.1501 | 1.4623 | 1212.49 |
| −30 | 119.90 | 63.5629 | 1422.86 | 0.47351 | 6.0636 | 1.4757 | 960.867 |
| −28 | 132.02 | 72.5387 | 1425.84 | 0.51051 | 6.0302 | 1.4811 | 878.100 |
| −26 | 145.11 | 81.5300 | 1428.76 | 0.54655 | 5.9974 | 1.4867 | 803.761 |
| −24 | 159.22 | 90.5370 | 1431.64 | 0.58272 | 5.9652 | 1.4923 | 736.868 |
| −22 | 174.41 | 99.5600 | 1434.46 | 0.61865 | 5.9336 | 1.4980 | 676.570 |
| −20 | 190.74 | 108.599 | 1432.23 | 0.65436 | 5.9025 | 1.5037 | 622.122 |
| −18 | 208.26 | 117.656 | 1439.94 | 0.68984 | 5.8720 | 1.5096 | 572.875 |
| −16 | 227.04 | 126.729 | 1442.60 | 0.72511 | 5.8420 | 1.5155 | 528.257 |
| −14 | 247.14 | 135.820 | 1445.20 | 0.76016 | 5.8125 | 1.5215 | 487.769 |
| −12 | 268.63 | 144.929 | 1447.74 | 0.79501 | 5.7835 | 1.5276 | 450.971 |
| −10 | 291.57 | 154.056 | 1450.22 | 0.82965 | 5.7550 | 1.5338 | 417.477 |
| −9 | 303.60 | 158.628 | 1451.44 | 0.84690 | 5.7409 | 1.5369 | 401.860 |
| −8 | 316.02 | 163.204 | 1452.64 | 0.86410 | 5.7269 | 1.5400 | 386.944 |
| −7 | 328.84 | 167.785 | 1453.83 | 0.88125 | 5.7131 | 1.5432 | 372.692 |
| −6 | 342.07 | 172.371 | 1455.00 | 0.89835 | 5.6993 | 1.5464 | 359.071 |
| −5 | 355.71 | 176.962 | 1456.15 | 0.91541 | 5.6856 | 1.5496 | 346.046 |
| −4 | 369.77 | 181.559 | 1457.29 | 0.93242 | 5.6721 | 1.5528 | 333.589 |
| −3 | 384.26 | 186.161 | 1458.42 | 0.94938 | 5.6586 | 1.5561 | 321.670 |
| −2 | 399.20 | 190.768 | 1459.53 | 0.96630 | 5.6453 | 1.5594 | 310.263 |
| −1 | 414.58 | 195.381 | 1460.62 | 0.98317 | 5.6320 | 1.5627 | 299.340 |
| 0 | 430.43 | 200.000 | 1461.70 | 1.00000 | 5.6189 | 1.5660 | 288.880 |
| 1 | 446.74 | 204.625 | 1462.76 | 1.01679 | 5.6058 | 1.5694 | 278.858 |

| t /℃ | p/kPa | 比焓 kJ/kg | | 比熵 kJ/(kg·K) | | 比体积 L/kg | |
|---|---|---|---|---|---|---|---|
| | | $h_f$ | $h_g$ | $s_f$ | $s_g$ | $v_f$ | $v_g$ |
| 2 | 463.53 | 209.256 | 1463.80 | 1.03354 | 5.5929 | 1.5727 | 269.253 |
| 3 | 480.81 | 213.892 | 1464.83 | 1.05024 | 5.5800 | 1.5762 | 260.046 |
| 4 | 498.59 | 218.535 | 1465.84 | 1.06691 | 5.5672 | 1.5796 | 251.216 |
| 5 | 516.87 | 223.185 | 1466.84 | 1.08353 | 5.5545 | 1.5831 | 242.745 |
| 6 | 535.67 | 227.841 | 1467.82 | 1.10012 | 5.5419 | 1.5866 | 234.618 |
| 7 | 555.00 | 232.503 | 1468.78 | 1.11667 | 5.5294 | 1.5901 | 226.817 |
| 8 | 574.87 | 237.172 | 1469.72 | 1.13317 | 5.5170 | 1.5936 | 219.326 |
| 9 | 595.28 | 241.848 | 1470.64 | 1.14964 | 5.5046 | 1.5972 | 212.132 |
| 10 | 616.25 | 246.531 | 1471.57 | 1.16607 | 5.4924 | 1.6008 | 205.221 |
| 11 | 637.78 | 251.221 | 1472.46 | 1.18246 | 5.4802 | 1.6045 | 198.580 |
| 12 | 659.89 | 255.918 | 1473.34 | 1.19882 | 5.4681 | 1.6081 | 192.196 |
| 13 | 682.59 | 260.622 | 1474.20 | 1.21515 | 5.4561 | 1.6118 | 186.058 |
| 14 | 705.88 | 265.334 | 1475.05 | 1.23144 | 5.4441 | 1.6156 | 180.154 |
| 15 | 729.79 | 270.053 | 1475.88 | 1.24769 | 5.4322 | 1.6193 | 174.475 |
| 16 | 754.31 | 274.779 | 1476.69 | 1.26391 | 5.4204 | 1.6231 | 169.009 |
| 17 | 779.46 | 279.513 | 1477.48 | 1.28010 | 5.4087 | 1.6269 | 163.748 |
| 18 | 805.25 | 284.255 | 1478.25 | 1.29626 | 5.3971 | 1.6308 | 158.683 |
| 19 | 831.69 | 289.005 | 1479.01 | 1.31238 | 5.3855 | 1.6347 | 153.804 |
| 20 | 858.79 | 293.762 | 1479.75 | 1.32847 | 5.3740 | 1.6386 | 149.106 |
| 21 | 880.57 | 298.527 | 1480.48 | 1.34452 | 5.3626 | 1.6426 | 144.578 |
| 22 | 915.03 | 303.300 | 1481.18 | 1.36055 | 5.3512 | 1.6466 | 140.214 |
| 23 | 944.18 | 308.081 | 1481.87 | 1.37654 | 5.3399 | 1.6507 | 136.006 |
| 24 | 974.03 | 312.870 | 1482.53 | 1.39250 | 5.3286 | 1.6547 | 131.950 |
| 25 | 1004.6 | 317.667 | 1483.18 | 1.40843 | 5.3175 | 1.6588 | 128.037 |
| 26 | 1035.9 | 322.471 | 1483.81 | 1.42433 | 5.3063 | 1.6630 | 124.261 |
| 27 | 1068.0 | 327.284 | 1484.42 | 1.44020 | 5.2953 | 1.6672 | 120.619 |
| 28 | 1100.7 | 332.104 | 1485.01 | 1.45604 | 5.2843 | 1.6714 | 117.103 |
| 29 | 1134.3 | 336.933 | 1485.59 | 1.47185 | 5.2733 | 1.6757 | 113.708 |

附表 9　氟利昂 134a 饱和液与饱和蒸气的热力性质（按温度排列）[2]

| $t/{}^\circ\text{C}$ | $p_s/\text{kPa}$ | $v''$ | $v'$ | $h''$ | $h'$ | $s''$ | $s'$ | $e''_x$ | $e'_x$ |
|---|---|---|---|---|---|---|---|---|---|
| | | $\text{m}^3/\text{kg}\times10^{-3}$ | | $\text{kJ/kg}$ | | $\text{kJ/(kg}\cdot\text{K)}$ | | $\text{kJ/kg}$ | |
| -85.00 | 2.56 | 5899.997 | 0.64884 | 345.37 | 94.12 | 1.8702 | 0.5348 | -112.877 | 34.014 |
| -80.00 | 3.87 | 4045.366 | 0.65501 | 348.41 | 99.89 | 1.8535 | 0.5668 | -104.855 | 30.243 |
| -75.00 | 5.72 | 2816.477 | 0.66106 | 351.48 | 105.68 | 1.8379 | 0.5974 | -97.131 | 26.914 |
| -70.00 | 8.27 | 2004.070 | 0.66719 | 354.57 | 111.46 | 1.8239 | 0.6272 | -89.867 | 23.818 |
| -65.00 | 11.72 | 1442.296 | 0.67327 | 357.68 | 117.38 | 1.8107 | 0.6562 | -82.815 | 21.091 |
| -60.00 | 16.29 | 1055.363 | 0.67947 | 360.81 | 123.37 | 1.7987 | 0.6847 | -76.104 | 18.584 |
| -55.00 | 22.24 | 785.161 | 0.68583 | 363.95 | 129.42 | 1.7878 | 0.7127 | -69.740 | 16.266 |
| -50.00 | 29.90 | 593.412 | 0.69238 | 367.10 | 135.54 | 1.7782 | 0.7405 | -63.706 | 14.122 |
| -45.00 | 39.58 | 454.926 | 0.69916 | 370.25 | 141.72 | 1.7695 | 0.7678 | -57.971 | 12.145 |
| -40.00 | 51.69 | 353.529 | 0.70619 | 373.40 | 147.96 | 1.7618 | 0.7949 | -52.521 | 10.329 |
| -35.00 | 66.63 | 278.087 | 0.71348 | 376.54 | 154.26 | 1.7549 | 0.8216 | -47.328 | 8.671 |
| -30.00 | 84.85 | 221.302 | 0.72105 | 379.67 | 160.62 | 1.7488 | 0.8479 | -42.382 | 7.168 |
| -25.00 | 106.86 | 177.937 | 0.72892 | 382.79 | 167.04 | 1.7434 | 0.8740 | -37.656 | 5.815 |

续表

| $t/℃$ | $p_s/kPa$ | $v''$ | $v'$ | $h''$ | $h'$ | $s''$ | $s'$ | $e''_x$ | $e'_x$ |
|---|---|---|---|---|---|---|---|---|---|
| | | m³/kg×10⁻³ | | kJ/kg | | kJ/(kg·K) | | kJ/kg | |
| −20.00 | 133.18 | 144.450 | 0.73712 | 385.89 | 173.52 | 1.7387 | 0.8997 | −33.138 | 4.611 |
| −15.00 | 164.36 | 118.481 | 0.74572 | 388.97 | 180.04 | 1.7346 | 0.9253 | −28.847 | 3.528 |
| −10.00 | 201.00 | 97.832 | 0.75463 | 392.01 | 186.63 | 1.7309 | 0.9504 | −24.704 | 2.614 |
| −5.00 | 243.71 | 81.304 | 0.76388 | 395.01 | 193.29 | 1.7276 | 0.9753 | −20.709 | 1.858 |
| 0.00 | 293.14 | 68.164 | 0.77365 | 397.98 | 200.00 | 1.7248 | 1.0000 | −16.915 | 1.203 |
| 5.00 | 349.96 | 57.470 | 0.78384 | 400.90 | 206.78 | 1.7223 | 1.0244 | −13.258 | 0.701 |
| 10.00 | 414.88 | 48.721 | 0.79453 | 403.76 | 213.63 | 1.7201 | 1.0486 | −9.740 | 0.331 |
| 15.00 | 488.60 | 41.532 | 0.80577 | 406.57 | 220.55 | 1.7182 | 1.0727 | −6.363 | 0.091 |
| 20.00 | 571.88 | 35.576 | 0.81762 | 409.30 | 227.55 | 1.7165 | 1.0965 | −3.120 | −0.018 |
| 25.00 | 665.49 | 30.603 | 0.83017 | 411.96 | 234.63 | 1.7149 | 1.1202 | −0.001 | 0.000 |
| 30.00 | 770.21 | 26.424 | 0.84347 | 414.52 | 241.80 | 1.7135 | 1.1437 | 2.995 | 0.148 |
| 35.00 | 886.87 | 22.899 | 0.85768 | 416.99 | 249.07 | 1.7121 | 1.1672 | 5.868 | 0.419 |
| 40.00 | 1016.32 | 19.893 | 0.87284 | 419.34 | 256.44 | 1.7108 | 1.1906 | 8.629 | 0.828 |
| 45.00 | 1159.45 | 17.320 | 0.88919 | 421.55 | 263.94 | 1.7093 | 1.2139 | 11.274 | 1.364 |

续表

| $t/℃$ | $p_s/kPa$ | $v''$ | $v'$ | $h''$ | $h'$ | $s''$ | $s'$ | $e''_x$ | $e'_x$ |
|---|---|---|---|---|---|---|---|---|---|
| | | m³/kg×10⁻³ | | kJ/kg | | kJ/(kg·K) | | kJ/kg | |
| 50.00 | 1317.19 | 15.112 | 0.90694 | 423.62 | 271.57 | 1.7078 | 1.2373 | 13.795 | 2.031 |
| 55.00 | 1490.52 | 13.203 | 0.92634 | 425.51 | 279.36 | 1.7061 | 1.2607 | 16.195 | 2.834 |
| 60.00 | 1680.47 | 11.538 | 0.94775 | 427.18 | 287.33 | 1.7041 | 1.2842 | 18.471 | 3.780 |
| 65.00 | 1888.17 | 10.080 | 0.97175 | 428.61 | 295.51 | 1.7016 | 1.3080 | 20.612 | 4.869 |
| 70.00 | 2114.81 | 8.788 | 0.99902 | 429.70 | 303.94 | 1.6986 | 1.3321 | 22.609 | 6.119 |
| 75.00 | 2361.75 | 7.638 | 1.03073 | 430.38 | 312.71 | 1.6948 | 1.3568 | 24.440 | 7.539 |
| 80.00 | 2630.48 | 6.601 | 1.06869 | 430.53 | 321.92 | 1.6898 | 1.3822 | 26.073 | 9.158 |
| 85.00 | 2922.80 | 5.647 | 1.11621 | 429.86 | 331.74 | 1.6829 | 1.4089 | 27.454 | 11.014 |
| 90.00 | 3240.89 | 4.751 | 1.18024 | 427.99 | 342.54 | 1.6732 | 1.4379 | 28.483 | 13.189 |
| 95.00 | 3587.80 | 3.851 | 1.27926 | 423.70 | 355.23 | 1.6574 | 1.4714 | 28.900 | 15.883 |
| 100.00 | 3969.25 | 2.779 | 1.53410 | 412.19 | 375.04 | 1.6230 | 1.5234 | 27.656 | 20.192 |
| 101.00 | 4051.31 | 2.382 | 1.96810 | 404.50 | 392.88 | 1.6018 | 1.5707 | 26.276 | 23.917 |
| 101.15 | 4064.00 | 1.969 | 1.96850 | 393.07 | 393.07 | 1.5712 | 1.5712 | 23.976 | 23.976 |

此表引自：朱明善等著《绿色环保制冷剂 HFC—134a 热物理学》，科学出版社，1995。

附表 10　氟利昂 134a 饱和液与饱和蒸气的热力性质（按压力排序）[2]

| $p_s$/kPa | $t$/℃ | $v'$ | $v''$ | $h'$ | $h''$ | $s'$ | $s''$ | $e_x''$ | $e_x'$ |
| --- | --- | --- | --- | --- | --- | --- | --- | --- | --- |
| | | m³/kg×10⁻³ | | kJ/kg | | kJ/(kg·K) | | kJ/kg | |
| 10.00 | -67.32 | 0.67044 | 1676.284 | 114.63 | 356.24 | 0.6428 | 1.8166 | -86.039 | 22.331 |
| 20.00 | -56.74 | 0.683529 | 868.908 | 127.30 | 362.86 | 0.7030 | 1.7915 | -71.922 | 17.053 |
| 30.00 | -49.94 | 0.69247 | 591.338 | 135.62 | 367.14 | 0.7408 | 1.7780 | -63.631 | 14.095 |
| 40.00 | -44.81 | 0.69942 | 450.539 | 141.95 | 370.37 | 0.7688 | 1.7692 | -57.762 | 12.074 |
| 50.00 | -40.64 | 0.70527 | 364.782 | 147.16 | 373.00 | 0.7914 | 1.7627 | -53.199 | 10.553 |
| 60.00 | -37.08 | 0.71041 | 306.836 | 151.64 | 375.24 | 0.8105 | 1.7577 | -49.457 | 9.342 |
| 80.00 | -31.25 | 0.71913 | 234.033 | 159.04 | 378.90 | 0.8414 | 1.7503 | -43.593 | 7.528 |
| 100.00 | -26.45 | 0.72667 | 189.737 | 165.15 | 381.89 | 0.8665 | 1.7451 | -39.050 | 6.157 |
| 120.00 | -22.37 | 0.73319 | 159.324 | 170.43 | 384.42 | 0.8875 | 1.7409 | -35.262 | 5.165 |
| 140.00 | -18.82 | 0.73920 | 137.972 | 175.04 | 386.63 | 0.9059 | 1.7378 | -32.146 | 4.306 |
| 160.00 | -15.64 | 0.74461 | 121.490 | 179.20 | 388.58 | 0.9220 | 1.7351 | -29.390 | 3.654 |
| 180.00 | -12.79 | 0.74955 | 108.637 | 182.95 | 390.31 | 0.9364 | 1.7328 | -26.969 | 3.130 |
| 200.00 | -10.14 | 0.75438 | 98.326 | 186.45 | 391.93 | 0.9497 | 1.7310 | -24.813 | 2.636 |

续表

| $p_s$/kPa | $t$/℃ | $v''$ m³/kg×10⁻³ | $v'$ | $h''$ kJ/kg | $h'$ | $s''$ kJ/(kg·K) | $s'$ | $e_x''$ kJ/kg | $e_x'$ |
|---|---|---|---|---|---|---|---|---|---|
| 250.00 | -4.35 | 79.485 | 0.76517 | 395.41 | 194.16 | 1.7273 | 0.9786 | -20.221 | 1.750 |
| 300.00 | 0.63 | 66.694 | 0.77492 | 398.36 | 200.85 | 1.7245 | 1.0031 | -16.447 | 1.132 |
| 350.00 | 5.00 | 57.477 | 0.78383 | 400.90 | 206.77 | 1.7223 | 1.0244 | -13.260 | 0.701 |
| 400.00 | 8.93 | 50.444 | 0.79220 | 403.16 | 212.16 | 1.7206 | 1.0435 | -10.478 | 0.399 |
| 450.00 | 12.44 | 45.016 | 0.79992 | 405.14 | 217.00 | 1.7191 | 1.0604 | -8.064 | 0.205 |
| 500.00 | 15.72 | 40.612 | 0.80744 | 406.96 | 221.55 | 1.7180 | 1.0761 | -5.892 | 0.066 |
| 550.00 | 18.75 | 36.955 | 0.81461 | 408.62 | 225.79 | 1.7169 | 1.0906 | -3.914 | -0.003 |
| 600.00 | 21.55 | 33.870 | 0.82129 | 410.11 | 229.74 | 1.7158 | 1.1038 | -2.104 | 0.006 |
| 650.00 | 24.21 | 31.327 | 0.82813 | 411.54 | 233.50 | 1.7152 | 1.1164 | -0.483 | -0.012 |
| 700.00 | 26.72 | 29.081 | 0.83465 | 412.85 | 237.09 | 1.7144 | 1.1283 | 1.045 | 0.038 |
| 800.00 | 31.32 | 25.428 | 0.84714 | 415.18 | 243.71 | 1.7131 | 1.1500 | 3.771 | 0.208 |
| 900.00 | 35.50 | 22.569 | 0.85911 | 417.22 | 249.80 | 1.7120 | 1.1695 | 6.154 | 0.459 |
| 1000.00 | 39.39 | 20.228 | 0.87091 | 419.05 | 255.53 | 1.7109 | 1.1877 | 8.303 | 0.773 |

续表

| $p_s$/kPa | $t$/℃ | $v''$ | $v'$ | $h''$ | $h'$ | $s''$ | $s'$ | $e_x''$ | $e_x'$ |
| --- | --- | --- | --- | --- | --- | --- | --- | --- | --- |
| | | m³/kg×10⁻³ | | kJ/kg | | kJ/(kg·K) | | kJ/kg | |
| 1200.00 | 46.31 | 16.708 | 0.89371 | 422.11 | 265.93 | 1.7089 | 1.2201 | 11.948 | 1.526 |
| 1400.00 | 52.48 | 14.130 | 0.91633 | 424.58 | 275.42 | 1.7069 | 1.2489 | 15.002 | 2.413 |
| 1600.00 | 57.94 | 12.198 | 0.93864 | 426.52 | 284.01 | 1.7049 | 1.2745 | 17.547 | 3.371 |
| 1800.00 | 62.92 | 10.664 | 0.96140 | 428.04 | 292.07 | 1.7027 | 1.2981 | 19.737 | 4.396 |
| 2000.00 | 67.56 | 9.398 | 0.98526 | 429.21 | 299.80 | 1.7002 | 1.3203 | 21.656 | 5.490 |
| 2200.00 | 71.74 | 8.375 | 1.00948 | 429.99 | 306.95 | 1.6974 | 1.3406 | 23.265 | 6.592 |
| 2400.00 | 75.72 | 7.482 | 1.03576 | 430.45 | 314.01 | 1.6941 | 1.3604 | 24.689 | 7.761 |
| 2600.00 | 79.42 | 6.714 | 1.06391 | 430.54 | 320.83 | 1.6904 | 1.3792 | 25.896 | 8.960 |
| 2800.00 | 82.93 | 6.036 | 1.09510 | 430.28 | 327.59 | 1.6861 | 1.3977 | 26.919 | 10.214 |
| 3000.00 | 86.25 | 5.421 | 1.13032 | 429.55 | 334.34 | 1.6809 | 1.4159 | 27.752 | 11.525 |
| 3200.00 | 89.39 | 4.860 | 1.17107 | 428.32 | 341.14 | 1.6746 | 1.4342 | 28.381 | 12.900 |
| 3400.00 | 92.33 | 4.340 | 1.21992 | 426.45 | 348.12 | 1.6670 | 1.4527 | 28.784 | 14.357 |
| 4064.00 | 101.15 | 1.969 | 1.96850 | 393.07 | 393.07 | 1.5712 | 1.5712 | 23.976 | 23.976 |

### 附表 11 氟利昂 134a 过热蒸气的热力性质（按温度排列）[2]

| t /℃ | p = 0.05 MPa (t_s = −40.64 ℃) | | | p = 0.10 MPa (t_s = −26.45 ℃) | | |
|---|---|---|---|---|---|---|
| | v | h | s | v | h | s |
| | m³/kg | kJ/kg | kJ/(kg·K) | m³/kg | kJ/kg | kJ/(kg·K) |
| −20.0 | 0.404 77 | 388.69 | 1.828 2 | 0.193 79 | 383.10 | 1.751 0 |
| −10.0 | 0.421 95 | 396.49 | 1.858 4 | 0.207 42 | 395.08 | 1.797 5 |
| 0.0 | 0.438 98 | 404.43 | 1.888 0 | 0.216 33 | 403.20 | 1.828 2 |
| 10.0 | 0.455 86 | 412.53 | 1.917 1 | 0.225 08 | 411.44 | 1.857 8 |
| 20.0 | 0.472 73 | 420.79 | 1.945 8 | 0.233 79 | 419.81 | 1.886 8 |
| 30.0 | 0.489 45 | 429.21 | 1.974 0 | 0.242 42 | 428.32 | 1.915 4 |
| 40.0 | 0.506 17 | 437.79 | 2.001 9 | 0.250 94 | 436.98 | 1.943 5 |
| 50.0 | 0.522 81 | 446.53 | 2.029 4 | 0.259 45 | 445.79 | 1.971 2 |
| 60.0 | 0.539 45 | 455.43 | 2.056 5 | 0.267 93 | 454.76 | 1.998 5 |
| 70.0 | 0.556 02 | 464.50 | 2.083 3 | 0.276 37 | 463.88 | 2.025 5 |
| 80.0 | 0.572 58 | 473.73 | 2.109 8 | 0.284 77 | 473.15 | 2.052 1 |
| 90.0 | 0.589 06 | 483.12 | 2.136 0 | 0.293 13 | 482.58 | 2.078 4 |

| t /℃ | p = 0.15 MPa (t_s = −17.20 ℃) | | | p = 0.20 MPa (t_s = −10.14 ℃) | | |
|---|---|---|---|---|---|---|
| | v | h | s | v | h | s |
| | m³/kg | kJ/kg | kJ/(kg·K) | m³/kg | kJ/kg | kJ/(kg·K) |
| −10.0 | 0.135 84 | 393.63 | 1.760 7 | 0.099 98 | 392.14 | 1.732 9 |
| 0.0 | 0.142 03 | 401.93 | 1.791 6 | 0.104 86 | 400.63 | 1.764 6 |
| 10.0 | 0.148 13 | 410.32 | 1.821 8 | 0.109 61 | 409.17 | 1.795 3 |
| 20.0 | 0.154 10 | 418.81 | 1.851 2 | 0.114 26 | 417.79 | 1.825 2 |
| 30.0 | 0.160 02 | 427.42 | 1.880 1 | 0.118 81 | 426.51 | 1.854 5 |
| 40.0 | 0.165 86 | 436.17 | 1.908 5 | 0.123 32 | 435.34 | 1.883 1 |
| 50.0 | 0.171 68 | 445.05 | 1.936 5 | 0.127 75 | 444.30 | 1.911 3 |
| 60.0 | 0.177 42 | 454.08 | 1.964 0 | 0.132 15 | 453.39 | 1.939 0 |

| 70. 0 | 0. 183 13 | 463. 25 | 1. 991 1 | 0. 136 52 | 462. 62 | 1. 966 3 |
| 80. 0 | 0. 188 83 | 472. 57 | 2. 017 9 | 0. 140 86 | 471. 98 | 1. 993 2 |
| 90. 0 | 0. 194 49 | 482. 04 | 2. 044 3 | 0. 145 16 | 481. 50 | 2. 019 7 |
| 100. 0 | 0. 200 16 | 491. 66 | 2. 070 4 | 0. 149 45 | 491 . 15 | 2. 046 0 |

| $p=0.25$ MPa $(t_s=-4.35\ ℃)$ | | | $p=0.30$ MPa $(t_s=0.63\ ℃)$ | | |
|---|---|---|---|---|---|
| $t\ /℃$ | $v$ | $h$ | $s$ | $v$ | $h$ | $s$ |
| | $m^3/kg$ | $kJ/kg$ | $kJ/(kg \cdot K)$ | $m^3/kg$ | $kJ/kg$ | $kJ/(kg \cdot K)$ |
| 0. 0 | 0. 082 53 | 399. 30 | 1. 742 7 | | | |
| 10. 0 | 0. 086 47 | 408. 00 | 1. 774 0 | 0. 071 03 | 406. 81 | 1. 756 0 |
| 20. 0 | 0. 090 31 | 416. 76 | 1. 804 4 | 0. 074 34 | 415. 70 | 1. 786 8 |
| 30. 0 | 0. 094 06 | 425. 58 | 1. 834 0 | 0. 077 56 | 424. 64 | 1. 816 8 |
| 40. 0 | 0. 097 77 | 434. 51 | 1. 863 0 | 0. 080 72 | 433. 66 | 1. 846 1 |
| 50. 0 | 0. 101 41 | 443. 54 | 1. 891 4 | 0. 083 81 | 442. 77 | 1. 874 7 |
| 60. 0 | 0. 104 98 | 452. 69 | 1. 919 2 | 0. 086 88 | 451. 99 | 1. 902 8 |
| 70. 0 | 0. 108 54 | 461. 98 | 1. 946 7 | 0. 089 89 | 461. 33 | 1. 930 5 |
| 80. 0 | 0. 112 07 | 471. 39 | 1. 973 8 | 0. 092 88 | 470. 80 | 1. 957 6 |
| 90. 0 | 0. 115 57 | 480. 95 | 2. 000 4 | 0. 095 83 | 480. 40 | 1. 984 4 |
| 100. 0 | 0. 119 04 | 490. 64 | 2. 026 8 | 0. 098 75 | 490. 13 | 2. 010 9 |
| 110. 0 | 0. 122 50 | 500. 48 | 2. 052 8 | 0. 101 68 | 500. 00 | 2. 037 0 |

| $p=0.40$ MPa $(t_s=8.93\ ℃)$ | | | $p=0.50$ MPa $(t_s=15.72\ ℃)$ | | |
|---|---|---|---|---|---|
| $t\ /℃$ | $v$ | $h$ | $s$ | $v$ | $h$ | $s$ |
| | $m^3/kg$ | $kJ/kg$ | $kJ/(kg \cdot K)$ | $m^3/kg$ | $kJ/kg$ | $kJ/(kg \cdot K)$ |
| 20. 0 | 0. 054 33 | 413. 51 | 1. 757 8 | 0. 042 27 | 411. 22 | 1. 733 6 |
| 30. 0 | 0. 056 89 | 422. 70 | 1. 788 6 | 0. 044 45 | 420. 68 | 1. 765 3 |
| 40. 0 | 0. 059 39 | 431. 92 | 1. 818 5 | 0. 046 56 | 430. 12 | 1. 796 0 |
| 50. 0 | 0. 061 83 | 441. 20 | 1. 847 7 | 0. 048 60 | 439. 58 | 1. 825 7 |

续表

| | | | | | | |
|---|---|---|---|---|---|---|
| 60.0 | 0.064 20 | 450.56 | 1.876 2 | 0.050 59 | 449.09 | 1.854 7 |
| 70.0 | 0.066 55 | 460.02 | 1.904 2 | 0.052 53 | 458.68 | 1.883 0 |
| 80.0 | 0.068 86 | 469.59 | 1.931 6 | 0.054 44 | 468.36 | 1.910 8 |
| 90.0 | 0.071 14 | 479.28 | 1.958 7 | 0.056 32 | 478.14 | 1.938 2 |
| 100.0 | 0.073 41 | 489.09 | 1.985 4 | 0.058 17 | 488.04 | 1.965 1 |
| 110.0 | 0.075 64 | 499.03 | 2.011 7 | 0.060 00 | 498.05 | 1.991 5 |
| 120.0 | 0.077 86 | 509.11 | 2.037 6 | 0.061 83 | 508.19 | 2.017 7 |
| 130.0 | 0.080 06 | 519.31 | 2.063 2 | 0.063 63 | 518.46 | 2.043 5 |

| $p=0.60$ MPa ($t_s=21.55$ ℃) | | | $p=0.70$ MPa ($t_s=26.72$ ℃) | | | |
|---|---|---|---|---|---|---|
| $t$ /℃ | $v$ | $h$ | $s$ | $v$ | $h$ | $s$ |
| | m³/kg | kJ/kg | kJ/(kg·K) | m³/kg | kJ/kg | kJ/(kg·K) |
| 30.0 | 0.036 13 | 418.58 | 1.745 2 | 0.030 13 | 416.37 | 1.727 0 |
| 40.0 | 0.037 98 | 428.26 | 1.776 6 | 0.031 83 | 426.32 | 1.759 3 |
| 50.0 | 0.039 77 | 437.91 | 1.807 0 | 0.033 44 | 436.19 | 1.790 4 |
| 60.0 | 0.041 49 | 447.58 | 1.836 4 | 0.034 98 | 446.04 | 1.820 4 |
| 70.0 | 0.043 17 | 457.31 | 1.865 2 | 0.036 48 | 455.91 | 1.849 6 |
| 80.0 | 0.044 82 | 467.10 | 1.893 3 | 0.037 94 | 465.82 | 1.878 0 |
| 90.0 | 0.046 44 | 476.99 | 1.920 9 | 0.039 36 | 475.81 | 1.905 9 |
| 100.0 | 0.048 02 | 486.97 | 1.948 0 | 0.040 76 | 485.89 | 1.933 3 |
| 110.0 | 0.049 59 | 497.06 | 1.974 7 | 0.042 13 | 496.06 | 1.960 2 |
| 120.0 | 0.051 13 | 507.27 | 2.001 0 | 0.043 48 | 506.33 | 1.986 7 |
| 130.0 | 0.052 66 | 517.59 | 2.027 0 | 0.044 83 | 516.72 | 2.012 8 |
| 140.0 | 0.054 17 | 528.04 | 2.052 6 | 0.046 15 | 527.23 | 2.038 5 |
| $p=0.80$ MPa ($t_s=31.32$ ℃) | | | $p=0.90$ MPa ($t_s=35.50$ ℃) | | | |

| $t/℃$ | $v$ | $h$ | $s$ | $v$ | $h$ | $s$ |
|---|---|---|---|---|---|---|
| | m³/kg | kJ/kg | kJ/(kg·K) | m³/kg | kJ/kg | kJ/(kg·K) |
| 40.0 | 0.027 18 | 424.31 | 1.743 5 | 0.023 55 | 422.19 | 1.728 7 |
| 50.0 | 0.028 67 | 434.41 | 1.775 3 | 0.024 94 | 432.57 | 1.761 3 |
| 60.0 | 0.030 09 | 444.45 | 1.805 9 | 0.026 26 | 442.81 | 1.792 5 |
| 70.0 | 0.031 45 | 454.47 | 1.835 5 | 0.027 52 | 453.00 | 1.822 7 |
| 80.0 | 0.032 77 | 464.52 | 1.864 4 | 0.028 74 | 463.19 | 1.851 9 |
| 90.0 | 0.034 06 | 474.62 | 1.892 6 | 0.029 92 | 473.40 | 1.880 4 |
| 100.0 | 0.035 31 | 484.79 | 1.920 2 | 0.031 06 | 483.67 | 1.908 3 |
| 110.0 | 0.036 54 | 495.04 | 1.947 3 | 0.032 19 | 494.01 | 1.937 5 |
| 120.0 | 0.037 75 | 505.39 | 1.974 0 | 0.033 29 | 504.43 | 1.962 5 |
| 130.0 | 0.038 95 | 515.84 | 2.000 2 | 0.034 38 | 514.95 | 1.988 9 |
| 140.0 | 0.040 13 | 526.40 | 2.026 1 | 0.035 44 | 525.57 | 2.015 0 |

$p=1.0$ MPa $(t_s=39.39\ ℃)$ 　　　　$p=1.1$ MPa $(t_s=42.99\ ℃)$

| $t/℃$ | $v$ | $h$ | $s$ | $v$ | $h$ | $s$ |
|---|---|---|---|---|---|---|
| | m³/kg | kJ/kg | kJ/(kg·K) | m³/kg | kJ/kg | kJ/(kg·K) |
| 40.0 | 0.020 61 | 419.97 | 1.714 5 | | | |
| 50.0 | 0.021 94 | 430.63 | 1.748 1 | 0.019 47 | 428.64 | 1.735 5 |
| 60.0 | 0.023 19 | 441.12 | 1.780 0 | 0.020 66 | 439.37 | 1.768 2 |
| 70.0 | 0.024 37 | 451.49 | 1.810 7 | 0.021 78 | 449.93 | 1.799 4 |
| 80.0 | 0.025 51 | 461.82 | 1.840 4 | 0.022 85 | 460.42 | 1.829 6 |
| 90.0 | 0.026 60 | 472.16 | 1.869 2 | 0.023 88 | 470.89 | 1.858 8 |
| 100.0 | 0.027 66 | 482.53 | 1.897 4 | 0.024 88 | 481.37 | 1.887 3 |
| 110.0 | 0.028 70 | 492.96 | 1.925 0 | 0.025 84 | 491.89 | 1.915 1 |
| 120.0 | 0.029 71 | 503.46 | 1.952 0 | 0.026 79 | 502.48 | 1.942 4 |
| 130.0 | 0.030 71 | 514.05 | 1.978 7 | 0.027 71 | 513.14 | 1.969 2 |
| 140.0 | 0.031 69 | 524.73 | 2.004 8 | 0.028 62 | 523.88 | 1.995 5 |

续表

| 150.0 | 0.032 65 | 535.52 | 2.030 6 | 0.029 51 | 534.72 | 2.021 4 |

| $p = 1.2$ MPa $(t_s = 46.31\ ℃)$ | | | | $p = 1.3$ MPa $(t_s = 49.44\ ℃)$ | | |
|---|---|---|---|---|---|---|
| $t\ /℃$ | $v$ | $h$ | $s$ | $v$ | $h$ | $s$ |
| | m³/kg | kJ/kg | kJ/(kg·K) | m³/kg | kJ/kg | kJ/(kg·K) |
| 50.0 | 0.017 39 | 426.53 | 1.723 3 | 0.015 59 | 424.30 | 1.711 3 |
| 60.0 | 0.018 54 | 437.55 | 1.756 9 | 0.016 73 | 435.65 | 1.745 9 |
| 70.0 | 0.019 62 | 448.33 | 1.788 8 | 0.017 78 | 446.68 | 1.778 5 |
| 80.0 | 0.020 64 | 458.99 | 1.819 4 | 0.018 75 | 457.52 | 1.809 6 |
| 90.0 | 0.021 61 | 469.60 | 1.849 0 | 0.019 68 | 468.28 | 1.839 7 |
| 100.0 | 0.022 55 | 480.19 | 1.877 8 | 0.020 57 | 478.99 | 1.868 8 |
| 110.0 | 0.023 46 | 490.81 | 1.905 9 | 0.021 44 | 489.72 | 1.897 2 |
| 120.0 | 0.024 34 | 501.48 | 1.933 4 | 0.022 27 | 500.47 | 1.924 9 |
| 130.0 | 0.025 21 | 512.21 | 1.960 3 | 0.023 09 | 511.28 | 1.952 0 |
| 140.0 | 0.026 06 | 523.02 | 1.986 8 | 0.023 88 | 522.16 | 1.978 7 |
| 150.0 | 0.026 89 | 533.92 | 2.012 9 | 0.024 67 | 533.12 | 2.004 9 |

| $p = 1.4$ MPa $(t_s = 52.48\ ℃)$ | | | | $p = 1.5$ MPa $(t_s = 55.23\ ℃)$ | | |
|---|---|---|---|---|---|---|
| $t\ /℃$ | $v$ | $h$ | $s$ | $v$ | $h$ | $s$ |
| | m³/kg | kJ/kg | kJ/(kg·K) | m³/kg | kJ/kg | kJ/(kg·K) |
| 60.0 | 0.015 16 | 433.66 | 1.735 1 | 0.013 79 | 431.57 | 1.724 5 |
| 70.0 | 0.016 18 | 444.96 | 1.768 5 | 0.014 79 | 443.17 | 1.758 8 |
| 80.0 | 0.017 13 | 456.01 | 1.800 3 | 0.015 72 | 454.45 | 1.791 2 |
| 90.0 | 0.018 02 | 466.92 | 1.830 8 | 0.016 58 | 465.54 | 1.822 2 |
| 100.0 | 0.018 88 | 477.77 | 1.860 2 | 0.017 41 | 476.52 | 1.852 0 |
| 110.0 | 0.019 70 | 488.60 | 1.888 9 | 0.018 19 | 487.47 | 1.881 0 |

| 120. 0 | 0. 020 50 | 499. 45 | 1. 916 8 | 0. 018 95 | 498. 41 | 1. 909 2 |
|---|---|---|---|---|---|---|
| 130. 0 | 0. 021 27 | 510. 34 | 1. 944 2 | 0. 019 69 | 509. 38 | 1. 936 7 |
| 140. 0 | 0. 022 02 | 521. 28 | 1. 971 0 | 0. 020 41 | 520. 40 | 1. 963 7 |
| 150. 0 | 0. 022 76 | 532. 30 | 1. 997 3 | 0. 021 11 | 531. 48 | 1. 990 2 |

| $p=1.6$ MPa $(t_s=57.94$ ℃$)$ | | | $p=1.7$ MPa $(t_s=60.45$ ℃$)$ | | |
|---|---|---|---|---|---|
| $v$ | $h$ | $s$ | $v$ | $h$ | $s$ |
| m³/kg | kJ/kg | kJ/(kg · K) | m³/kg | kJ/kg | kJ/(kg · K) |

| $t$ /℃ | $v$ m³/kg | $h$ kJ/kg | $s$ kJ/(kg · K) | $v$ m³/kg | $h$ kJ/kg | $s$ kJ/(kg · K) |
|---|---|---|---|---|---|---|
| 60. 0 | 0. 012 56 | 429. 36 | 1. 713 9 | | | |
| 70. 0 | 0. 013 56 | 441. 32 | 1. 749 3 | 0. 012 47 | 439. 37 | 1. 739 8 |
| 80. 0 | 0. 014 47 | 452. 84 | 1. 782 4 | 0. 013 36 | 451. 17 | 1. 773 8 |
| 90. 0 | 0. 015 32 | 464. 11 | 1. 813 9 | 0. 014 19 | 462. 65 | 1. 805 8 |
| 100. 0 | 0. 016 11 | 475. 25 | 1. 844 1 | 0. 014 97 | 473. 94 | 1. 836 5 |
| 110. 0 | 0. 016 67 | 486. 31 | 1. 873 4 | 0. 015 70 | 485. 14 | 1. 866 1 |
| 120. 0 | 0. 017 60 | 497. 36 | 1. 901 8 | 0. 016 41 | 496. 29 | 1. 894 8 |
| 130. 0 | 0. 018 31 | 508. 41 | 1. 929 6 | 0. 017 09 | 507. 43 | 1. 922 8 |
| 140. 0 | 0. 019 00 | 519. 50 | 1. 956 8 | 0. 017 75 | 518. 60 | 1. 950 2 |
| 150. 0 | 0. 019 66 | 530. 65 | 1. 983 4 | 0. 018 39 | 529. 81 | 1. 977 0 |

| $p=2.0$ MPa $(t_s=67.57$ ℃$)$ | | | $p=3.0$ MPa $(t_s=86.26$ ℃$)$ | | |
|---|---|---|---|---|---|
| $v$ | $h$ | $s$ | $v$ | $h$ | $s$ |
| m³/kg | kJ/kg | kJ/(kg · K) | m³/kg | kJ/kg | kJ/(kg · K) |

| $t$ /℃ | $v$ m³/kg | $h$ kJ/kg | $s$ kJ/(kg · K) | $v$ m³/kg | $h$ kJ/kg | $s$ kJ/(kg · K) |
|---|---|---|---|---|---|---|
| 70. 0 | 0. 009 75 | 432. 85 | 1. 711 2 | | | |
| 80. 0 | 0. 010 65 | 445. 76 | 1. 748 3 | | | |
| 90. 0 | 0. 011 46 | 457. 99 | 1. 782 4 | 0. 005 85 | 436. 84 | 1. 701 1 |
| 100. 0 | 0. 012 19 | 469. 84 | 1. 814 6 | 0. 006 69 | 452. 92 | 1. 744 8 |

续表

| | v m³/kg | h kJ/kg | s kJ/(kg·K) | v m³/kg | h kJ/kg | s kJ/(kg·K) |
|---|---|---|---|---|---|---|
| 110.0 | 0.012 88 | 481.47 | 1.845 4 | 0.007 37 | 467.11 | 1.782 4 |
| 120.0 | 0.013 52 | 492.97 | 1.875 0 | 0.007 96 | 480.41 | 1.816 6 |
| 130.0 | 0.014 15 | 504.40 | 1.903 7 | 0.008 50 | 493.22 | 1.848 8 |
| 140.0 | 0.014 74 | 515.82 | 1.931 7 | 0.008 99 | 505.72 | 1.879 4 |
| 150.0 | 0.015 32 | 527.24 | 1.959 0 | 0.009 46 | 518.04 | 1.908 9 |

| $p=4.0$ MPa ($t_s=100.35$ ℃) | | | $p=5.0$ MPa | | |
|---|---|---|---|---|---|

| $t$ /℃ | v m³/kg | h kJ/kg | s kJ/(kg·K) | v m³/kg | h kJ/kg | s kJ/(kg·K) |
|---|---|---|---|---|---|---|
| 60.0 | | | | 0.000 92 | 285.68 | 1.270 0 |
| 70.0 | | | | 0.000 96 | 301.31 | 1.316 3 |
| 80.0 | | | | 0.001 00 | 317.85 | 1.363 8 |
| 90.0 | | | | 0.001 08 | 335.94 | 1.414 3 |
| 100.0 | | | | 0.001 22 | 357.51 | 1.472 8 |
| 110.0 | 0.004 24 | 445.56 | 1.711 2 | 0.001 71 | 394.74 | 1.571 1 |
| 120.0 | 0.004 98 | 463.93 | 1.758 6 | 0.002 89 | 437.91 | 1.682 5 |
| 130.0 | 0.005 54 | 479.52 | 1.797 7 | 0.003 63 | 461.41 | 1.741 6 |
| 140.0 | 0.006 03 | 493.90 | 1.833 0 | 0.004 17 | 479.51 | 1.785 9 |

| $p=4.0$ MPa ($t_s=100.35$ ℃) | | | $p=5.0$ MPa | | |
|---|---|---|---|---|---|

| $t$ /℃ | v m³/kg | h kJ/kg | s kJ/(kg·K) | v m³/kg | h kJ/kg | s kJ/(kg·K) |
|---|---|---|---|---|---|---|
| 150.0 | 0.006 47 | 507.59 | 1.865 7 | 0.004 62 | 495.48 | 1.824 1 |
| 160.0 | 0.006 87 | 520.87 | 1.896 7 | 0.005 02 | 510.34 | 1.858 8 |
| 170.0 | 0.007 25 | 533.88 | 1.926 4 | 0.005 37 | 524.53 | 1.891 2 |

附表 12　一些气体的摩尔质量、气体常数、低压下的比热容和摩尔热容[2]

| 物质 | $M$ | $c_p$ | $C_{p,m}$ | $c_V$ | $C_{V,m}$ | $R_g$ | $\gamma$ |
| --- | --- | --- | --- | --- | --- | --- | --- |
| | kg/kmol | kJ/ (kg·K) | J/ (mol·K) | kJ/ (kg·K) | J/ (mol·K) | kJ/ (kg·K) | $c_p/c_V$ |
| 氩Ar | 39.94 | 0.523 | 20.89 | 0.315 | 12.57 | 0.208 | 1.67 |
| 氦He | 4.003 | 5.200 | 20.81 | 3.123 | 12.50 | 2.077 | 1.67 |
| 氢$H_2$ | 2.016 | 14.32 | 28.86 | 10.19 | 20.55 | 4.124 | 1.40 |
| 氮$N_2$ | 28.02 | 1.038 | 29.08 | 0.742 | 20.77 | 0.297 | 1.40 |
| 氧$O_2$ | 32.00 | 0.917 | 29.34 | 0.657 | 21.03 | 0.260 | 1.39 |
| 一氧化碳CO | 28.01 | 1.042 | 29.19 | 0.745 | 20.88 | 0.297 | 1.40 |
| 空气 | 28.97 | 1.004 | 29.09 | 0.717 | 20.78 | 0.287 | 1.40 |
| 水蒸气$H_2O$ | 18.016 | 1.867 | 33.64 | 1.406 | 25.33 | 0.461 | 1.33 |
| 二氧化碳$CO_2$ | 44.01 | 0.845 | 37.19 | 0.656 | 28.88 | 0.189 | 1.29 |
| 二氧化硫$SO_2$ | 64.07 | 0.644 | 41.26 | 0.514 | 32.94 | 0.130 | 1.25 |
| 甲烷$CH_4$ | 16.04 | 2.227 | 35.72 | 1.709 | 27.41 | 0.519 | 1.30 |
| 丙烷$C_3H_8$ | 44.09 | 1.691 | 74.56 | 1.502 | 66.25 | 0.189 | 1.13 |

说明：$R_g = R/M$，$R = 8.314510$ J/(mol·K)，$c_V = c_p - R_g$。

### 附表 13　氟利昂 12（$CCl_2F_2$）饱和液与饱和蒸气的热力性质[3]

| 温度 | 压力 | 比容 | | 焓 | | 汽化潜热 | 熵 | |
|---|---|---|---|---|---|---|---|---|
| | | 液体 | 蒸气 | 液体 | 蒸气 | | 液体 | 蒸气 |
| | | $v'$ | $v''$ | $h'$ | $h''$ | $r$ | $s'$ | $s''$ |
| $t$ /℃ | $p$ /bar | m³/kg | m³/kg | kJ/kg | kJ/kg | kJ/kg | kJ/(kg·K) | kJ/(kg·K) |
| −70 | 0.123 36 | 0.623 4 | 1.125 9 | 359.394 | 539.594 | 179.613 | 3.937 68 | 4.823 98 |
| −60 | 0.227 02 | 0.634 9 | 0.639 4 | 367.098 | 544.284 | 177.185 | 3.975 19 | 4.806 69 |
| −50 | 0.392 16 | 0.646 8 | 0.385 4 | 375.095 | 549.224 | 174.129 | 4.011 95 | 4.792 54 |
| −40 | 0.642 43 | 0.659 2 | 0.244 1 | 383.301 | 554.164 | 170.863 | 4.048 00 | 4.781 03 |
| −30 | 1.004 69 | 0.672 5 | 0.161 3 | 391.758 | 559.105 | 167.346 | 4.083 46 | 4.771 90 |
| −25 | 1.237 20 | 0.679 3 | 0.133 1 | 396.113 | 561.575 | 165.462 | 4.100 97 | 4.767 88 |
| −20 | 1.506 88 | 0.686 8 | 0.110 7 | 400.467 | 564.003 | 163.536 | 4.118 34 | 4.764 49 |
| −15 | 1.826 19 | 0.694 0 | 0.096 8 | 404.947 | 566.432 | 161.484 | 4.135 63 | 4.761 35 |
| −10 | 2.191 00 | 0.701 8 | 0.078 1 | 409.469 | 568.860 | 159.391 | 4.152 80 | 4.758 59 |
| −5 | 2.608 76 | 0.709 2 | 0.066 3 | 414.032 | 571.205 | 157.172 | 4.169 84 | 4.756 12 |
| 0 | 3.085 66 | 0.717 3 | 0.056 7 | 418.680 | 573.549 | 154.869 | 4.186 80 | 4.753 94 |
| 5 | 3.624 43 | 0.725 7 | 0.048 6 | 423.369 | 575.852 | 152.483 | 4.203 63 | 4.751 89 |
| 10 | 4.230 09 | 0.734 2 | 0.042 0 | 428.142 | 578.113 | 149.971 | 4.220 40 | 4.750 13 |
| 20 | 5.667 06 | 0.752 4 | 0.031 7 | 437.897 | 582.467 | 144.570 | 4.253 70 | 4.746 91 |
| 30 | 7.434 42 | 0.773 4 | 0.024 3 | 447.861 | 586.486 | 138.624 | 4.286 73 | 4.744 06 |
| 40 | 9.581 78 | 0.796 8 | 0.018 8 | 458.077 | 590.087 | 132.009 | 4.319 39 | 4.740 96 |

附表 14　干空气的热物理性质[4]

( $p = 1.01325 \times 10^5\,\mathrm{Pa}$[①] )

| $t$ /℃ | $\rho$ kg/m³ | $c_p$ kJ/(kg·K) | $\lambda \times 10^2$ W/(m·K) | $a \times 10^6$ m²/s | $\mu \times 10^6$ kg/(m·s) | $\nu \times 10^6$ m²/s | 普朗特数 |
|---|---|---|---|---|---|---|---|
| −50 | 1.584 | 1.013 | 2.04 | 12.7 | 14.6 | 9.23 | 0.728 |
| −40 | 1.515 | 1.013 | 2.12 | 13.8 | 15.2 | 10.04 | 0.728 |
| −30 | 1.453 | 1.013 | 2.20 | 14.9 | 15.7 | 10.80 | 0.723 |
| −20 | 1.395 | 1.009 | 2.28 | 16.2 | 16.2 | 11.61 | 0.716 |
| −10 | 1.342 | 1.009 | 2.36 | 17.4 | 16.7 | 12.43 | 0.712 |
| 0 | 1.293 | 1.005 | 2.44 | 18.8 | 17.2 | 13.28 | 0.707 |
| 10 | 1.247 | 1.005 | 2.51 | 20.0 | 17.6 | 14.16 | 0.705 |
| 20 | 1.205 | 1.005 | 2.59 | 21.4 | 18.1 | 15.06 | 0.703 |
| 30 | 1.165 | 1.005 | 2.67 | 22.9 | 18.6 | 16.00 | 0.701 |
| 40 | 1.128 | 1.005 | 2.76 | 24.3 | 19.1 | 16.96 | 0.699 |
| 50 | 1.093 | 1.005 | 2.83 | 25.7 | 19.6 | 17.95 | 0.698 |
| 60 | 1.060 | 1.005 | 2.90 | 27.2 | 20.1 | 18.97 | 0.696 |
| 70 | 1.029 | 1.009 | 2.96 | 28.6 | 20.6 | 20.02 | 0.694 |
| 80 | 1.000 | 1.009 | 3.05 | 30.2 | 21.1 | 21.09 | 0.692 |
| 90 | 0.972 | 1.009 | 3.13 | 31.9 | 21.5 | 22.10 | 0.690 |
| 100 | 0.946 | 1.009 | 3.21 | 33.6 | 21.9 | 23.13 | 0.688 |
| 120 | 0.898 | 1.009 | 3.34 | 36.8 | 22.8 | 25.45 | 0.686 |
| 140 | 0.854 | 1.013 | 3.49 | 40.3 | 23.7 | 27.80 | 0.684 |
| 160 | 0.815 | 1.017 | 3.64 | 43.9 | 24.5 | 30.09 | 0.682 |

续表

| $t/℃$ | $\rho$ kg/m³ | $c_p$ kJ/(kg·K) | $\lambda \times 10^2$ W/(m·K) | $a \times 10^6$ m²/s | $\mu \times 10^6$ kg/(m·s) | $\nu \times 10^6$ m²/s | 普朗特数 |
|---|---|---|---|---|---|---|---|
| 180 | 0.779 | 1.022 | 3.78 | 47.5 | 25.3 | 32.49 | 0.681 |
| 200 | 0.746 | 1.026 | 3.93 | 51.4 | 26.0 | 34.85 | 0.680 |
| 250 | 0.674 | 1.038 | 4.27 | 61.0 | 27.4 | 40.61 | 0.677 |
| 300 | 0.615 | 1.047 | 4.60 | 71.6 | 29.7 | 48.33 | 0.674 |
| 350 | 0.566 | 1.059 | 4.91 | 81.9 | 31.4 | 55.46 | 0.676 |
| 400 | 0.524 | 1.068 | 5.21 | 93.1 | 33.0 | 63.09 | 0.678 |
| 500 | 0.456 | 1.093 | 5.74 | 115.3 | 36.2 | 79.38 | 0.687 |
| 600 | 0.404 | 1.114 | 6.22 | 138.3 | 39.1 | 96.89 | 0.699 |
| 700 | 0.362 | 1.135 | 6.71 | 163.4 | 41.8 | 115.4 | 0.706 |
| 800 | 0.329 | 1.156 | 7.18 | 188.8 | 44.3 | 134.8 | 0.713 |
| 900 | 0.301 | 1.172 | 7.63 | 216.2 | 46.7 | 155.1 | 0.717 |
| 1 000 | 0.277 | 1.185 | 8.07 | 245.9 | 49.0 | 177.1 | 0.719 |
| 1 100 | 0.257 | 1.197 | 8.50 | 276.2 | 51.2 | 199.3 | 0.722 |
| 1 200 | 0.239 | 1.210 | 9.15 | 316.5 | 53.5 | 233.7 | 0.724 |

①1.01325×10⁵Pa＝760mmHg，下同。

### 附表 15 大气压力 （$p = 1.01325 \times 10^5 \, Pa$）下烟气的热物理性质[4]

（烟气中组成成分的质量分数：$w_{CO_2} = 0.13$；$w_{H_2O} = 0.11$；$w_{N_2} = 0.76$）

| $t/℃$ | $\rho$ kg/m³ | $c_p$ kJ/(kg·K) | $\lambda \times 10^2$ W/(m·K) | $a \times 10^6$ m²/s | $\eta \times 10^6$ kg/(m·s) | $\nu \times 10^6$ m²/s | 普朗特数 |
|---|---|---|---|---|---|---|---|
| 0 | 1.295 | 1.042 | 2.28 | 16.9 | 15.8 | 12.20 | 0.72 |
| 100 | 0.950 | 1.068 | 3.13 | 30.8 | 20.4 | 21.54 | 0.69 |
| 200 | 0.748 | 1.097 | 4.01 | 48.9 | 24.5 | 32.80 | 0.67 |
| 300 | 0.617 | 1.122 | 4.84 | 69.9 | 28.2 | 45.81 | 0.65 |
| 400 | 0.525 | 1.151 | 5.70 | 94.3 | 31.7 | 60.38 | 0.64 |
| 500 | 0.457 | 1.185 | 6.56 | 121.1 | 34.8 | 76.30 | 0.63 |
| 600 | 0.405 | 1.214 | 7.42 | 150.9 | 37.9 | 93.61 | 0.62 |
| 700 | 0.363 | 1.239 | 8.27 | 183.8 | 40.7 | 112.1 | 0.61 |
| 800 | 0.330 | 1.264 | 9.15 | 219.7 | 43.4 | 131.8 | 0.60 |
| 900 | 0.301 | 1.290 | 10.00 | 258.0 | 45.9 | 152.5 | 0.59 |
| 1 000 | 0.275 | 1.306 | 10.90 | 303.4 | 48.4 | 174.3 | 0.58 |
| 1 100 | 0.257 | 1.323 | 11.75 | 345.5 | 50.7 | 197.1 | 0.57 |
| 1 200 | 0.240 | 1.340 | 12.62 | 392.4 | 53.0 | 221.0 | 0.56 |

### 附表 16　饱和水的热物理性质[4]

| $t/℃$ | $p\times10^{-5}$ Pa | $\rho$ kg/m³ | $h'$ kJ/kg | $c_p$ kJ/(kg·K) | $\lambda\times10^2$ W/(m·K) | $a\times10^6$ m²/s | $\eta\times10^6$ kg/(m·s) | $\nu\times10^6$ m²/s | $\alpha\times10^4$ K⁻¹ | $\gamma\times10^4$ N/m | 普朗特数 |
|---|---|---|---|---|---|---|---|---|---|---|---|
| 0 | 0.006 11 | 999.8 | −0.05 | 4.212 | 55.1 | 13.1 | 1 788 | 1.789 | −0.81 | 756.4 | 13.67 |
| 10 | 0.012 88 | 999.7 | 42.00 | 4.191 | 57.4 | 13.7 | 1 306 | 1.306 | +0.87 | 741.6 | 9.52 |
| 20 | 0.023 38 | 998.2 | 83.90 | 4.183 | 59.9 | 14.3 | 1 004 | 0.006 | 2.09 | 726.9 | 7.02 |
| 30 | 0.042 45 | 995.6 | 125.7 | 4.174 | 61.8 | 14.9 | 801.5 | 0.805 | 3.05 | 712.2 | 5.42 |
| 40 | 0.073 81 | 992.2 | 167.5 | 4.174 | 63.5 | 15.3 | 653.3 | 0.659 | 3.86 | 696.5 | 4.31 |
| 50 | 0.123 45 | 988.0 | 209.3 | 4.174 | 64.8 | 15.7 | 549.4 | 0.556 | 4.57 | 676.9 | 3.54 |
| 60 | 0.199 33 | 983.2 | 251.1 | 4.179 | 65.9 | 16.0 | 469.9 | 0.478 | 5.22 | 662.2 | 2.99 |
| 70 | 0.311 80 | 977.7 | 293.0 | 4.187 | 66.8 | 16.3 | 406.1 | 0.415 | 5.83 | 643.5 | 2.55 |
| 80 | 0.473 80 | 971.8 | 354.9 | 4.195 | 67.4 | 16.6 | 355.1 | 0.365 | 6.40 | 625.9 | 2.21 |
| 90 | 0.701 20 | 965.3 | 376.9 | 4.208 | 68.0 | 16.8 | 314.9 | 0.326 | 6.96 | 607.2 | 1.95 |
| 100 | 1.013 | 958.4 | 419.1 | 4.220 | 68.3 | 16.9 | 282.5 | 0.295 | 7.50 | 588.6 | 1.75 |
| 110 | 1.43 | 950.9 | 461.3 | 4.233 | 68.5 | 17.0 | 259.0 | 0.272 | 8.04 | 569.0 | 1.60 |
| 120 | 1.98 | 943.1 | 503.8 | 4.250 | 68.6 | 17.1 | 237.4 | 0.252 | 8.58 | 548.4 | 1.47 |
| 130 | 2.70 | 934.9 | 546.4 | 4.266 | 68.6 | 17.2 | 217.8 | 0.233 | 9.12 | 528.8 | 1.36 |
| 140 | 3.61 | 926.2 | 589.2 | 4.287 | 68.5 | 17.2 | 201.1 | 0.217 | 9.68 | 507.2 | 1.26 |
| 150 | 4.76 | 917.0 | 632.3 | 4.313 | 68.4 | 17.3 | 186.4 | 0.203 | 10.26 | 486.6 | 1.17 |
| 160 | 6.18 | 907.5 | 675.6 | 4.346 | 68.3 | 17.3 | 173.6 | 0.191 | 10.87 | 466.0 | 1.10 |
| 170 | 7.91 | 897.5 | 719.3 | 4.380 | 67.9 | 17.3 | 162.8 | 0.181 | 11.52 | 443.4 | 1.05 |
| 180 | 10.02 | 887.1 | 763.2 | 4.417 | 67.4 | 17.2 | 153.0 | 0.173 | 12.21 | 422.8 | 1.00 |
| 190 | 12.54 | 876.6 | 807.6 | 4.459 | 67.0 | 17.0 | 144.2 | 0.165 | 12.96 | 400.2 | 0.96 |
| 200 | 15.54 | 864.8 | 852.3 | 4.505 | 66.3 | 17.0 | 136.4 | 0.158 | 13.77 | 376.7 | 0.93 |
| 210 | 19.06 | 852.8 | 897.6 | 4.555 | 65.5 | 16.9 | 130.5 | 0.153 | 14.67 | 354.1 | 0.91 |

| $t$ /℃ | $p \times 10^{-5}$ | $\rho$ | $h'$ | $c_p$ | $\lambda \times 10^2$ | $a \times 10^6$ | $\eta \times 10^6$ | $\nu \times 10^6$ | $a \times 10^4$ | $\gamma \times 10^4$ | 普朗特数 |
|---|---|---|---|---|---|---|---|---|---|---|---|
| | Pa | kg/m³ | kJ/kg | kJ/(kg·K) | W/(m·K) | m²/s | kg/(m·s) | m²/s | K⁻¹ | N/m | |
| 220 | 23.18 | 840.3 | 943.5 | 4.614 | 64.5 | 16.6 | 124.6 | 0.148 | 15.67 | 331.6 | 0.89 |
| 230 | 27.95 | 827.3 | 990.0 | 4.681 | 63.7 | 16.4 | 119.7 | 0.145 | 16.80 | 310.0 | 0.88 |
| 240 | 33.45 | 813.6 | 1037.2 | 4.756 | 62.8 | 16.2 | 114.8 | 0.141 | 18.08 | 285.5 | 0.87 |
| 250 | 39.74 | 799.0 | 1085.3 | 4.844 | 61.8 | 15.9 | 109.9 | 0.137 | 19.55 | 261.9 | 0.86 |
| 260 | 46.89 | 783.8 | 1134.3 | 4.949 | 60.5 | 15.6 | 105.9 | 0.135 | 21.27 | 237.4 | 0.87 |
| 270 | 55.00 | 767.7 | 1184.5 | 5.070 | 59.0 | 15.1 | 102.0 | 0.133 | 23.31 | 214.8 | 0.88 |
| 280 | 64.13 | 750.5 | 1236.0 | 5.230 | 57.4 | 14.6 | 98.1 | 0.131 | 25.79 | 191.3 | 0.90 |
| 290 | 74.37 | 732.2 | 1289.1 | 5.485 | 55.8 | 13.9 | 94.2 | 0.129 | 28.84 | 168.7 | 0.93 |
| 300 | 85.83 | 712.4 | 1344.0 | 5.736 | 54.0 | 13.2 | 91.2 | 0.128 | 32.73 | 144.2 | 0.97 |
| 310 | 98.60 | 691.0 | 1401.2 | 6.071 | 52.3 | 12.5 | 88.3 | 0.128 | 37.85 | 120.7 | 1.03 |
| 320 | 112.78 | 667.0 | 1461.2 | 6.574 | 50.6 | 11.5 | 85.3 | 0.128 | 44.91 | 98.10 | 1.11 |
| 330 | 128.51 | 641.0 | 1524.9 | 7.244 | 48.4 | 10.4 | 81.4 | 0.127 | 55.31 | 76.71 | 1.22 |
| 340 | 145.93 | 610.8 | 1593.1 | 8.165 | 45.7 | 9.17 | 77.5 | 0.127 | 72.10 | 56.70 | 1.39 |
| 350 | 165.21 | 574.7 | 1670.3 | 9.504 | 43.0 | 7.88 | 72.6 | 0.126 | 103.7 | 38.16 | 1.60 |
| 360 | 186.57 | 527.9 | 1761.1 | 13.984 | 39.5 | 5.36 | 66.7 | 0.126 | 182.9 | 20.21 | 2.35 |
| 370 | 201.33 | 451.5 | 1891.7 | 40.321 | 33.7 | 1.86 | 56.9 | 0.126 | 676.7 | 4.709 | 6.79 |

附表 17　干饱和水蒸汽的热物理性质[4]

| $t/℃$ | $p×10^{-5}$ Pa | $\rho''$ kg/m³ | $h''$ kJ/kg | $r$ kJ/kg | $c_p$ kJ/(kg·K) | $\lambda×10^2$ W/(m·K) | $a×10^3$ m²/h | $\eta×10^6$ kg/(m·s) | $\nu×10^6$ m²/s | $Pr$ |
|---|---|---|---|---|---|---|---|---|---|---|
| 0 | 0.006 11 | 0.004 851 | 2 500.5 | 2 500.6 | 1.854 3 | 1.83 | 7 313.0 | 8.022 | 1 655.01 | 0.815 |
| 10 | 0.012 28 | 0.009 404 | 2 518.9 | 2 476.9 | 1.859 4 | 1.88 | 3 881.3 | 8.424 | 896.54 | 0.831 |
| 20 | 0.023 38 | 0.017 31 | 2 537.2 | 2 453.3 | 1.866 1 | 1.94 | 2 167.2 | 8.840 | 509.90 | 0.847 |
| 30 | 0.042 45 | 0.030 40 | 2 555.4 | 2 429.7 | 1.874 4 | 2.00 | 1 265.1 | 9.218 | 303.53 | 0.863 |
| 40 | 0.073 81 | 0.051 21 | 2 573.4 | 2 405.9 | 1.885 3 | 2.06 | 768.45 | 9.620 | 188.04 | 0.883 |
| 50 | 0.123 45 | 0.083 08 | 2 591.2 | 2 381.9 | 1.898 7 | 2.12 | 483.59 | 10.022 | 120.72 | 0.896 |
| 60 | 0.199 33 | 0.130 3 | 2 608.8 | 2 357.6 | 1.915 5 | 2.19 | 315.55 | 10.424 | 80.07 | 0.913 |
| 70 | 0.311 8 | 0.198 2 | 2 626.1 | 2 333.1 | 1.936 4 | 2.25 | 210.57 | 10.817 | 54.57 | 0.930 |
| 80 | 0.473 8 | 0.293 4 | 2 643.1 | 2 308.1 | 1.961 5 | 2.33 | 145.53 | 11.219 | 38.25 | 0.947 |
| 90 | 0.701 2 | 0.423 4 | 2 659.6 | 2 282.7 | 1.992 1 | 2.40 | 102.22 | 11.621 | 27.44 | 0.966 |
| 100 | 1.013 3 | 0.597 5 | 2 675.7 | 2 256.6 | 2.028 1 | 2.48 | 73.57 | 12.023 | 20.12 | 0.984 |
| 110 | 1.432 4 | 0.826 0 | 2 691.3 | 2 229.9 | 2.070 4 | 2.56 | 53.83 | 12.425 | 15.03 | 1.00 |
| 120 | 1.984 8 | 1.121 | 2 703.2 | 2 202.4 | 2.119 8 | 2.65 | 40.15 | 12.798 | 11.41 | 1.02 |
| 130 | 2.700 2 | 1.495 | 2 720.4 | 2 174.0 | 2.176 3 | 2.76 | 30.46 | 13.170 | 8.80 | 1.04 |
| 140 | 3.612 | 1.965 | 2 733.8 | 2 144.6 | 2.240 8 | 2.85 | 23.28 | 13.543 | 6.89 | 1.06 |

续表

| $t/℃$ | $p\times10^{-5}$ Pa | $\rho''$ kg/m³ | $h''$ kJ/kg | $r$ kJ/kg | $c_p$ kJ/(kg·K) | $\lambda\times10^2$ W/(m·K) | $a\times10^3$ m²/h | $\eta\times10^6$ kg/(m·s) | $\nu\times10^6$ m²/s | $Pr$ |
|---|---|---|---|---|---|---|---|---|---|---|
| 150 | 4.757 | 2.545 | 2 746.4 | 2 114.1 | 2.314 5 | 2.97 | 18.10 | 13.896 | 5.45 | 1.08 |
| 160 | 6.177 | 3.256 | 2 757.9 | 2 085.3 | 2.397 4 | 3.08 | 14.20 | 14.249 | 4.37 | 1.11 |
| 170 | 7.915 | 4.118 | 2 768.4 | 2 049.2 | 2.491 1 | 3.21 | 11.25 | 14.612 | 3.54 | 1.13 |
| 180 | 10.019 | 5.154 | 2 777.7 | 2 014.5 | 2.595 8 | 3.36 | 9.03 | 14.965 | 2.90 | 1.15 |
| 190 | 12.502 | 6.390 | 2 785.8 | 1 978.2 | 2.712 6 | 3.51 | 7.29 | 15.298 | 2.39 | 1.18 |
| 200 | 15.537 | 7.854 | 2 792.5 | 1 940.1 | 2.842 8 | 3.68 | 5.92 | 15.651 | 1.99 | 1.21 |
| 210 | 19.062 | 9.580 | 2 797.7 | 1 900.0 | 2.987 7 | 3.87 | 4.86 | 15.995 | 1.67 | 1.24 |
| 220 | 23.178 | 11.61 | 2 801.2 | 1 857.7 | 3.149 7 | 4.07 | 4.00 | 16.338 | 1.41 | 1.26 |
| 230 | 27.951 | 13.98 | 2 803.0 | 1 813.0 | 3.331 0 | 4.30 | 3.32 | 16.701 | 1.19 | 1.29 |
| 240 | 33.446 | 16.74 | 2 802.9 | 1 765.7 | 3.536 6 | 4.54 | 2.76 | 17.073 | 1.02 | 1.33 |
| 250 | 39.735 | 19.96 | 2 800.7 | 1 715.4 | 3.772 3 | 4.84 | 2.31 | 17.446 | 0.873 | 1.36 |
| 260 | 46.892 | 23.70 | 2 796.1 | 1 661.8 | 4.047 0 | 5.18 | 1.94 | 17.848 | 0.752 | 1.40 |
| 270 | 54.496 | 28.06 | 2 789.1 | 1 604.5 | 4.373 5 | 5.55 | 1.63 | 18.280 | 0.651 | 1.44 |
| 280 | 64.127 | 33.15 | 2 779.1 | 1 543.1 | 4.767 5 | 6.00 | 1.37 | 18.750 | 0.565 | 1.49 |
| 290 | 74.375 | 39.12 | 2 765.8 | 1 476.7 | 5.252 8 | 6.55 | 1.15 | 19.270 | 0.492 | 1.54 |

续表

| t/°C | p×10⁻⁵<br>Pa | ρ''<br>kg/m³ | h''<br>kJ/kg | r<br>kJ/kg | c_p<br>kJ/(kg·K) | λ×10²<br>W/(m·K) | a×10³<br>m²/h | η×10⁶<br>kg/(m·s) | ν×10⁶<br>m²/s | Pr |
|---|---|---|---|---|---|---|---|---|---|---|
| 300 | 85.831 | 46.15 | 2 748.7 | 1 404.7 | 5.863 2 | 7.22 | 0.96 | 19.839 | 0.430 | 1.61 |
| 310 | 98.557 | 54.52 | 2 727.0 | 1 325.9 | 6.650 3 | 8.06 | 0.80 | 20.691 | 0.380 | 1.71 |
| 320 | 112.78 | 64.60 | 2 699.7 | 1 238.5 | 7.721 7 | 8.65 | 0.62 | 21.691 | 0.336 | 1.94 |
| 330 | 128.81 | 77.00 | 2 665.3 | 1 140.4 | 9.361 3 | 9.61 | 0.48 | 23.093 | 0.300 | 2.24 |
| 340 | 145.93 | 92.68 | 2 621.3 | 1 027.6 | 12.210 8 | 10.70 | 0.34 | 24.692 | 0.266 | 2.82 |
| 350 | 165.21 | 113.5 | 2 563.4 | 893.0 | 17.150 4 | 11.90 | 0.22 | 26.594 | 0.234 | 3.83 |
| 360 | 186.57 | 143.7 | 2 481.7 | 720.6 | 25.116 2 | 13.70 | 0.14 | 29.193 | 0.203 | 5.34 |
| 370 | 210.33 | 200.7 | 2 338.8 | 447.1 | 76.915 7 | 16.60 | 0.04 | 33.989 | 0.169 | 15.7 |
| 373.99 | 220.64 | 321.9 | 2 085.9 | 0.0 | $\infty$ | 23.79 | 0.0 | 44.992 | 0.143 | $\infty$ |

**附表 18　几种饱和液体的热物理性质[4]**

| 液体 | $t$ /℃ | $\rho$ kg/m³ | $c_p$ kJ/ (kg·K) | $\lambda$ W/ (m·K) | $a \times 10^8$ m²/s | $\nu \times 10^6$ m²/s | $\alpha \times 10^3$ K⁻¹ | $r$ kJ/kg | $Pr$ |
|---|---|---|---|---|---|---|---|---|---|
| NH₃ | −50 | 702.0 | 4.354 | 0.6207 | 20.31 | 0.4745 | 1.69 | 1416.34 | 2.337 |
| | −40 | 689.9 | 4.396 | 0.6014 | 19.83 | 0.4160 | 1.78 | 1388.81 | 2.098 |
| | −30 | 677.5 | 4.448 | 0.5810 | 19.28 | 0.3700 | 1.88 | 1359.74 | 1.919 |
| | −20 | 664.9 | 4.501 | 0.5607 | 18.74 | 0.3328 | 1.96 | 1328.97 | 1.776 |
| | −10 | 652.0 | 4.556 | 0.5405 | 18.20 | 0.3018 | 2.04 | 1296.39 | 1.659 |
| | 0 | 638.6 | 4.617 | 0.5202 | 17.64 | 0.2753 | 2.16 | 1261.81 | 1.560 |
| | 10 | 624.8 | 4.683 | 0.4998 | 17.08 | 0.2522 | 2.28 | 1225.04 | 1.477 |
| | 20 | 610.4 | 4.758 | 0.4792 | 16.50 | 0.2320 | 2.42 | 1185.82 | 1.406 |
| | 30 | 595.4 | 4.843 | 0.4583 | 15.89 | 0.2143 | 2.57 | 1143.85 | 1.348 |
| | 40 | 579.5 | 4.943 | 0.4371 | 15.26 | 0.1988 | 2.76 | 1098.71 | 1.303 |
| | 50 | 562.9 | 5.066 | 0.4156 | 14.57 | 0.1853 | 3.07 | 1049.91 | 1.271 |
| R12 | −50 | 1544.3 | 0.863 | 0.0959 | 7.20 | 0.2939 | 1.732 | 173.91 | 4.083 |
| | −40 | 1516.1 | 0.873 | 0.0921 | 6.96 | 0.2666 | 1.815 | 170.02 | 3.831 |
| | −30 | 1487.2 | 0.884 | 0.0883 | 6.72 | 0.2422 | 1.915 | 166.00 | 3.606 |
| | −20 | 1457.6 | 0.896 | 0.0845 | 6.47 | 0.2206 | 2.039 | 161.81 | 3.409 |
| | −10 | 1427.1 | 0.911 | 0.0808 | 6.21 | 0.2015 | 2.189 | 157.39 | 3.241 |
| | 0 | 1395.6 | 0.928 | 0.0771 | 5.95 | 0.1847 | 2.374 | 152.38 | 3.103 |
| | 10 | 1362.8 | 0.948 | 0.0735 | 5.69 | 0.1701 | 2.602 | 147.64 | 2.990 |
| | 20 | 1328.6 | 0.971 | 0.0698 | 5.41 | 0.1573 | 2.887 | 142.20 | 2.907 |
| | 30 | 1292.5 | 0.998 | 0.0663 | 5.14 | 0.1463 | 3.248 | 136.27 | 2.846 |
| | 40 | 1254.2 | 1.030 | 0.0627 | 4.85 | 0.1368 | 3.712 | 129.78 | 2.819 |
| | 50 | 1213.0 | 1.071 | 0.0592 | 4.56 | 0.1289 | 4.327 | 122.56 | 2.828 |

续表

| 液体 | $t\ /℃$ | $\rho$ kg/m³ | $c_p$ kJ/ (kg·K) | $\lambda$ W/ (m·K) | $a\times10^8$ m²/s | $\nu\times10^6$ m²/s | $\alpha\times10^3$ K⁻¹ | $r$ kJ/kg | $Pr$ |
|---|---|---|---|---|---|---|---|---|---|
| R22 | −50 | 1435.5 | 1.083 | 0.1184 | 7.62 |  | 1.942 | 239.48 |  |
|  | −40 | 1406.8 | 1.093 | 0.1138 | 7.40 |  | 2.043 | 233.29 |  |
|  | −30 | 1377.3 | 1.107 | 0.1092 | 7.16 |  | 2.167 | 226.81 |  |
|  | −20 | 1346.8 | 1.125 | 0.1048 | 6.92 | 0.193 | 2.322 | 219.97 | 2.792 |
|  | −10 | 1315.0 | 1.146 | 0.1004 | 6.66 | 0.178 | 2.515 | 212.69 | 2.672 |
|  | 0 | 1281.8 | 1.171 | 0.0962 | 6.41 | 0.164 | 2.754 | 204.87 | 2.557 |
|  | 10 | 1246.9 | 1.202 | 0.0920 | 6.14 | 0.151 | 3.057 | 196.44 | 2.463 |
|  | 20 | 1210.0 | 1.238 | 0.0878 | 5.86 | 0.140 | 3.447 | 187.28 | 2.384 |
|  | 30 | 1170.7 | 1.282 | 0.0838 | 5.58 | 0.130 | 3.956 | 177.24 | 2.321 |
|  | 40 | 1128.4 | 1.338 | 0.0798 | 5.29 | 0.121 | 4.644 | 166.16 | 2.285 |
|  | 50 | 1082.1 | 1.414 |  |  |  | 5.610 | 153.76 |  |
| R152a | −50 | 1063.3 | 1.560 |  |  | 0.3822 | 1.625 | 351.69 |  |
|  | −40 | 1043.5 | 1.590 |  |  | 0.3374 | 1.718 | 343.54 |  |
|  | −30 | 1023.3 | 1.617 |  |  | 0.3007 | 1.830 | 335.01 |  |
|  | −20 | 1002.5 | 1.645 | 0.1272 | 7.71 | 0.2703 | 1.964 | 326.06 | 3.505 |
|  | −10 | 981.1 | 1.674 | 0.1213 | 7.39 | 0.2449 | 2.123 | 316.63 | 3.316 |
|  | 0 | 958.9 | 1.707 | 0.1155 | 7.06 | 0.2235 | 2.317 | 306.66 | 3.167 |
|  | 10 | 935.9 | 1.743 | 0.1097 | 6.73 | 0.2052 | 2.550 | 296.04 | 3.051 |
|  | 20 | 911.7 | 1.785 | 0.1039 | 6.38 | 0.1893 | 2.838 | 284.67 | 2.965 |
|  | 30 | 886.3 | 1.834 | 0.0982 | 6.04 | 0.1756 | 3.194 | 272.77 | 2.906 |
|  | 40 | 859.4 | 1.891 | 0.0926 | 5.70 | 0.1635 | 3.641 | 259.15 | 2.869 |
|  | 50 | 830.6 | 1.963 | 0.0872 | 5.35 | 0.1528 | 4.221 | 244.58 | 2.857 |

| 液体 | $t\ /℃$ | $\rho$ kg/m³ | $c_p$ kJ/ (kg·K) | $\lambda$ W/ (m·K) | $a\times10^8$ m²/s | $\nu\times10^6$ m²/s | $\alpha\times10^3$ K⁻¹ | $r$ kJ/kg | $Pr$ |
|---|---|---|---|---|---|---|---|---|---|
| R134ª | −50 | 1443.1 | 1.229 | 0.1165 | 6.57 | 0.4118 | 1.881 | 231.62 | 6.269 |
| | −40 | 1414.8 | 1.243 | 0.1119 | 6.36 | 0.3550 | 1.977 | 225.59 | 5.579 |
| | −30 | 1385.9 | 1.260 | 0.1073 | 6.14 | 0.3106 | 2.094 | 219.35 | 5.054 |
| | −20 | 1356.2 | 1.282 | 0.1026 | 5.90 | 0.2751 | 2.237 | 212.84 | 4.662 |
| | −10 | 1325.6 | 1.306 | 0.0980 | 5.66 | 0.2462 | 2.414 | 205.97 | 4.348 |
| | 0 | 1293.7 | 1.335 | 0.0934 | 5.41 | 0.2222 | 2.633 | 198.68 | 4.108 |
| | 10 | 1260.2 | 1.367 | 0.0888 | 5.15 | 0.2018 | 2.905 | 190.87 | 3.915 |
| | 20 | 1224.9 | 1.404 | 0.0842 | 4.90 | 0.1843 | 3.252 | 182.44 | 3.765 |
| | 30 | 1187.2 | 1.447 | 0.0796 | 4.63 | 0.1691 | 3.698 | 173.29 | 3.648 |
| | 40 | 1146.2 | 1.500 | 0.0750 | 4.36 | 0.1554 | 4.286 | 163.23 | 3.564 |
| | 50 | 1102.0 | 1.569 | 0.0704 | 4.07 | 0.1431 | 5.093 | 152.04 | 3.515 |
| 11号润滑油 | 0 | 905.0 | 1.834 | 0.1449 | 8.73 | 1336 | | 15310 | |
| | 10 | 898.8 | 1.872 | 0.1441 | 8.56 | 564.2 | | 6591 | |
| | 20 | 892.7 | 1.909 | 0.1432 | 8.40 | 280.2 | 0.69 | 3355 | |
| | 30 | 886.6 | 1.947 | 0.1423 | 8.24 | 153.2 | | 1859 | |
| | 40 | 880.6 | 1.985 | 0.1414 | 8.09 | 90.7 | | 1121 | |
| | 50 | 874.6 | 2.022 | 0.1405 | 7.94 | 57.4 | | 723 | |
| | 60 | 868.8 | 2.064 | 0.1396 | 7.78 | 38.4 | | 493 | |
| | 70 | 863.1 | 2.106 | 0.1387 | 7.63 | 27.0 | | 354 | |
| | 80 | 857.4 | 2.148 | 0.1379 | 7.49 | 19.7 | | 263 | |
| | 90 | 851.8 | 2.190 | 0.1370 | 7.34 | 14.9 | | 203 | |
| | 100 | 846.2 | 2.236 | 0.1361 | 7.19 | 11.5 | | 160 | |

续表

| 液体 | $t\ /℃$ | $\rho$ kg/m³ | $c_p$ kJ/ (kg·K) | $\lambda$ W/ (m·K) | $a \times 10^8$ m²/s | $\nu \times 10^6$ m²/s | $\alpha \times 10^3$ K⁻¹ | $r$ kJ/kg | $Pr$ |
|---|---|---|---|---|---|---|---|---|---|
| 14号润滑油 | 0 | 905.2 | 1.866 | 0.1493 | 8.84 | 2237 | | | 25310 |
| | 10 | 899.0 | 1.909 | 0.1485 | 8.65 | 863.2 | | | 9979 |
| | 20 | 892.8 | 1.915 | 0.1477 | 8.48 | 410.9 | 0.69 | | 4846 |
| | 30 | 886.7 | 1.993 | 0.1470 | 8.32 | 216.5 | | | 2603 |
| | 40 | 880.7 | 2.035 | 0.1462 | 8.16 | 124.2 | | | 1522 |
| | 50 | 874.8 | 2.077 | 0.1454 | 8.00 | 76.5 | | | 956 |
| | 60 | 869.0 | 2.114 | 0.1446 | 7.87 | 50.5 | | | 462 |
| | 70 | 863.2 | 2.156 | 0.1439 | 7.73 | 34.3 | | | 444 |
| | 80 | 857.7 | 2.194 | 0.1431 | 7.61 | 24.6 | | | 323 |
| | 90 | 851.9 | 2.227 | 0.1424 | 7.51 | 18.3 | | | 244 |
| | 100 | 846.4 | 2.265 | 0.1416 | 7.39 | 14.0 | | | 190 |

**附表 19　大气压力（$p=1.01325\times10^5\,\text{Pa}$）下过热水蒸气的热物理性质**[4]

| $T/\text{K}$ | $\rho$ kg/m³ | $c_p$ kJ/(kg·K) | $\eta\times10^5$ kg/(m·s) | $\nu\times10^5$ m²/s | $\lambda$ W/(m·K) | $a\times10^5$ m²/s | $Pr$ |
|---|---|---|---|---|---|---|---|
| 380 | 0.5863 | 2.060 | 1.271 | 2.16 | 0.0246 | 2.036 | 1.060 |
| 400 | 0.5542 | 2.014 | 1.344 | 2.42 | 0.0261 | 2.338 | 1.040 |
| 450 | 0.4902 | 1.980 | 1.525 | 3.11 | 0.0299 | 3.07 | 1.010 |
| 500 | 0.4405 | 1.985 | 1.704 | 3.86 | 0.0339 | 3.87 | 0.996 |
| 550 | 0.4005 | 1.997 | 1.884 | 4.70 | 0.0379 | 4.75 | 0.991 |
| 600 | 0.3852 | 2.026 | 2.067 | 5.66 | 0.0422 | 5.73 | 0.986 |
| 650 | 0.3380 | 2.056 | 2.247 | 6.64 | 0.0464 | 6.66 | 0.995 |
| 700 | 0.3140 | 2.085 | 2.426 | 7.72 | 0.0505 | 7.72 | 1.000 |
| 750 | 0.2931 | 2.119 | 2.604 | 8.88 | 0.0549 | 8.33 | 1.005 |
| 800 | 0.2730 | 2.152 | 2.786 | 10.20 | 0.0592 | 10.01 | 1.010 |
| 850 | 0.2579 | 2.186 | 2.969 | 11.52 | 0.0637 | 11.30 | 1.019 |